Bergmann | Lösekrug – Welche Vogelfeder ist das?

Hans-Heiner Bergmann | Ralph-Günther Lösekrug

Das will ich wissen!

Welche Vogelfeder ist das?

Die 111 häufigsten Arten

Quelle & Meyer Verlag Wiebelsheim

Prof. Dr. Hans-Heiner Bergmann
Landstrasse 44
D-34454 Bad Arolsen

Ralph-Günther Lösekrug
Clara-Schumann-Straße 14
D-35274 Kirchhain

Die Angaben in diesem Buch sind von den Autoren und dem Verlag sorgfältig erwogen und geprüft, dennoch kann keine Garantie übernommen werden. Eine Haftung der Autoren und des Verlags und seiner Beauftragten für Personen-, Sach- und Vermögensschäden ist ausgeschlossen.

Bibliografische Information der Deutschen Nationalbibliothek
Die Deutsche Nationalbibliothek verzeichnet diese Publikation in der Deutschen Nationalbibliografie; detaillierte bibliografische Daten sind im Internet über http://dnb.d-nb.de abrufbar.

Umschlagabbildungen: C. F. Robiller (Rotkehlchen, U1), Oleg (Adobe Stock, Hintergrund, U4)

Satz: Fabian Kaschinski (Quelle & Meyer Verlag GmbH & Co.)

Druck und Verarbeitung: Read Me Printing House, Warsaw
Printed in Europe/Imprimé en Europe

ISBN 978-3-494-01983-3

Inhalt

Einführung

Alle Vögel haben Federn. Federn gibt es nur bei Vögeln. Die Körperbedeckung der Vögel ist etwas Einzigartiges. Zugleich aber begegnet man bei den Federn einer unerhörten Vielfalt der Formen und Farben, die kaum zu bewältigen ist. Keine Feder ist wie die andere. Sie sollen nicht nur den Körper schützen und warm halten, sondern dienen auch dem Fliegen und der Kommunikation. Auf allen diesen Gebieten erreichen sie bewundernswerte Leistungen. Sie sind an jeder Stelle des Körpers anders – allein schon bei einer Art und selbst bei einem Individuum. Oft haben jedoch auch Männchen und Weibchen, Jungvogel und Altvogel unterschiedliche Kleider. Dann aber stelle man sich die mehr als 10.000 verschiedenen Vogelarten vor, die es auf der Welt gibt: eine unfassbare Vielfalt.

Da hat man schon genug zu rätseln, wenn man nur eine Feder einer bei uns heimischen Vogelart in die Hand bekommt. Wird eine Feder gemausert oder geht auf andere Weise verloren, wächst sie am Vogel in fast identischer Form und Farbe wieder nach. Nach Ende ihres Wachstums ist sie allerdings nicht mehr belebt. Will man herausbekommen, zu welcher Art eine gefundene Feder gehört, muss man zunächst den Federtyp bestimmen: Handelt es sich um eine Hand- oder Armschwinge, eine Schwanzfeder oder um eine Feder aus dem Kleingefieder, beispielsweise um eine Arm- oder Schulterdecke? Da diese Federtypen bei allen Arten ähnlich geformt sind, kann man sie relativ leicht kennenlernen und ebnet sich dann den Weg zum Bestimmen der Art.

Dieses Buch soll helfen, Federn von 111 häufigen Vogelarten Deutschlands zu bestimmen und kennenzulernen. Entscheidend für die Auswahl der Vogelarten waren die Häufigkeit, mit der man Federn dieser Arten im Freiland finden kann, sowie die Auffälligkeit dort. Auf Federn von Buchfink, Amsel und Ringeltaube wird man in Park und Garten am häufigsten stoßen. Die Federn des Mäusebussards werden hier vorgestellt, obwohl der Vogel gar nicht so häufig ist wie etwa ein Buchfink oder eine Amsel. Aber seine Federn sind groß und auffallend und lassen sich nicht ganz selten am Waldrand entdecken. Sie bleiben auch eine Zeit lang draußen liegen, ehe sie durch Witterungseinflüsse, Pilzbefall und Insektenfraß zerstört werden. In einer gepflegten wissenschaftlichen Sammlung und im Museum halten sich Federn dagegen über Jahrzehnte und Jahrhunderte.

Für die Reihenfolge der hier ausgewählten Arten bietet sich diejenige an, die in den üblichen Vogelbestimmungsbüchern heute verwendet wird. Davon wird hier nur in wenigen Fällen aus praktischen Gründen abgewichen. Beispielsweise haben wir den Kuckuck in die Nähe der Falken gestellt, weil seine Federn häufig mit denen eines Falken verwechselt werden. Ansonsten sind die Federn der Angehörigen vieler Artenpaare nacheinander angeordnet. Artenpaare (oder Artengruppen) vereinen jeweils nahe verwandte und einander ähnliche Arten. Man kann also durch einfaches Umblättern herausfinden, ob man die Federn eines Garten- oder eines Hausrotschwanzes gefunden hat. Bei den Drosseln sind es sogar vier verschiedene Arten, die hier präsentiert werden.

Zu Beginn der Artdarstellungen oder gegen Schluss wird meist in Kürze mitgeteilt, in welcher Jahreszeit und in welchem Lebensraum die Federn am wahrscheinlichsten zu finden sind. Dabei muss man sich klarmachen, auf welche Weise ein Vogel Federn verliert. Einzelne Federn werden nacheinander während der Mauser abgeworfen, die in der Hauptsache von Juni bis September stattfindet. Bei den Flügeln von Enten und Gänsen geht das Abwerfen der Federn innerhalb weniger Tage vor sich, sodass man viele Federn beieinander am Ufer oder im Spülsaum eines Gewässers finden kann. Bei den meisten anderen Vögeln dauert es Monate, bei einigen auch mehrere Jahre, bis sie alle ihre Federn ausgetauscht haben. Bei vielen Zugvogelarten ist die Mauser auf den Aufenthalt im Winterquartier verschoben, häufig in Südeuropa oder Afrika. Unabhängig von der Mauser kann man aber auch zu anderen Jahreszeiten auf die Federn eines Vogels stoßen, der von einem Greifvogel oder einem Fuchs erbeutet worden ist. Die zurückgelassenen Beutereste findet man dann als ungeordneten Federhaufen vor, den man beim Greifvogel Rupfung, bei einem Säugetier Riss nennt.

Welche Federn sind dargestellt?

Dieses Buch präsentiert Federn von 111 heimischen Vogelarten – Singvögel und Nicht-Singvögel –, doch für jede Art in begrenzter Auswahl. Dieses neu konzipierte Buch unterscheidet sich durch handliches Format und eine kleine Auswahl von Arten von drei Großen Federbüchern (2023 und in Vorbereitung). Es bietet den Vorteil, dass jede Art jeweils auf einer Doppelseite behandelt wird: Links liest man den Text mit einem Fotoporträt des Vogels, rechts hat man auf einer Tafel die zugehörigen Federn und den Flügel vor Augen. Die Tafel zeigt für jede Art etwa acht typische Federn. Die Federn sind meist in verkleinertem Format abgebildet; man achte also auf die Prozentangaben zum Größenmaßstab.

Die größten Federn eines Vogels sitzen fast immer an der Hand und dem Arm. Man nennt sie Schwingen oder Schwungfedern, weil sie für das Fliegen des Vogels verantwortlich sind. Das Flügelskelett eines Vogels ist mit einigen Abwandlungen genauso aufgebaut wie der Arm eines Menschen. Es besteht aus Hand, Unterarm und Oberarm. An der Hand sitzen die zehn größten Schwingen, die Handschwingen genannt werden. An der Elle des Unterarms sitzen die Armschwingen, meist 9 oder 10 an der Zahl, bei langflügeligen Arten auch mehr. Am Oberarm sitzen keine richtigen Schwingen mehr, sondern deckenartige große Federn, die die Lücke zwischen Schwingen und Körper ausfüllen.

Die Handschwingen sind einander meist recht ähnlich, so dass wir es hier dabei belassen, die längste (H9) und die innerste (H1) als die kürzeste abzubilden. Die Armschwingen sind stärker zum Körper hin gekrümmt als die Handschwingen, aber sonst ähnlich, nur meist kürzer. Hier wird die äußerste Armschwinge A1 ausgewählt, die der H1 benachbart ist, sich aber deutlich von ihr unterscheidet. Dann schließt sich eine der Schirmfedern an. Hierbei handelt es sich um eine der innersten Armschwingen, die im geschlossenen Flügel obenauf liegen und ihn gegen Außeneinflüsse schützen. Sie sind oft lebhafter gefärbt als die übrigen Flügelfedern, weil sie nach außen gut sichtbar sind und zur Wirkung kommen. In den Abbildungen der Federtafeln sind immer Federn des linken Flügels dargestellt. Sie liegen horizontal untereinander: oben die des Handflügels, darunter die normalen Armschwingen, dann die Schirmfedern, danach eventuell noch eine der Oberarmfedern. Zugeordnet sind manchmal noch aussagekräftige kleinere Decken des Arms oder eine Schwinge der Alula, eines freistehenden Fingers am Handgelenk (siehe Liste der Abkürzungen, S. 240).

Zu den großen Federn eines Vogels gehören auch die Schwanz- oder Steuerfedern (St). Es sind fast immer zwölf, das heißt sechs linke und sechs rechte. Von ihnen werden möglichst die äußerste (St6) und innerste (St1) der linken Seite gezeigt. Neben ihnen liegen eine obere Schwanzdecke (OSD), darunter eine untere Schwanzdecke (USD). Schwanzfedern und die zugehörigen Decken stehen auf den Tafeln senkrecht zu den quer liegenden Schwungfedern. Weitere Federn des Körpergefieders sind nur ausnahmsweise abgebildet. Spezielle Kommentare zu den auf der Federtafel dargestellten Federn finden sich in einem Fenster am Ende des Textes. Bemerkungen zu den Flügeln sind als Fenster bei den Flügeln eingefügt. Angaben zur Verkleinerung der Federn und des Flügels (Abbildungsmaßstab in %) finden sich ebenfalls auf den Tafeln, teilweise mit Anmerkungen zum Kleid des Vogels (♂ = Männchen, ♀ = Weibchen; ad. = adult, juv. = juvenil). Man beachte: Der Flügel ist in der Regel stärker verkleinert als die Federn. Das tritt besonders bei den Nicht-Singvögeln auf. Bei vielen Singvögeln sind Federn und Flügel 1:1 (100 %) dargestellt. Grundsätzlich ist noch zur Wiedergabe der Tafeln zu bemerken: Die Farbintensitäten und Hell-Dunkel-Kontraste der Federkleider werden durch unsere Wahrnehmung im Freiland häufig verstärkt, entsprechend auch in den Texten. Das lässt sich in den Federtafeln nicht komplett nachvollziehen

Runder Flügel – spitzer Flügel

Auf den Federtafeln haben wir die Chance genutzt, auch noch ein Foto des gestreckten Flügels der zugehörigen Vogelart zu zeigen. Das ging bei fast allen Arten doch nur mit einer Verkleinerung, die in der zugehörigen Maßstabsangabe (in %) zu ersehen ist. Die Flügel sind, soweit möglich, in gestreckter Form aufgespannt und getrocknet worden. Sie stammen so gut wie ausschließlich aus der Sammlung von R.-G Lösekrug und sind auch von ihm fotografiert worden. Die Flügel gehen überwiegend auf Vogelindividuen zurück, die tot an Straßen, an verglasten Gebäudefronten oder unter Stromleitungen gefunden wurden. Nur wenige Flügel sind aus den Einzelfedern einer Rupfung neu montiert worden, was in der Begleitangabe dokumentiert ist. Die in diesem Buch gezeigten Federn und Flügel stammen aus wissenschaftlichen Sammlungen, für die Ausnahmegenehmigungen der zuständigen Naturschutzbehörden vorliegen. Einige wenige Flügel sind von anderen Sammlern ausgeliehen worden (siehe Danksagung).

Für die Fluganpassung eines Vogels ist es wichtig, ob sein Flügelprofil im gestreckten Zustand rund oder spitz erscheint. Fernzieher sind in der Regel spitzflügelig, Standvögel rundflügelig. Der runde Flügel gestattet raschen Start und große Wendigkeit, aber keinen schnellen Langstreckenflug. Leider gibt es für das Strecken eines Flügels keine Norm. Je stärker man ihn ausbreitet, desto runder wirkt der Schnitt des Handflügels. Ein zusammengefalteter runder Flügel kann dagegen recht spitz wirken. Das Ausmaß der Streckung wirkt sich also in der scheinbaren Spitzigkeit des Flügels aus. Es wurde hier angestrebt, den Flügel bei der Präparation so zu spannen, dass eine möglichst natürliche Flügelstreckung erreicht wird. Formunterschiede bei den verschieden angepassten Vogelarten werden dadurch sichtbar gemacht. Der Flügel einer Schwalbe bleibt immer spitz, der eines Zaunkönigs rund. Das farbig unterlegte Fenster am Ende der Textseite fasst oben genannte Merkmale zusammen und gibt Hinweise zu den auf der Tafel dargestellten Federn. Das Textfenster unter dem Flügel macht auf Merkmale des Flügels aufmerksam und kommentiert diese. – Weitere Informationen zu den Federn und zum Vogelflug findet man in dem Werk „Das große Buch der Vogelfedern" (2023) von H.-H. Bergmann.

Wir denken, dass das hier präsentierte Ensemble von Vogelporträts, den einzelnen Federn und des vollständigen Flügels in Form und Färbungsmuster den Benutzerinnen und Benutzern des Buches nicht nur Freude machen wird, sondern sie auch dem Verständnis des Gefieders, des Fliegens sowie der Biologie und dem Schutz der heimischen Vögel näherbringt.

Die Autoren, im Frühjahr 2024

Danksagung

Wir sind zahlreichen Kolleginnen und Kollegen für das Überlassen oder Ausleihen wertvoller Federn dankbar. Nur einige von ihnen können hier genannt werden: R. Abraham, P. Becker, W.-D. Busching (†), H.-J. Fünfstück, M. Ganso (†), E. Gerstner, G. Hartmann, G. M. Heinze, S. Klaus, M. Koch, G. Kooiker, J. Menzel, F. Müller (†), J. Peters, K. Peters, H. Rank, R. Raiss (†), M. Sommerhage, C. Unger, J. Weiss, M. Wessel (†), W. Wissner.

Wir haben wie im Vorgängerbuch wieder die Flügel- und Schwanzmaße nach dem Werk von Hansen & Synnatzschke (2015) übernommen, das in verdienstlicher Weise von G. Hartmann bearbeitet und herausgegeben worden ist. Herrn Fabian Kaschinski danken wir für seine exakte und verlässliche Satzarbeit. Frau Dominique Conrad hat mit großem Geschick die Herstellung der Federtafeln betreut.

Graugans

Anser anser

Graugänse mausern oft familien- oder scharenweise auf Binnengewässern, wo sie sich im Sommer nach der Brutzeit aufhalten oder einfinden. Hier trifft man dann auch in Mengen auf die Federn der Altvögel, vor allem auf die Hand- und Armschwingen. Die Altvögel werfen alle Schwingen gleichzeitig ab, sobald ihre Küken geschlüpft sind, und erlangen dann nach etwa vier Wochen ihre Flugfähigkeit wieder, zugleich mit den Küken. Die Schwingen sind grau oder braun, im Gegensatz zu den schwarzen Federn der Kanadagans, die oft auf den gleichen Gewässern vorkommt. Bei der Graugans ist unter den einzeln betrachteten **Handschwingen** H8 mit 27 bis 37 cm (Mittel 33 cm, n = 53) am längsten, H9 nur um wenige Millimeter, H10 aber deutlich um etwa 2 cm kürzer. Im kompletten Flügel ist H9 am längsten. H8 und 9 sind an den Außenfahnen verengt, H7 bis 10 an den Innenfahnen. Während die inneren Handschwingen und die Armschwingen dunkelbraun sind, weisen die äußeren Handschwingen eine mehr graubraune Färbung auf. Das Grau ist in den Alulafedern, den Großen Oberen Handdecken und den äußeren oberen Armdecken noch deutlicher ausgeprägt. Bei allen Schwingen sind die Kiele bis fast zur Spitze hell. Die Alulaschwingen sind hellgrau bis hellbraun und, wie bei anderen Gänsen, lang und sichelförmig. Die inneren **Armschwingen** und die kaum verlängerten Schirmfedern (Sch) weisen meist einen breiten hellen Randsaum auf. Die Kiele sind auch hier hell und färben sich erst zur Spitze hin allmählich braun. Einschließlich der Schirmfedern kann man etwa 18 Armschwingen zählen. Die Großen Oberen Armdecken haben helle Endsäume von etwa 3 mm Breite. Die Randdecken im vorderen oberen Armflügel sind bei Altvögeln hellgrau, bei Jungvögeln graubraun. Die 16 bis 18 **Steuerfedern** (längste 12,9 bis 18 cm, Mittel 15,9 cm, n = 48) sind meist ein wenig größer als die der Blässgans (längste etwa 12 bis 15 cm). Die Fahnen sind mittelbraun bis sepiafarben, tragen jedoch einen bis zu 3 cm breiten weißlichen Endsaum, der sich in die Innenfahne hineinzieht und die Außenfahne als schmaler werdender Rand begleitet. Der helle Saum prägt sich zu den äußeren Steuerfedern hin noch stärker aus, die äußerste (8. oder 9.) Steuerfeder kann fast ganz weiß sein. Die Schäfte sind ebenfalls weitgehend hell. Gemauserte Steuerfedern zeigen häufig deutliche Zeichen von Abnutzung. Die ersten Schwanzfedern des **Jungvogels** erkennt man an einer kleinen Einkerbung an der Spitze. Sie sind überdies schmaler und besonders die äußeren schmal und zugespitzt. Die typischen großen Körperdecken von der Flanke sind basal sepiafarben, werden zur Spitze hin dunkelbraun, enden aber in einem mehrere Millimeter breiten beigefarbenen Saum. Eine dunkle Fleckung der Körperunterseite verstärkt sich mit zunehmendem Alter. Man findet draußen einzelne solcher dunklen Bauchfedern zu den Zeiten, in denen Kleingefieder gemausert wird. Die Mauser des Flügelgefieders findet bei Gänsen dann statt, wenn ihre Jungen gerade geschlüpft sind. Sie können dann ohnehin nicht fliegen, weil sie die Küken führen und schützen müssen. Die Steuerfedern und das Kleingefieder werden später erneuert.

Die Alulafeder wird wegen ihrer Größe und sichelförmigen Gestalt abgebildet. Sie ist in ihrer Form typisch für Gänseflügel allgemein. Die Steuerfedern sind freie Funde und lassen sich keiner bestimmten Position im Schwanz zuordnen. Der große Weißanteil in ihnen ist typisch für die Graugans.

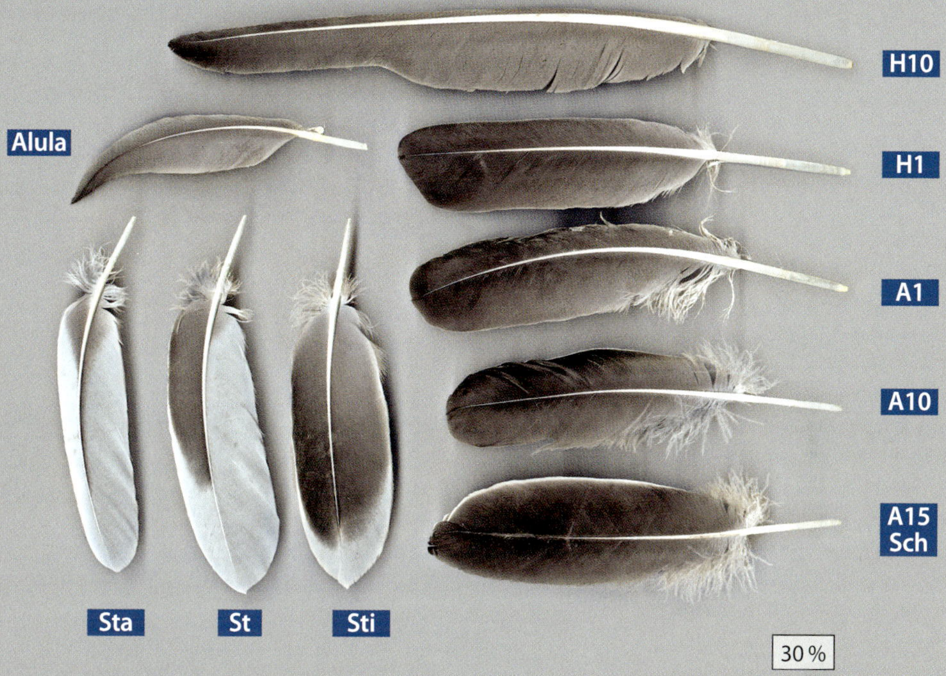

Bezeichnend für die Graugans sind die hellgrauen Vorderflügel. Die weißen Kiele treten auch bei den anderen Feldgänsen auf.

Blässgans

Anser albifrons

Wie andere arktisch brütende Gänse beginnen auch Blässgänse noch im Brutgebiet mit der Schwingenmauser, sobald ihre Jungen geschlüpft sind. Im hiesigen Überwinterungsgebiet findet man allenfalls Körperdecken und Steuerfedern, die hier noch gemausert werden. – Blässgänse sind dem Gewicht nach kleiner als Grau- und Saatgänse. Die entsprechenden Federn sind daher auch meist kleiner, wobei zu beachten ist, dass die Ganter größer sind als die Weibchen. Bei den einzelnen **Handschwingen** ist H8 (mit 24 bis 35 cm, Mittel 33 cm, n = 36) am längsten, H9 nur wenige Millimeter und H10 etwa 2 cm kürzer. Im Flügelverband ist H9 am längsten. H8 und 9 sind in den Außenfahnen, H9 und 10 in den Innenfahnen verengt. Bei den äußeren Handschwingen ist das basale Drittel der Innenfahnen dunkelgraubraun, die Federspitzen sind schwarzbraun. Die zugehörigen Oberen Handdecken sind ebenfalls matt bräunlich grau, als seien sie überfroren. Wie bei allen Feldgänsen sind die Schäfte der Schwingen von der Basis her hell elfenbeinfarben und verdunkeln sich erst in der Federspitze. Den etwa 18 **Armschwingen** fehlen die scharf abgesetzten hellen Außensäume der Graugans, allenfalls finden sich breitere mattbraune Säume. Die Großen Oberen Armdecken tragen breite helle Endsäume, die sich aber durch Abnutzung abschwächen können. Die **Steuerfedern**, 16 bis 18 an der Zahl, erreichen ihre größte Länge auf beiden Seiten im mittleren Bereich bei St5 und 6 mit durchschnittlich 11,9 bis 15,2 cm (Mittel 13,8 cm, n = 66) bei allen Altersstufen und etwa 13 cm bei Jungen. Den Gantern dürften größere Werte zukommen als den Weibchen. Die äußeren und mittleren Steuerfedern sind bis zu 1,5 cm kürzer. Sie sind insgesamt recht gedrungen geformt, die inneren beinahe oval, die äußeren schmaler und stärker asymmetrisch sowie einwärtsgebogen. Beim Jungvogel sind sie schmaler und stärker zugespitzt als beim Altvogel. Sie sind graubraun gefärbt mit einem bei Jungvögeln etwa 2 cm breiten, verschwommenen cremefarbenen Endband, das auch die Außenfahne als schmaler Randsaum begleitet. Der Schaft ist von der Basis her bis zur Federmitte hell, verdunkelt sich dann, um sich im Endband wieder aufzuhellen. Bei Altvögeln nimmt der Weißanteil bei den äußeren Steuerfedern zu. Im Körpergefieder fallen bei Altvögeln an der Unterseite mattschwarze Deckfedern auf, die ein schwarzes Quermuster bilden (auch bei der Zwerggans, seltener bei der Graugans). Dieses Bändermuster, das der Blässgans auch den Zweitnamen Tigergans verschafft hat, ist in Ausmaß und Anordnung von Individuum zu Individuum verschieden. Auf dem Rücken und in den Schulterfedern gibt es nur schwache beigefarbene Endsäume. Mittelgroße Deckfedern mit breiten hellen Endsäumen kommen von der Flanke. Die Deckfedern im Oberflügel, auf dem Rücken und an der Flanke sind bei Jungvögeln am Ende gerundet und besitzen einen schmalen hellen Endsaum. Bei Altvögeln sind sie – wie bei anderen Feldgänsen – eher eckig geformt und der Endsaum ist breit.

Während man die Schwingen der Blässgans allenfalls an der Größe von denen anderer „grauer" Gänse unterscheiden kann, zeichnen sich die Steuerfedern durch relativ viel dunkles Pigment aus. Abgebildet sind Federn eines vorjährigen Weibchens, das während der Frühjahrsrast in Karelien von einem Steinadler geschlagen wurde.

Blässgans

Der Vorderflügel ist nicht so hellgrau wie bei der Graugans, die Decken des Unterflügels sind dunkel.

Weißwangengans

Branta leucopsis

Der Name Weißwangengans bezieht sich auf das Kopfgefieder; sie wird auch Nonnengans genannt. Sie ist ursprünglich ein Brutvogel der Arktis, hat sich aber in der jüngeren Vergangenheit als Koloniebrüter sowohl im Baltikum, auf Inseln in der Ostsee als auch in den Niederlanden und zunehmend an den Küsten von Nord- und Ostsee in Deutschland niedergelassen, sogar auch schon im Binnenland. – Die Federn des Großgefieders sind dunkelgrau und zu den Spitzen hin sowie entlang des Schaftes geschwärzt. Brauntöne fehlen ihnen. Bei den äußeren **Handschwingen** setzt sich die Außenfahne mattgrau ab. Wie bei anderen Gänsen, aber anders als bei der Ringelgans, ist H8 mit durchschnittlich 30 cm (27 bis 33 cm, n = 53) am längsten, H9 wenig, H10 deutlich kürzer. Am kompletten Flügel verschieben sich diese Relationen zugunsten der äußeren Schwingen. H8 und 9 sind an den Außenfahnen, H9 und 10 an den Innenfahnen verengt. In den grauen Oberen Handdecken setzt sich der Schaft dunkler graubraun ab, ebenso in den Alulafedern. Die unteren Handflügeldecken sind hellgrau. Gegenüber den dunklen inneren Handschwingen sind die etwa fünfzehn regulären **Armschwingen** vor allem in den Außenfahnen verstärkt grau mit dunklen Enden und einem ganz feinen, lichten Endsaum von nur 1 mm Breite. Das gilt ebenso für die anschließenden Schirmfedern, und hier auch für die Innenfahnen. Die **Steuerfedern** sind tiefschwarz, deutlich länger und relativ schlanker als bei der Ringelgans. Die mittleren sind länglich-eiförmig, die äußeren schmaler, asymmetrisch und einwärtsgebogen. Die längsten Steuerfedern (St3 bis 6) sind im Schnitt 14,7 cm lang, sie variieren zwischen 12,2 und 17,8 cm (n = 41). Bei Jungvögeln treten kleinere Maße auf. Gegen die Steuerfedern setzen sich die Ober- und Unterschwanzdecken reinweiß ab. Falls man größeres Körpergefieder findet: Beim Altvogel sind die Decken am Rücken und im Oberflügel grau mit einer etwa 1 cm breiten schwarzgrauen Binde vor der Spitze, an die sich noch ein heller, weißlicher Endsaum von einigen Millimetern Breite anschließt. Sie sind also sehr kontrastreich. Bei den Jungvögeln ist der Kontrast weniger ausgeprägt. Die Flankendecken sind hellgraubraun mit einem breiten hellen Endsaum. – Entsprechend ihrer neueren Verbreitung kann man an bestimmten Orten ihre Mauserfedern aus dem Flügel finden. Wie bei Gänsen üblich, werden sie bald nach dem Schlupf der Jungen recht synchron abgeworfen und so erneuert, dass die Eltern und ihre heranwachsenden Jungen gleichzeitig ihre Flugfähigkeit erlangen. Die Mauser des Flügelgefieders ist also an die Brutplätze gebunden. Nur die Steuerfedern und Teile des Kleingefieders folgen bis spät in den Herbst nach. Die Jungvögel erneuern ihr Kleingefieder ab Oktober bis in das folgende Frühjahr hinein. Dabei sind auch Steuerfedern und Flügeldecken eingeschlossen.

Die Federn sind größer und weisen mehr Silbergrau und mehr Kontrast auf als diejenigen der Ringelgans. Die zusätzlich abgebildete Rückendecke endet mit einem breiten dunklen Band und einem schmalen hellen Endsaum. Die kontrastreichen Säume der oberen Flügeldecken beim Altvogel sieht man im kompletten Flügel besonders gut. Bei Jungvögeln vor der Mauser sind die Kontraste viel geringer, und der Flügel wirkt eher grau-schwarz gemustert. Das Flankengefieder ist bei ihnen anfangs gewölkt und nicht fein gebändert. Die Steuerfedern sind mit Ausnahme der Basis tiefschwarz.

Weißwangengans

Der Flügel ist schlank, die äußeren Handschwingen sind zugespitzt. Viele der Vögel fliegen aber nicht mehr in die Arktis, sondern brüten in Mitteleuropa.

Brandgans

Tadorna tadorna

Brandgänse sind Jahresvögel und Teilzieher an unseren Küsten und brüten in Höhlen. Sie sind zudem schon erfolgreich entlang der großen Flüsse ins Binnenland vorgedrungen. Von den **Handschwingen** der Brandgans ist H8 mit 21 bis 27 cm (Mittel 24 cm, n = 84) die längste, H7 ist wenig kürzer, dann folgen H9 und 10. An den Innenfahnen ist H10 scharf, H9 weniger verengt, an der Außenfahne nur H9. Dadurch ist die Spitze von H10 freigestellt. Sie ragt im Flug aus dem Flügelumriss heraus und ist vielleicht für den entstehenden pfeifenden Flugschall verantwortlich. Die Handschwingen sind mattschwarz, aber sie haben beim Männchen eine helle, beim Weibchen eine leuchtend weiße Basis. Die Außenfahnen schimmern schwach grünlich. Die Oberen Handdecken sind bis auf die innersten schwarzbraun, die Alulafedern aber weiß mit dunklen Säumen. Die **Armschwingen** sind ebenfalls dunkel, jedoch besonders an der Basis und mehr noch an der Innenfahne weiß. An der Spitze warten sie selbst bei Altvögeln mit einem schmalen weißen Endsaum auf, der bei den Weibchen 1 bis 3 mm, bei den Männchen nur etwa 1 mm breit ist oder ganz fehlt. Die Außenfahnen tragen einen intensiven grünlichen Glanz und bilden einen ententypischen Spiegel. Die längsten Schirmfedern (A13 bis 15) ersetzen als einzige in der Außenfahne den grünlichen Glanz des Spiegels durch ein lebhaftes Braun, das durch einen dunkelgrauen Saum zum Schaft hin begrenzt sein kann. Die Innenfahne dieser Federn ist weiß. Man findet sie das ganze Jahr über ziemlich häufig. Bei den folgenden kürzeren Schirmfedern besteht nur ein schmaler dunkelgrauer Saum an der Außenfahne, sonst sind sie weiß. Die recht breiten **Steuerfedern** sind weiß, tragen aber bei Altvögeln einen 1 bis 2 cm breiten, geschwungenen schwarzen Endsaum, der sich auf St5 und 6 stark abschwächt und auf St7 in der Regel ganz fehlt. Die längsten Steuerfedern erreichen bei alten Männchen einen Mittelwert von etwa 13,5 cm Länge, bei den alten Weibchen nur etwa 12 cm, bei Jungvögeln etwa 10 cm (insgesamt 8,7 bis 14,4 cm, Mittel 12,2 cm, n = 155). Bei den Jungvögeln weisen die vier bis fünf inneren Hand- und sämtliche Armschwingen mit Ausnahme der Schirmfedern einen mindestens 1 cm breiten weißen Endsaum auf. Beim jungen Weibchen fehlt den Armschwingen in den Außenfahnen der grünliche, ententypische Glanz des Spiegels, bei den Männchen ist er schwach entwickelt. Ihre Schirmfedern weisen weniger Braun und viel Grau auf. Die Großen Oberen Armdecken erzeugen im geöffneten Flügel einen grauen Saum. Die mittleren Steuerfedern sind graubraun mit weißer Basis und mattgelblicher Spitze, die äußeren mit zunehmend mehr Weiß, St7 ist ganz weiß. Soweit sie nicht stark abgenutzt sind, kann man an der Spitze die v-förmige Einkerbung erkennen, in deren Stelle die jugendliche Dune gesessen hat. – Brandgänse treffen sich zur Vollmauser im Sommer in großen Scharen in den Watten im Bereich der Elbmündung.

Die Tafel zeigt hauptsächlich Federn eines alten Weibchens, bei dem die inneren Handschwingen und die Armschwingen einen schmalen weißen Endsaum aufweisen. Ganz unten ist eine Armschwinge eines jungen Weibchens mit einem breiten weißen Endband abgebildet. Die äußerste Handschwinge H10 erzeugt an ihrer Spitze Flugschall. Die Schirmfeder A13 ist eine der schönsten und auffälligsten Federn, die man an der Küste finden kann. Die Steuerfedern sind von einem alten Männchen.

Brandgans

Höckerschwan

Cygnus olor

Der Höckerschwan ist unser größter Wasservogel. Man rechnet mit 11 500 bis 16 000 Brutpaaren. Viele leben halbzahm auf Parkgewässern. Höckerschwanfedern sind reinweiß und sehr groß. Die **Handschwingen** sind, ebenso wie bei anderen Entenvögeln, in Längsrichtung stark gewölbt. Im kompletten, zusammengefalteten Flügel sind H(7), 8 und 9 am längsten, H10 ist etwa 1,5 cm kürzer (Maße der längsten Einzelschwinge 37 bis 47 cm, Mittel 43 cm, n = 50). H9 und 10 sind an den Innenfahnen kräftig, H8 schwächer verengt, entsprechend die gegenüberliegenden Außenfahnen von H7 bis 9. Die Handschwingen müssen beim Flug des großen Vogels starker Belastung standhalten. Ihre kräftigen Schäfte sind wie bei den anderen Schwänen und vielen anderen großen Vögeln unterseits mit einer Längsrinne versehen. Auf welche Weise der harfende Flugschall in den Schwingen erzeugt wird, ist nicht bekannt. Bei den **Armschwingen** ist die Wölbung geringer als bei den Handschwingen, besonders bei den innersten, die als Schirmfedern obenauf liegen. Die Zahl der Armschwingen variiert zwischen 22 und 28. Der Schwanz ist in Ruhehaltung verlängert und spitz; entsprechend sind auch die einzelnen **Steuerfedern** zugespitzt, besonders die mittleren St1 bis 5. Die St1 ist außerdem entschieden länger als die äußeren; sie variiert zwischen 18 und 27 cm Länge, Mittel 22 cm (n = 76). Die Außensteuerfedern sind schmaler und kräftig nach innen gebogen. Altvögel können auf jeder Seite 10 bis 11 (12) Steuerfedern haben, also insgesamt 20 oder 22, in manchen Fällen sogar 24. **Jungvögel** sind anfänglich meist fleckig hellbraun bis graubraun marmoriert. Das betrifft die Schwingen ebenso wie die Steuerfedern – diese mit weißer Basis – und auch das Kleingefieder der Oberseite; nur die Körperunterseite ist von Anfang an weiß. Das Kleingefieder wird noch im ersten Herbst und Winter bis auf geringe Reste in ein vollständig weißes Gefieder gemausert. Jungtiere mit der Mutation *immutabilis* sind jedoch bereits im ersten vollständigen Federkleid weiß. Die Pigmentierungsunterschiede der beiden Färbungstypen erkennt man zeitlebens an der hellen (*immutabilis*) oder dunklen Färbung der Füße. Die Jungen bei den anderen Schwanenarten sind im Jugendkleid nicht so graubraun, sondern eher zimtfarben.

In den großen Flusslandschaften und anderswo in Norddeutschland findet man zeitweise Federn von Sing- und Zwergschwänen. Diese sind nicht leicht zu bestimmen, da sie im Alterskleid ebenfalls weiß und im Jugendkleid hell bräunlich sind. Im Vergleich zum Höckerschwan sind sie nur wenig kleiner (Zwergschwan) oder gleich groß (Singschwan). Diese beiden Arten haben jedoch keinen spitzen, sondern einen mehr gerundeten Schwanz. Die **Flügelmauser** der Altvögel findet im Sommer gleichzeitig mit dem Aufwachsen der Jungen statt. Dabei werden so viele Schwingen auf einmal abgeworfen, dass die Vögel für etwa sechs Wochen nicht fliegen können.

Die Einzelfedern stammen von einem alten Männchen, das viele Jahre in menschlicher Obhut an einem Teich gelebt hat († 17.11.2012) und regelmäßig im Sommer mauserte. Der Grauschimmer an der Spitze der recht frischen Schwingen und der Oberschwanzdecke ist im Original kaum sichtbar und geht auf einen Hauch von Verschmutzung zurück. Die Steuerfedern weisen auf die keilförmige Zuspitzung des Schwanzes hin.

Der Flügel lässt sich wegen seiner Größe hier nur zusammengelegt darstellen. Er ist der eines Jungvogels, wie die Braunfärbung zeigt.

Stockente

Anas platyrhynchos

Die Stockente ist Brut- und Jahresvogel sowie Wintergast in Mitteleuropa. Sie ist in Deutschland die häufigste Schwimmente mit etwa 190 000 bis 345 000 Paaren. Die **Handschwingen** sind braun mit einem Stich ins Sepia. Die Schäfte heben sich farblich nur wenig von den Fahnen ab. Die längste Handschwinge misst 18,5 bis 22 cm, im Mittel 20 cm (n = 85). Der Glanzstreif auf der Unterseite begleitet den Schaft beidseitig. H10 hat eine Verengung an der Spitze der Innenfahne, die vielleicht für den pfeifenden Flugschall verantwortlich ist. H9 hat eine Einbuchtung an der Außenfahne, wodurch die Spitze von H10 freigestellt wird. Bei H8 ist die Einbuchtung nur angedeutet. Besonders bezeichnend sind die **Armschwingen**, die mit ihren Außenfahnen einen auffälligen, blauviolett schillernden Spiegel bilden. Die Innenfahnen sind graubraun, die Federspitze hat ein leuchtend weißes Band. Der Spiegel ist in beiden Geschlechtern gleich ausgebildet. Die Großen Oberen Armdecken zeichnen sich durch ihre Sepiafarbe und ein weiß-schwarzes Endband aus. Das weiße Band reicht bei den Weibchen bis zur 13. Decke oder weiter, beim Männchen nur bis zur 12., sodass man hieran die sonst sehr ähnlichen Flügel unterscheiden kann. An den Mittleren Oberen Armdecken im Innenbereich kann man Altersunterschiede erkennen: Sie sind beim Jungvogel relativ schmal und verjüngen sich zur Spitze hin; beim Altvogel sind sie breiter und fast eckig. An die zehn spiegeltragenden Armschwingen schließen sich die breiten und verlängerten Schirmfedern in bräunlicher Farbe an. Die Vögel haben beiderseits je zehn **Steuerfedern**; die längsten erreichen 9 bis 12 cm, im Mittel 10,5 cm (n = 468). Die äußeren Steuerfedern sind zugespitzt und hell graubräunlich mit einem breiten weißen Endband, die äußersten sind zuweilen sogar fast ganz weiß und die Schäfte heben sich hellbraun bis dunkel ab. Bezeichnend sind die vier schwarzen Zierfedern oben auf dem Schwanz im Prachtkleid der Erpel, die eine aufrecht stehende Locke bilden: die beiden innersten Steuerfederpaare. Beim Weibchen und im männlichen Schlichtkleid fehlt diese Lockenbildung. Die äußeren Steuerfedern der Weibchen sind nicht so hell wie bei den Erpeln. Dennoch fallen sie im Flug auf.

Die **Mauser** beginnt bereits Ende Mai/Anfang Juni mit dem Kleingefieder. Sobald das Schlichtkleid angelegt ist, schließt sich die Flügelmauser an. Die Hand- und Armschwingen werden dann innerhalb weniger Tage abgeworfen, sodass die Vögel für vier bis fünf Wochen flugunfähig sind. Darauf folgt im Spätsommer die Ruhemauser des Kleingefieders, die wieder zum Prachtkleid führt. Diese Gefiederfolge ist bei den Weibchen unauffällig – bis auf die vielen Mauserfedern am Ufer der Gewässer.

Die Spiegelfedern sind in beiden Geschlechtern unverkennbar. Bei den Federn der Weibchen sind Verwechslungen mit Löffelente, Schnatterente und Spießente möglich. Während die Armschwingen der Stockenten einen blauen Glanz tragen, ist der Spiegel bei Krickente, Knäkente und Löffelente leuchtend grün.

Die Federn und der Flügel stammen jeweils von einem Männchen, doch ist das Großgefieder des Weibchens ähnlich. Die Unterschiede im Prachtkleid liegen hauptsächlich im Kleingefieder. Die Armschwingen um A4 bilden mit ihren Außenfahnen den blau schillernden Spiegel. Er wird vorn und hinten durch weiße Bänder begrenzt. Die beiden innersten Steuerfederpaare (St1/2) mit ihrer lockenartigen Ausbildung gehören allein zum männlichen Prachtkleid.

50 %

♂ 25 %

Krickente

Anas crecca

Die Krickente ist mit 350 g Körpergewicht die kleinste europäische Ente. Alle Flügelfedern sind ausgesprochen zierlich. Die **Handschwingen** sind durchweg dunkelgraubraun, die Schäfte eingeschlossen. Sie tragen wie alle Entenhandschwingen auf der Unterseite auf beiden Seiten des hier weißlichen Schaftes einen Glanzstreifen. H9 ist an der Außenfahne und H10 an der Innenfahne verengt. Die Enden der Handschwingen sind gerundet. Die längste Handschwinge erreicht nur 13 bis 15 cm, im Mittel 14 cm (n= 66). Bei den **Armschwingen** tritt ein cremefarbener Endsaum mit einer Breite von bis zu etwa 4 mm auf. Der Spiegel ist bei den äußeren Armschwingen als tiefschwarze Färbung der Außenfahne zu erkennen, gewinnt aber zu den Schirmfedern hin mehr und mehr einen leuchtend grünen Smaragdglanz. Das gilt für beide Geschlechter. In Schrägansicht leuchtet der innere Teil des Spiegels violett. Die Großen Oberen Armdecken erzeugen mit ihrem breiten Endband einen im Flug sichtbaren hellen Flügelstreif, der im Flügel nach innen hin hellbraun und nach außen hin weiß ist und der bei Altvögeln nach außen hin breiter wird. Die Schirmfedern selbst sind verlängert, zugespitzt und fast schwarz mit einem feinen hellen Saum von 1 bis 2 mm Breite an der Außenfahne. Der Schaft kann sich schwarz hervorheben, die Außenfahne zeigt einen schwachen grünlichen Schimmer. Nur eine einzige Schwinge im Übergang zwischen Spiegel und Schirm trägt bei den Männchen in fast voller Länge der Außenfahne ein auffallendes samtschwarzes, hell gesäumtes Feld. Beim Weibchen können es zwei innere Armschwingen sein, die dieses Merkmal haben. Die beiderseits je sieben bis acht kleinen und schmalen **Steuerfedern** sind ebenfalls dunkel, die Enden weisen einen schwachen lichten Saum auf. Besonders die mittleren Steuerfedern sind zugespitzt, die äußeren manchmal sogar gerundet. Bei den Jungvögeln kann man häufig die endständige Kerbe als Doppelspitze erkennen. Besonders bei den Weibchen können ein paar helle Flecke oder Bänder auf den äußeren Steuerfedern auftreten. Bei Jungvögeln sind die Steuerfedern schmaler als bei Altvögeln und neigen zu starker Abnutzung. Die längsten erreichen im Mittel 7,7 cm Länge, sie variieren zwischen 6,9 und 8,5 cm (n =148).

Die Krickente teilt sich in eine kleine mitteleuropäische Brutpopulation, mit nur etwa 4200 bis 6500 Paaren in Deutschland, und viele Überwinterer aus Norden und Osten auf. Die Mauser des Flügelgefieders beginnt im Juli. Sommerliche Mauserversammlungen der Vögel finden sich vorzugsweise in Außendeichsgebieten der Küste und der Flussmündungen. Sämtliche Federn sind relativ klein. Bei der etwas größeren Knäkente sind die Schäfte der etwa gleich langen Schwingen auffallend weiß abgesetzt und der grüne Spiegel der Armschwingen ist blaugrau bereift mit einem breiten hellen Endsaum. Während die Armschwingen der Stockente einen blauen Schimmer tragen, ist der Spiegel bei der Löffelente leuchtend grün, bei der Pfeifente mattgrün mit weißem Innenfeld.

Die Tafel zeigt die Federn und den Flügel eines alten Männchens. Sie sind auffallend klein im Verhältnis zu denen anderer Enten. In der A10 erreicht das stark reflektierende grüne Spiegelfeld seine stärkste Ausprägung. Die schönsten Federn sind daneben die inneren Armschwingen und die mehrfarbigen Schulterfedern im Prachtkleid des Männchens.

Krickente

Der Flügel der kleinsten heimischen Ente ist schlank und zugespitzt. Er fällt durch den leuchtend-grünen Spiegel auf.

Pfeifente

Anas penelope

Pfeifenten sind Brutvögel Skandinaviens und Russlands, kommen jedoch außerhalb der Brutzeit in großen Scharen bei uns an den Küsten und im Binnenland vor, vor allem von September bis April. Hierzulande gibt es nur 40 bis 45 Brutpaare. Sie sind als Wintergäste gesellige, häufig nachtaktive Weidegänger wie Gänse und treten daher meist in größeren Trupps auf. Die **Handschwingen** sind durchweg dunkel graubraun, mit einer schwachen Aufhellung an der Basis der Innenfahne, die Spitzen sind dunkel. H9 ist mit 17 bis 21 cm (Mittel 19,4 cm, n = 81) am längsten, H8 und 10 sind nur wenig kürzer. H9 trägt eine Außenfahnenverengung an der Spitze, H10 eine Verengung der Innenfahne. Bei den **Armschwingen** des Männchens bestimmt ein tiefdunkler, grün schillernder Spiegel auf der basalen Hälfte der Außenfahne das Bild. Bei den Weibchen ist der Spiegel schwarz. An der Spitze der Armschwingen fällt ein 2 bis 4 mm breiter heller Saum auf. Bei A10 oder 11 ist die Außenfahne teilweise weiß. Die Schirmfedern sind besonders in der Außenfahne samtschwarz, nur der Schaft und ein schmaler Saum der Außenfahne heben sich hell ab. Die Großen Oberen Armdecken sind bei den Erpeln grau, am Ende tragen sie eine breite tiefschwarze Binde, und der größte Teil der Außenfahne ist weiß. Diese Federn bilden das weiße Flügelfeld, das bei fliegenden alten Erpeln gut sichtbar ist. Bei den Weibchen und Jungvögeln ist dieses Muster nur angedeutet oder fehlt ganz, die grauen Flügeldecken sind hell gesäumt. Die beiderseits meist sieben **Steuerfedern** sind beim Erpel betont dunkelgrau mit hellen Spitzen, werden nach außen hin heller und sind vor allem an den Außenfahnen silbrig überflogen; die mittleren Schwanzfedern sind am dunkelsten. Die längste Steuerfeder sitzt jeweils in der Schwanzmitte und ist beim Männchen etwa 11,5 cm lang (Variationsweite für alle Kleider 8,5 bis 12,8 cm, Mittel 10,4 cm bei n = 327). Sie überragt ihre Nachbarn im Prachtkleid um 1,1 bis 2,5 cm. Auch bei den Weibchen sind die Steuerfedern spitz. Im Flugbild zeigt sich der verlängerte, spitze Schwanz. Das ist aber beim Weibchen schwächer ausgeprägt als beim Erpel. – Verlängerte, spitze Schwanzfedern findet man auch bei der Spießente, besonders beim Männchen im Prachtkleid. Während die Armschwingen der Stockente blauvioletten Glanz tragen, ist der Spiegel bei Krickente, Knäkente und Löffelente leuchtend grün, bei der Pfeifente dagegen mattgrün oder schwarz mit weißem Innenfeld. – Die Mauser der Schwingen erfolgt im Sommer bis in den Herbst hinein. Für diesen Zweck legen die Erpel, wie bei Enten üblich, vorher das Schlichtkleid an. Sie sind eine Zeitlang flugunfähig, bis sie danach bald wieder ins Prachtkleid mausern. Den Weibchen geht es ähnlich.

Der deutsche Name der Pfeifente rührt von den lauten auf- und absteigenden Rufen des Männchens her. Doch erzeugen die Vögel auch einen klingelnden Flugschall im Rhyhmus ihrer Flügelschläge. Dafür ist wahrscheinlich die äußerste große Handschwinge H10 mit ihrer verengten Spitze verantwortlich. Ähnlich ist H10 auch bei den anderen Enten geformt.

Die Tafel zeigt Federn eines Männchens, die Flügelfedern von der linken Seite, die beiden Schwanzfedern von rechts. Der dunkelgrüne Spiegel der mittleren Armschwingen wird zur Schulter hin durch Weiß abgelöst, bei den Schirmfedern dominiert dann wieder Schwarz. Die mittlere Schwanzfeder St1 ist verlängert und zugespitzt. Das gilt auch für die Weibchen.

Pfeifente

Pfeifenten sind rasante Flieger mit recht spitzen Flügeln. Das große weiße Armflügelfeld ist typisch für das Männchen im Prachtkleid.

Alpenschneehuhn

Lagopus muta

Die Schwingen und viele Federn des Kleingefieders fallen als Mauserfedern durch weiße Färbung im sommerlichen Lebensraum besonders auf. Die Steuerfedern sind dagegen größtenteils schwarz, mit Ausnahme der mittleren. Alle weißen Federn können durch das Baden im Sand oder Staub rötlich, bräunlich oder grau farbimprägniert werden. Die äußeren **Handschwingen** sind weiß, sichelartig schmal, stark nach innen gebogen und zugleich gewölbt. Bei H(3) 5 bis 9 ist der Schaft dunkelbraun gefärbt, nur im basalen Drittel der Feder und in der Spitze sowie auf der Unterseite bleibt er weiß. Der Flügel ist im Zuschnitt extrem rund. H7 ist mit 15 bis 17,4 cm (Mittel 16 cm, n = 32) am längsten. Die Außenfahnen von H5 bis 9 sind fast bis zu ihrer Basis verengt; hier endet auch die Pigmentierung des Schaftes. Auf der Unterseite der Handschwingen trägt die Innenfahne den Schaft begleitend einen breiten Glanzstreifen. Die vierzehn Armschwingen sind durchgehend cremeweiß. A1 ist etwa 15 mm kürzer als A2. Die Schirmfedern sind im Sommer braun mit einer gekritzelten beigen Querbänderung. Zum Winter hin werden diese Schirmfedern jedoch gegen weiße ausgetauscht. Der Schwanz – beiderseits aus acht Steuerfedern bestehend – ist gerade geschnitten oder leicht gestuft. Die äußerste Steuerfeder kann etwa 1 cm kürzer als die mittlere sein. Die längste Steuerfeder (meist St1) hat eine Länge von durchschnittlich 12,1 cm, variiert aber zwischen 10,7 und 14 cm (n = 42). Sie sind zum größten Teil schwarz (Mauserfedern sind im Sommer dunkelbraun), haben jedoch einen weißen Endsaum, der bei St2 mit 0,5 bis 1 cm am breitesten ist. Nach außen hin wird er von Feder zu Feder schmaler und kann sich auch im Laufe des Jahres durch Abnutzung verringern. An der Basis der Steuerfedern tritt ebenfalls in variablem Umfang Weiß auf oder fehlt ganz. Auf der Unterseite gibt es auch hier einen schmalen Glanzstreif. Das innerste Steuerfederpaar wird im Juni meist durch schwarze Federn mit feiner beigefarbener Querbänderung ersetzt. Sie werden jedoch im Sommer schon wieder durch weiße ersetzt. Eine eben vermauserte Schwinge eines Jungvogels ist viel kleiner als die der Altvögel und nicht weiß, sondern fast ganz grau in beiden Fahnen. H9 und H10 entwickeln sich spät, sind sofort weiß und bleiben bis ins zweite Kalenderjahr erhalten.

In Mitteleuropa lebt das Alpenschneehuhn ausschließlich in der hochmontanen und alpinen Zone der Alpen. In Deutschland kommt die Art allein in den Bayerischen Alpen mit einer Populationsgröße von 150 bis 250 Revieren vor. Die Bruten finden meist in der oberen Grenzzone des Waldes zwischen 1700 und 2100 m statt (höchster Brutnachweis in Österreich auf 2740 m); anschließend steigen die Familien in die alpine Zone bis 2500 m und mehr auf, wo sie frisch sprießende, proteinreiche Vegetation abweiden können. Junge und Alte legen hier eine Vollmauser ab, sodass man dann frische Federn des Groß- und Kleingefieders beider Altersklassen finden kann.

Die meisten Schwingen sind das ganze Jahr über weiß (mit Ausnahme der Schäfte), nur die der Jungvögel im ersten Federkleid (H jung) sind graubraun. Die äußeren Steuerfedern haben unterschiedlich viel Schwarz. Die als Schirmfedern fungierenden inneren Armschwingen und mittleren Steuerfedern sind im Sommer tarnfarbig, im Winter weiß. Die Pigmentierung der Handschwingenschäfte ist besonders bei H9 der Jungvögel ausgeprägt.

Der Flügel ist von einem Jungvogel in der Jugendmauser. Die beiden äußeren Handschwingen H9 und 10 werden erst im zweiten Kalenderjahr erneuert.

Rebhuhn

Perdix perdix

Das Rebhuhn ist als ursprünglicher Steppenbewohner an offene, baumarme Landschaft mit Deckung und Nahrung liefernden Hecken und Ackerrainen gebunden. Rebhühner sind in weiten Teilen Mitteleuropas ebenso wie andere Offenlandvögel stark im Rückgang begriffen. Dies liegt vor allem an der intensiven großflächigen Landwirtschaft. Unter den **Handschwingen** misst die längste 12 bis 14 cm, im Mittel 12,8 cm (n = 81). H(3, 4) 5 bis 9 verfügen über ausgedehnte Verengungen der Außenfahnen, H5 bis 10 über nach außen an Länge zunehmende Verengungen der Innenfahnen. Besonders die äußeren Handschwingen sind sehr schmal, stark sichelförmig nach innen gebogen und nach oben gewölbt. Sie tragen auf graubraunem Grund schmale, matt ockerfarbene Querbänder, die auf der Innenfahne oft ungleichmäßig und unvollständig sind, auf der schmalen Außenfahne, besonders der H9 und 10, vollständig, gleichmäßig und zahlreicher (bis zu zwölf). Ihre Zahl nimmt nach innen hin auf etwa vier bis fünf ab. Die mindestens vierzehn **Armschwingen** sind viel breiter als die Handschwingen und ebenfalls auf hell graubräunlichem Untergrund mit etwa fünf unregelmäßigen hellen Querbändern gezeichnet. Die äußerste A1 erreicht nur etwa zwei Drittel der Länge ihrer Nachbarn. Der Schwanz besteht aus 9 Paar **Steuerfedern**, deren Länge von innen nach außen schwach abnimmt. Die längste Steuerfeder misst im Mittel 8,7 cm und variiert zwischen 8,1 und 9,6 cm (n = 267). Die innersten Steuerfedern (St1) sind allerdings etwas kürzer als ihre Nachbarn. Sie sind auf sandfarbenem Untergrund durch etwa zehn gekritzelte schwarzbraune Querbänder gezeichnet. Bei den anschließenden Steuerfedern nimmt die Querbänderung rasch ab. Sie wird durch dunkelrotbraune Färbung ersetzt. Die Schwanzfederenden sind auf etwa 2 cm Breite ohne klare Grenze zu einem Schwarz-Rotbraun verdunkelt. Im frischen Gefieder findet man noch einen bis zu etwa 2 mm breiten, matt getönten Endsaum. Die Schulterfedern zeigen beim Männchen nur einen hellen Schaftstrich, beim Weibchen sind sie quergebändert. Die ersten jugendlichen Handschwingen des Jungvogels sind zugespitzt, breiter, kleiner und nicht so sichelförmig wie diejenigen der Altvögel. Die inneren Handschwingen werden im ersten Jahr bald nach dem Flüggewerden erneuert. Nur die äußeren H8 bis 10 werden nicht gemausert. An ihren Spitzen und der starken Bänderung kann man die vorjährigen Vögel von älteren unterscheiden: Bei Altvögeln sind die Schwingen am Ende abgerundet. Die ersten Schwanzfedern des Kükens sind zarter und kürzer und messen im Mittel 5,2 cm (Variation 4,5 bis 5,8 cm, n = 16). Die Vollmauser der Altvögel kann schon im Juni einsetzen und beginnt beim Weibchen mit dem Schlüpfen der Jungen. Sie endet spätestens im Herbst. Bei den Jungvögeln setzt die Mauser der inneren Handschwingen in absteigender Folge bereits ein, wenn die Handschwingen 8 bis 10 an der Flügelspitze noch nicht ausgewachsen sind. Das ist ähnlich wie beim Alpenschneehuhn.

Die Rebhuhnfedern wirken durch ihre braun-beige Musterung recht bunt. Die Schwingen erinnern an Federn des Fasans, sind aber viel kleiner. Ihnen fehlt die durchgehende Bänderung auf den Innenfahnen. Die äußerste Armschwinge A1 ist im Vergleich mit A3 auffallend klein. Im Schwanz ist St1 tarnfarbig quergebändert und gemustert, dieses Färbungsmuster weicht bei den anschließenden Federn einem Rotbraun.

Rebhuhn

Der Flügel ist wie bei anderen Hühnervögeln sehr stark gerundet. Die hellen Schaftstriche in der Schulter zeigen an, dass er von einem Hahn stammt.

Jagdfasan

Phasianus colchicus

Man kann besonders die äußeren **Handschwingen** dieses Hühnervogels leicht an ihrer schmalen, sichelartigen Form, harten Struktur sowie an ihrer starken Biegung und Wölbung erkennen. Die längste der einzelnen Schwingen ist H6 (Maße beim Männchen 19,2 bis 23,8 cm, Mittel 22 cm, n = 32; beim Weibchen 18 bis 20 cm, Mittel 18,8 cm, n = 23). Die Verengung der Außenfahne beginnt in schwacher Form schon bei H3. Sie dehnt sich bis H9 immer mehr aus. Verengungen der Innenfahne sind bei H4 bis 10 vorhanden. Die Handschwingen sind braun bis graubraun gefärbt und tragen etwa ein Dutzend beigefarbener Querbinden, die bei der Henne von beiden Fahnen her bis an den Schaft heranreichen. Die Schäfte sind weitgehend hellbraun, gegen die Spitze hellen sie sich noch auf. Bei den inneren Handschwingen und den **Armschwingen** sind die hellen Binden breiter, aber mit sechs bis neun sind sie geringer an Zahl oder können sich bei den innersten Armschwingen zu Längsstreifen umsortieren. Die kurze A1 kommt nur auf etwa 70 Prozent der Länge ihrer Nachbarin. Unverkennbar sind die **Steuerfedern**; die mittlere ist sehr lang und läuft spitz zu. Beim Hahn erreichen sie im Schnitt 49,3 cm, variieren aber zwischen 33,0 und 60,4 cm (n = 77). Bei den Hennen sind sie im Mittel 28,8 cm lang, sie variieren zwischen 21,8 und 32,8 cm (n = 72). Nach außen hin reduziert sich ihre Länge stufig, sodass St8, häufig die äußerste, nur noch etwa 9 cm lang ist. In seltenen Fällen findet man bei Hähnen bis zu zehn Steuerfederpaare. Bei diesen sind die mittleren Steuerfedern bunter und länger als bei den Hennen. Hier dominieren in beiden Fahnen schwarze Querbänder, die vom Schaft ausgehend vor dem Fahnenrand abbrechen. Bei den Steuerfedern ab St2 begrenzen sich die schwarzen Bänder auf die Außenfahne. Bezeichnend sind auch rostfarbene Außensäume. Bei den Hennen sind die Fahnen durch eine je nach Länge unterschiedliche Anzahl von hellbeigen schmalen Querbändern gezeichnet, die beidseitig durch schwarzbraune Bänder eingefasst sind. Bei den Küken ist die längste Steuerfeder im Schnitt nur etwa 9,6 cm lang (Variation zwischen 8,2 und 11,0 cm, n = 8).

Der Fasan wird auch Jagdfasan genannt. Er ist lokal und regional in geeigneten Lebensräumen weit verbreitet, in Deutschland vor allem im Westen und Südwesten. Er ist auch im Küstenraum, in Dünen sowie auf Wiesen und Weiden auffallend häufig vertreten. Die Vögel sind manchmal futterzahm, werden andererseits auch bejagt sowie für Jagdzwecke gezüchtet und freigelassen. Da die Sozialstruktur haremsartig ist, kann man nicht von Paarrevieren sprechen. Offizielle Zahlen addieren sich für Deutschland auf Werte zwischen 205 000 und 285 000. Fasane haben stark gerundete Flügel und sind, wie andere Hühnervögel, angepasst an schnelles Starten, aber nicht an lange Streckenflüge. Beim plötzlichen Start können sie den Beobachter durch unerwartete Bewegung und vor allem durch den mit den Flügeln erzeugten Lärm erschrecken.

In der Tafel sind Federn einer Henne dargestellt, weil sie kürzer sind und besser ins Format passen als die Hahnenfedern. Die äußerste Armschwinge A1 (nicht abgebildet) wäre stark verkürzt. Man kann das am besten am vollständigen Flügel sehen. Für die Art kennzeichnend sind die helle Querbänderung und die Größe der Federn. Beim Vergleich mit dem Rebhuhn achte man auf die unterschiedlichen Maßstäbe.

Die Hand- und Armschwingen sind relativ kurz und untereinander annähernd gleich lang, sodass sich daraus ein extrem gerundeter Flügel ergibt, mit dem der Fasan blitzartig und mit lautem Geräusch starten kann.

Haubentaucher

Podiceps cristatus

Der Haubentaucher, als der größte unserer heimischen Lappentaucher, ist an größere Gewässer gebunden als die kleineren Verwandten. Brutvorkommen finden sich bevorzugt in Schilfbeständen der Uferzonen, manchmal selbst an von Menschen stark belebten Stellen. Man kann in Deutschland, verteilt auf alle Bundesländer, mit 21 000 bis 31 000 Paaren rechnen. Wie die meisten anderen Lappentaucher verfügt auch der Haubentaucher über elf vollständig ausgebildete **Handschwingen**. Der Handflügel ist stark nach oben gewölbt, was besonders die äußeren sechs Handschwingen betrifft. Am längsten ist H9, die dritte von außen, mit 12 bis 14 cm (Mittel 13 cm, n = 93). Eine mäßige Außenfahnenverengung findet sich bei H9 und 10, eine solche der Innenfahnen bei H9 bis 11. Die Handschwingen sind braun mit leichtem Grauton. Der Schaft setzt sich fast schwarz und glänzend von den Fahnen ab. Bei allen Handschwingen ist das basale Fünftel der Innenfahne cremeweiß abgesetzt, was andeutungsweise auch für die Außenfahnen gilt. Die inneren Handschwingen tragen eine nach innen hin größer werdende weiße Spitze. Während die erste **Armschwinge** das Färbungsmuster der Handschwingen noch fortsetzt, zieht sich das Pigment bei den folgenden schnell auf einen Rest am mittleren Schaft zurück und klingt etwa bei A6 ganz aus. Die weiteren Armschwingen sind vollständig cremeweiß, nur die Schirmfedern am Ellenbogen (etwa ab A15), die im geschlossenen Flügel Hand- und Armschwingen abdecken, sind im Prachtkleid dunkel kastanienbraun. Im geöffneten Flügel zeigt sich abgetrennt vom weißen Armflügelspiegel ein ebensolches Schulterfeld, das zwischen den Schirmfedern und dem Rückengefieder vom Flügelbug bis zum Flügelhinterrand reicht. Es wird von den Deckfedern des Flügelbugs und dem Oberarmflügel gebildet. Die sehr kurzen **Steuerfedern** sind wie bei allen Lappentauchern nur rudimentär ausgebildet. Der Schwanz besteht aus einem kleinen Bündel nur etwa 4 cm langer Federchen, die keine geschlossene Federfahne bilden. Dieses Bündel ist von oben gesehen dunkelbraun, von unten weiß. Es kann aber aufgerichtet und damit gezeigt werden. – In der Vollmauser während der zweiten Jahreshälfte findet auch die Erneuerung der Schwingen statt. Da das Abwerfen sehr rasch vor sich geht, sind die Vögel – meist zwischen August und Oktober – jeweils für drei bis vier Wochen flugunfähig. Die Jungvögel erneuern schon im ersten Jahr ihr Körpergefieder und einen Teil der Flügeldecken. Sie tragen aber noch lange darüber hinaus eine Streifung an den Kopfseiten und sind daran als jugendlich erkennbar.

Lappentaucher verfügen über die Eigenheit, dass sie Federn fressen, auch eigene, die sie sich selbst ausrupfen. Auch eben geschlüpfte Küken werden mit Federn gefüttert, noch bevor sie den ersten Fisch bekommen. Man vermutet, dass die Federn die Magenwände gegen spitze Gräten der gefressenen Fische schützen sollen. Das ist aber nicht erwiesen. Die Küken können zwar von vornherein schwimmen, finden aber auf freiem Wasser Wärme und Schutz im Rückengefieder eines Altvogels. Beide Eltern wechseln sich dabei ab.

Im Vergleich mit anderen Lappentauchern (hier nicht dargestellt) ist zuerst die Größe der Federn maßgeblich, dann die Weißverteilung in Hand- und Armschwingen. Wie bei allen Lappentauchern ist der Schwanz zu ein paar dunigen Resten reduziert, so dass man selbst bei einer vollständigen Rupfung die Steuerfedern kaum finden wird.

Der Flügel des Haubentauchers ist recht rund geschnitten. Das weiße Schulterfeld fehlt hier.

Weißstorch

Ciconia ciconia

Der Weißstorch ist ein wenig scheuer und populärer Sommervogel, der bei uns vor allem in Niederungen in offener Kulturlandschaft in Gewässernähe lebt und einzeln oder kolonieweise auf Gebäuden in ländlichen Siedlungen oder auf Bäumen und Masten brütet. Die Schwingen sind weitgehend glänzend schwarz mit einem schwachen grün-purpurnen Schimmer. Nur an der Basis setzt sich auf der Innen- und Außenfahne ein weißes, etwa 2 cm breites Feld ab. Die Außenfahnen der inneren **Handschwingen** und der äußeren Armschwingen tragen eine weißliche Beschichtung wie vom Frost überhaucht. Die äußeren Handschwingen (5) 6 bis 11 weisen an den Außen- und Innenfahnen ausgeprägte Verengungen auf, eine an das Segelfliegen angepasste typische Fingerung. H11 ist nur innen verengt. Die längste Handschwinge (H7/8) erreicht 42,1 bis 50,2 cm (im Mittel 46,5 cm, n = 34). Die fünf schwarzen Alulaschwingen sind kräftig entwickelt und zugespitzt. Auch die inneren Handschwingen und die Armschwingen sind am Ende fein zugespitzt. Die Zahl der **Armschwingen** beträgt 22. Im Gegensatz zum Schwarzstorch haben sie einen silbrigen Schimmer aus feinsten Härchen auf der Außenfahne und eine weiße Basis an beiden Fahnen. Die Mittleren Oberen Armdecken sind weiß, tragen aber dunkle Spitzenflecke, besonders in Schulternähe. Die zwölf **Steuerfedern** sind breit und lang; die längsten erreichen im Schnitt 25,2 cm, variieren zwischen 23,3 und 27,6 cm (n = 49). Im Umriss sind sie etwas gerundet und bei weißer Grundfarbe leicht gelblich getönt. Die mittlere Steuerfeder kann sich etwas grau abheben. Bei Jungvögeln ist das Körpergefieder oft stellenweise grau oder schwärzlich. Hin und wieder tritt ein Weißstorch mit einzelnen schwarzen Federn im Schwanz auf. Die zwölf etwa gleich langen Schwanzfedern sind nicht so spitz wie beim Höckerschwan, sondern am Ende gerundet wie bei den anderen Schwänen, aber mit mehr als 23 cm länger. Beim Schwarzstorch sind sie meistens schwarzbraun. Bei Jungvögeln sieht man auch manchmal graue oder schwarze Federn in den Flügeldecken, an den Flanken und auf dem Rücken. Vielleicht spielt dabei auch Hybridisierung mit dem Schwarzstorch eine Rolle.

Man kann in Deutschland mit 4200 bis 4600 Brutpaaren rechnen, mit zunehmender Tendenz. Die Mauser der Schwingen verläuft gestaffelt und zieht sich über Jahre hin. Mauserfedern findet man bereits im Mai und dann über den Sommer hin bis zum Wegzug. Jährlich werden knapp 60 % der Schwingen erneuert. Jede wird 1,5 bis 2 Jahre getragen. Auf diese Weise können in einem Flügel bis zu fünf Federgenerationen vertreten sein. Durch die scheinbar ungeregelte Schwingenmauser wird bewirkt, dass keine größeren Mauserlücken entstehen. Ein Storch hat 33 Hand- und Armschwingen. Addiert man die Federlängen eines Flügels, so kommt man auf knapp 10 m (ohne Spulenlänge). Durch Einschalten einer 7. Handschwinge an der Mittelhand kommt bei Störchen (wie auch bei Flamingos und Lappentauchern) eine Zahl von 11 Handschwingen zustande, während die meisten anderen Vögel nur 10 Handschwingen aufweisen.

Die Schwingen sind groß und glänzend schwarz mit schwachem, grün-purpurnem Schimmer. Auf den Außenfahnen der inneren Handschwingen und der äußeren Armschwingen liegt eine weißliche Beschichtung, wie vom Frost überhaucht. Die Steuerfedern sind weiß, hier mit rötlicher Erdfärbung imprägniert. Vereinzelt treten schwarze Steuerfedern auf.

Störche sind langhalsige und langbeinige Thermiksegler mit wuchtigen Flügeln und im Flug stark gefingerten Handschwingen. In den Armschwingen heben sich unterschiedliche Federgenerationen ab.

Graureiher

Ardea cinerea

Wie nicht anders zu erwarten, überwiegen beim Graureiher oberseits graue bis schwarze Federfarben. Von den einzelnen **Handschwingen** ist H7 mit mehr als 29 bis 38 cm (Mittel 35 cm, n = 69) die längste, H8 ist nur um 2 mm und H10 um 4 cm kürzer. Im zusammengefalteten Flügel sind H7 bis 9 etwa gleich lang, H10 ist etwa 2 cm kürzer. H7 bis 9 sind schwach an den Spitzen der Außenfahnen, H(7) 8 bis 10 stärker an den Innenfahnen verengt. Die Handschwingen sind oberseits dunkel grauschwarz, nur zur Basis der Innenfahnen hin hellen sie sich grau auf. Die Spule ist weiß, der Schaft verdunkelt sich bald und passt sich den Fahnen an. Auch die Oberen Handdecken und die Alulafedern sind grauschwarz bis schwarz. Die Zahl der **Armschwingen** beträgt einschließlich der kurzen Schirmfedern 18. Sie sind in der Farbgebung den Handschwingen weitgehend gleich. Nur die inneren Armschwingen weisen eine blaugraue Tönung auf. Von der Unterseite her sind die Innenfahnen der Handschwingen und die Armschwingen ebenfalls grau. Bei den inneren Armschwingen ragt am Ende der Innenfahne am Schaft eine kleine abgerundete Spitze vor. Die Großen Oberen Armdecken sind kontrastreicher: Außenfahne grau, Innenfahne dunkelgrau, Schaft dunkelbraun, an der Außenfahnenspitze ein weißer Fleck. Am Oberarm gibt es mindestens fünf kräftige Schwingen, die den Armschwingen strukturell ebenbürtig, aber mehr blaugrau sind. Darüber legen sich Decken, die durch offene Fahnen den Charakter von Zierfedern haben. Am Handgelenk gibt es weiße Federchen. Die 12 **Steuerfedern** sind untereinander etwa gleich lang, nur St1 ist häufig um einige Millimeter kürzer als ihre Nachbarn. Selbst die längsten Steuerfedern sind mit einer Länge von 17,1 bis 20,6 cm (Mittel 18,5 cm, n = 137) überraschend klein, in der Färbung grau mit etwas dunkleren Enden. Die Schäfte heben sich dunkelbraun von den Fahnen ab. Die Oberschwanzdecken sind klein und graubraun, die Unterschwanzdecken größer und weißlich mit stark dunigen Bestandteilen. Die Scheitelfedern sind beim Altvogel verlängert, vom Hinterkopf hängen zwei bis zu 21 cm lange schwarze und bandförmige Schmuckfedern herab, die bei Jungvögeln fehlen. Jungvögel im ersten Sommer und im ersten Winter sind kontrastarm grau.

Graureiher sind bei uns Jahresvögel, streichen aber weit umher und müssen unter Kältewintern leiden. Ihre Brutpopulation wird mit 24 000 bis 30 000 Paaren kalkuliert. Sie brüten meist kolonieweise in hohen Bäumen in Parks oder Wäldern, seltener und nur lokal in Schilfgebieten. Die Nahrungssuche findet an Gewässern oder auf Wiesen und Äckern statt. Die jährliche Vollmauser der Altvögel beginnt schon im Juni und kann sich bis gegen Jahresende hinziehen. – Die meisten Federn sind an einem blaugrauen Schimmer und einer weichen Bereifung erkennbar. Im Gegensatz zu Störchen und Kranichen sind die Handschwingen deutlich weniger gewölbt, nicht so steif und kaum gefingert. Weiße Reiher sind keineswegs Albinos von Graureihern, wie vielfach angenommen wird, sondern Siberreiher, die bei uns häufig und zunehmend überwintern und sogar zu brüten beginnen.

Bezeichnend für das gesamte Gefieder ist ein blaugrauer Schimmer auf dunklem Untergrund, der aber bei den äußeren Handschwingen wenig ausgeprägt ist. Die Steuerfedern, hier zwei von der rechten Seite, sind bei allen Reihern erstaunlich klein im Vergleich zu den breiten und langen Schwingen.

Der Flügel ist sehr rund geschnitten. Die Spitzen der äußeren Handschwingen sind abgenutzt. Die Vögel nutzen die Flügel zum relativ wuchtigen Ruderflug, können aber auch gleiten und in der Thermik segeln.

Kormoran

Phalacrocorax carbo

Das Großgefieder von Kormoranen im Alterskleid ist durchweg schwarz, zur Innenfahne und zur Basis hin spielen die Schwingen ein wenig ins Bräunliche. Die Schäfte sind von der Unterseite her gesehen auffallend dunkelbraun, von oben dunkel mit hellen Flecken. Die äußeren **Handschwingen** haben eine scharfe Innenfahnenverengung vor der Spitze bei H8 bis 10 und eine Außenfahnenverengung bei H7 bis 9. Die längste einzelne Handschwinge ist H8 mit 23 bis 27 cm (Mittel 25,5 cm, n = 62); H7 ist nur wenig kürzer. Der Flügel ist also relativ rund geschnitten. Die Schwingen sind fein zugespitzt und in der Spitze beige aufgehellt. Die 19 **Armschwingen** ändern von außen nach innen ihre Länge nur wenig, selbst die längste Schirmfeder hebt sich kaum heraus; nur die letzten werden kleiner. Auf ihren Außenfahnen, je weiter zur Schulter hin, desto mehr, bildet sich ein schwacher bronzefarbener Glanz, der aber knapp vor dem Schaft endet. Von nahem besehen ähnelt er einer lichten Beschichtung auf schwarzem Untergrund. Auch die oberen Flügeldecken und große Teile des Kleingefieders weisen diesen Glanz und einen grünglänzenden schwarzen Randsaum auf. Die Oberseite des Vogels wirkt daher geschuppt. Je älter der Vogel, desto mehr Glanz; je älter aber die einzelne Feder, desto weniger. Bei **Jungvögeln** sind Schwingen und Schwanzfedern schwarzbraun mit hellen Spitzen, die Armschwingen weisen weniger Glanz auf als bei Altvögeln. Die 14 **Steuerfedern** von Kormoranen sind ebenfalls schwarz, nur die Spule ist hell. Die Federn sind ausgesprochen schmal, flach, am Ende gerundet und sehr steif. Die kräftige Spule ist ungewöhnlich lang und auffallend solide, was wohl mit dem Tauchen zu tun hat. Die Federn sitzen außerordentlich fest, und man kann sie bei einem toten Vogel nur schwer herausziehen. Der Schwanz ist gestuft: Die mittleren Steuerfedern sind meist am längsten mit 16,7 bis 21,8 cm Länge (Mittel 19,0 cm, n = 89), die äußeren um 3 bis 4,6 cm kürzer. Die einzelne frische Feder und noch mehr ein ganzer

Flügel oder Vogel verströmen einen kräftigen moschusartig-fischigen Geruch, die Federn auch noch nach Jahren.

Der Kormoran ist zu allen Jahreszeiten ein relativ häufiger Vogel an den Küsten und Binnengewässern und brütet besonders in binnenländischen Baumkolonien, nutzt aber auch flache Inseln und selbst technische Bauwerke als Brutplatz. Man rechnet für Deutschland mit einer Zahl von 22 000 bis 26 000 Brutpaaren, die noch steigen kann – insgesamt aber eine kleine Zahl. Außerhalb der Brutzeit sieht man die Vögel häufig auf Sandbänken, Schotterinseln, Seezeichen, Buhnen und Pfosten aller Art rasten. Zur Brutzeit gilt das besonders für die Nichtbrüter. Wenn sie ihre Flügel eine Weile ausgebreitet halten, kann man Mauserlücken erkennen. Man findet im Sommer die angespülten Mauserfedern. Die Erneuerung des Großgefieders bei Altvögeln verteilt sich auf die zweite Jahreshälfte. Bei Jungvögeln, die zum Teil schon im ersten Kalenderjahr zu mausern beginnen, kann sich dieser Prozess bis ins dritte Kalenderjahr erstrecken.

Die Tafel zeigt Federn aus einem linken Flügel, daneben zwei einzeln gefundene Steuerfedern ebenfalls von der linken Seite. Die hellen Säume an den Flügelfedern nutzen sich mit dem Gebrauch der Federn ab. Was man auf der Tafel nicht wahrnimmt: die schwarzen Schäfte der Unterseite und den moschusartig-fischigen Geruch der Federn sowie die große Stabilität der Steuerfedern. Sta zeigt Wachstumsstreifen.

Kormoran

ad. ♀ 50 %

ad. 20 %

Der recht spitze Flügel zeigt, dass Kormorane auch lange Strecken fliegen können. Sie benutzen die Flügel nicht beim Tauchen. Die braune Schwinge vor der Flügelspitze steht vor der Mauser.

Rohrweihe

Circus aeruginosus

Rohrweihen halten sich bei uns von März bis Oktober an flachen Stillgewässern oder Flüssen auf und bauen ein Nest im hohen Schilf, neuerdings auch vermehrt in Getreidefeldern. Männchen, Weibchen und Jungvögel sind unterschiedlich gezeichnet und gefärbt. Hier werden zunächst gemeinsame Eigenschaften kurz besprochen, dann die einzelnen Kleider. Unter den Handschwingen haben H6 bis 9 ausgeprägte Außenfahnenverengungen, H7 bis 10 ebenso starke Verengungen der Innenfahnen. Im kompletten, zusammengefalteten Flügel ist H8 die längste, H7 ist nur wenig kürzer, dann folgen H9 und H6. Bei den Einzelfedern ist H7 mit 31 bis 35 cm (Mittel 33,6 cm, n = 59) am längsten. Der Handflügel besteht aus 10, der Armflügel aus 13 Schwingen. Der Schwanz hat 12 Steuerfedern, die recht schlank wirken. Wie bei anderen Greifvögeln sind die Weibchen etwas größer als die Männchen.

Die Schwingen der **Weibchen** sind tiefdunkelbraun, beim alten Weibchen nur leicht silbergrau angehaucht. Bei den Handschwingen wie bei den Armschwingen ist die Innenfahne nur an der Basis etwas verschwommen aufgehellt und auf hellbräunlichem Grund fein gefleckt. Die Schirmfedern sind verkürzt, wirken dünn und sind ganz dunkel. Die Großen Oberen Armdecken und das Großgefieder weisen beim **Jungvogel** hellbraune Spitzensäume auf, beim weiblichen Altvogel sind sie einheitlich dunkelbraun. Beim alten Weibchen sind die Steuerfedern dunkelbraun bis rotbraun mit mehr oder weniger ausgeprägter brauner Wölkung oder Bänderung, beim Jungvogel dunkelbraun mit schwachem hellem Spitzenband. Besonders die äußeren Steuerfedern des Jungvogels können an der Basis der Innenfahne bräunlich aufgehellt sein.

Bei den Schwingen des alten **Männchens** (siehe Tafel) besteht ein auffallender Farbkontrast: Während die äußeren fünf bis sechs **Handschwingen** bis auf eine klar abgegrenzte weißliche Basis schwärzlich sind, weisen die inneren Handschwingen sowie sämtliche oberen Handdecken und die Armschwingen mit den zugehörigen Großen Oberen Armdecken auf den Außenfahnen eine silbergraue Färbung auf. Auch bei den **Armschwingen** sind die basalen Teile der Innenfahnen überwiegend weiß, die Federspitzen breit und verlaufend dunkelgrau gefärbt, die Schäfte sind breit dunkel abgesetzt. Die hellen Federpartien auf den Innenfahnen der Armschwingen sowie im Unterflügel können zarte Farbtöne wie ein helles Orange, Blassgelb oder Rosa aufweisen. Da die Schirmfedern und die Schultern wie der Rücken dunkel- bis schwarzbraun sind, ergibt sich aus der Distanz ein dreifarbiger Flügel: von außen nach innen schwarz, grau, braun – ganz anders als beim Weibchen oder Jungvogel. Die Steuerfedern sind beim alten Männchen bräunlich grau mit silbergrauem Schimmer, jedoch an der Basis aufgehellt bis weißlich, was sich bei den äußeren Steuerfedern noch verstärken kann. Die Federspitzen sind breit und verschwommen beige gesäumt. Die Schäfte setzen sich dunkelbraun ab. Auf die Distanz wirkt der Schwanz des Männchens einfarbig grau. Für alle Kleider zusammen ergeben sich längste Steuerfedermaße von 23,3 bis 28 cm, im Mittel 25,1 cm (n = 70).

Im Gegensatz zum Weibchen und zum Jungvogel ist das Großgefieder des Männchens im Alterskleid zweifarbig dunkelbraun und grau. In den grauen inneren Hand- und den meisten Armschwingen fallen die dunkel abgesetzten Schäfte auf. Die Steuerfedern sind von innen bis außen überwiegend grau mit heller Basis.

Der Flügel der Rohrweihe ist in beiden Geschlechtern stark gefingert und runder geschnitten als bei der Wiesenweihe. Der Flügel des adulten Weibchens ist oberseits dunkelbraun mit schwachen hellen Endsäumen. In der Schulter und am Bug gibt es gelbliche Aufhellungen.

Sperber

Accipiter nisus

Der Sperber ist Brut- und Jahresvogel in Mitteleuropa, tritt aber auch als Durchzügler und Wintergast auf und ist dann häufig im Siedlungsbereich zu beobachten. Das Flügelende ist stark gerundet, sodass die Länge der **Handschwingen** von innen her bis zu H6 zunimmt und dann über H8 bis 10 wieder abfällt. Bei den einzelnen Federn ist H7 beim Männchen mit 16 bis 18 cm (Mittel 17 cm, n = 54) die längste, beim Weibchen mit 19 bis 22 cm (Mittel 20 cm, n = 82). Die Außenfahnen von H5 bis 9 und die Innenfahnen von H(5) 6 bis 10 sind von der Spitze aus stark und weitreichend verengt, wodurch der gespreizte Flügel hochgradig gefingert ist. Alle Schwingen sind dunkelbraun mit dunkler Querbänderung auf hellerem oder weißlichem Untergrund der Innenfahne. Die Handschwingenspitzen sind im verengten Bereich schwarzbraun, sodass man die Bänder dort kaum erkennen kann. Die Zahl der Bänder beträgt bei den kurzen äußersten Handschwingen und den Alulaschwingen nicht mehr als drei, nimmt aber mit der Länge der Schwingen auf vier bis neun zu. Bei den inneren Handschwingen und den meisten der vierzehn **Armschwingen** liegt sie bei fünf bis sechs, verringert sich zu den Schirmfedern hin aber wieder auf zwei bis fünf. Bei **Jungvögeln** ist das gesamte Großgefieder bräunlich, beim Altvogel mehr graublau, besonders beim Männchen. Von der Unterseite wirken die Schwingen und der ganze Flügel kontrastreich hell-dunkel gebändert. Die Bänder färben hier auch die Schäfte mit. Die Großen und Mittleren Oberen Armdecken sind an ihrer Spitze beim Jungvogel rostbäunlich gesäumt, beim Altvogel fehlen die Säume. Die längsten **Steuerfedern** sind bei den Männchen mit 14,4 bis 17,7 cm Länge (Mittel 16,4 cm, n = 228) kürzer als bei den Weibchen mit 17,9 bis 20,8 cm (Mittel 19,2 cm, n = 290); die äußeren sind etwa 1 cm kürzer als die mittleren. Bei den Steuerfedern lassen sich (4) 5 bis 7 (10) dunkelbraune, gleichmäßig verteilte Querbänder und ein weißlicher, bei Jungvögeln rostbrauner Endsaum erkennen. Bei sehr alten Individuen kann die Bänderung im dunklen Untergrund fast verschwinden, bei Jungvögeln ist sie meist kontrastreicher. Die Oberschwanzdecken sind wie der Rücken gefärbt, enden aber mit einem feinen hellen Band. Die Unterschwanzdecken sind meistens weiß. Bei den Schulterfedern fallen einige mit großen weißen Flecken auf, die normalerweise im Gefieder verborgen sind. Pigmentierung und Bänderung des Großgefieders sind individuell variabel und konstant. – Die Vollmauser der Altvögel findet in der Zeit zwischen Mai/Juni und September/Oktober statt. Das Weibchen ist an das Gelege und die Jungen gebunden und beginnt mit der Mauser schon bei Ablage des ersten Eies. Das Männchen, welches das Weibchen und später die Jungen versorgt, verzögert seinen Mauserbeginn um etwa vier Wochen. Teilweise wird der Ablauf im Sommer unterbrochen, wenn die Jungen das meiste Futter benötigen. In der Umgebung des Horstes kann man Mauserfedern finden, muss aber das Gebiet im Sommer während der Aufzucht der Jungvögel meiden, um nicht zu stören.

Die Federn stammen größtenteils von einem jungen Männchen. Für das männliche Geschlecht im Alterskleid ist auch die matte Blaufärbung bezeichnend, besonders von St1. Die St2 eines alten Weibchens ist länger, breiter und deutlicher gebändert. Die Federn sind im Vergleich zu denen des Habichts gleich groß abgebildet, sind aber in Wirklichkeit kleiner.

Die Flügel des Sperbers sind stark gerundet, wodurch er seine Wendigkeit als Überraschungsjäger erreicht.

Habicht

Accipiter gentilis

Habichte bewohnen als Jahresvögel offene Waldlandschaften mit hohem Anteil an Waldrändern. Man rechnete bis 2009 in Deutschland mit einer Populationsgröße von 11 500 bis 16 000 Revieren. Die Weibchen sind größer als die Männchen, was sich auch in den entsprechenden Federmaßen zeigt. Die längste **Handschwinge** variiert beim Männchen zwischen 24,5 und 28 cm (Mittel 26 cm, n = 35), beim Weibchen zwischen 28 und 32 cm (Mittel 29,5 cm, n = 36). Bei beiden sind die Außenfahnen von H(4) 5 bis 9 und die Innenfahnen von H(5) 6 bis 10 in der Spitze verengt, wodurch der Flügel sehr stark gefingert wirkt. Alle Schwingen sind dunkelbraun mit schwacher Querbänderung auf dem helleren, teils fleckigen Untergrund der Innenfahne. Die Handschwingenspitzen sind schwarzbraun. Die Zahl der Bänder beträgt bei der kurzen äußersten Handschwinge (und den Alulaschwingen) nicht mehr als 4, nimmt aber dann mit der Länge der Schwingen auf etwa 5 zu. Bei den inneren **Armschwingen** liegt sie wieder bei 4, sie können bei den Schirmfedern jedoch ganz fehlen. Die Zahl der Armschwingen beträgt 14. Bei Jungvögeln sind die Bänder in den Schwingen besser kontrastiert. In der dunklen Spitze der Armschwingen fällt oft ein breites Endband mit lichtem Saum ins Auge. Auch die Alulafedern, alle oberen Armdecken sowie Federn in der Schulter weisen hier eine klare Querbänderung auf, die allerdings bei Altvögeln ganz fehlen kann. Bei Altvögeln sind die längsten **Steuerfedern** beim Männchen 23,3 bis 27,0 cm lang (Mittel 24,8 cm, n = 84), beim Weibchen 25,1 bis 30,0 cm (Mittel 28,0 cm, n = 74). Nach außen hin werden sie schmaler und einige Zentimeter kürzer. Sie sind in der Grundfarbe dunkelgraubraun mit schiefergrauer Tönung, zur Basis der Innenfahne hin weißlich-fleckig aufgehellt. Sie tragen 5 bis 7 (Extremwerte 4 und 8) dunkelbraune Querbänder, von denen das äußerste die doppelte Breite der übrigen erreicht. Sie enden mit einem hellen Spitzenband von einigen Millimetern Breite, das der Abnutzung stark ausgesetzt ist. Bei der mittleren Steuerfeder heben sich die Bänder bei Altvögeln meist nur schwach vom Untergrund ab. Bei Jungvögeln ist das Großgefieder mehr bräunlich, die Bänderung jedoch generell weitaus kontrastreicher, besonders im Schwanz. Die Querbänderung der Decken an der Körperunterseite ist beim Altvogel gleichmäßig und besteht aus etwa acht recht zarten graubraunen Bändern an den Flanken und etwas weniger am Bauch. Beim Jungvogel sind die Fahnenspitzen mit einem herzförmigen Fleck oder einem breiten Schaftstrich geziert. Die Pigmentierung und Bänderung des Großgefieders sind individuell ausgeprägt, sodass man Mauserfedern einem Individuum zuordnen kann, auch über Jahre hin. Die Vollmauser der Altvögel erfolgt im Sommer zwischen April und September. Die Weibchen beginnen schon während der Eiablage und Bebrütung damit. Die Männchen starten zwei bis drei Wochen später.

Die Einzelfedern dieses alten Weibchens lassen in den Schwingen wie im Schwanz nur noch schwache Bänderung erkennen, die bei der Schirmfeder A12 fast ganz durch Grau überdeckt ist. Beim Jungvogel ist besonders in den Steuerfedern die Bänderung durch helle Säume kontrastiert. Insgesamt ist aber die Querbänderung von Schwingen und Steuerfedern weniger stark ausgeprägt als bei den Sperberfedern. Beim Vergleich beachte man den unterschiedlichen Abbildungsmaßstab. Habichtsfedern sind größer als Sperberfedern.

Der Flügel ist deutlich gerundet, sodass die Länge der Handschwingen von innen her bis zu H6/7 zunimmt und dann bis zu H10 wieder stark abfällt.

Rotmilan

Milvus milvus

Die rostrote Färbung beschränkt sich auf den Schwanz und das Kleingefieder. Die längste **Handschwinge** erreicht im Mittel eine Länge von 42,7 cm (38 bis 46 cm, n = 52). Bei H6 bis 10 ist die Innenfahne von der Spitze her stark und weit verengt („Fingerung"), die Außenfahne bei H5 bis 9. Bei den Schwingen ist der Schaft unterseits mit einer längs laufenden Rinne versehen, sodass stabilisierende Kanten entstehen. Die äußeren Handschwingen sind zum größten Teil schwarzbraun, nur das basale Drittel der Innenfahne, maximal die Zone bis zum Beginn des verengten Fingers, trägt ein reinweißes Feld mit schwach gewölktem oder fleckigem Übergang zu einem breiten dunkelbraunen Streif, der den Schaft begleitet. Bei den inneren Handschwingen 1 bis 5 ist das weiße Feld auf der Innenfahne zu den Spitzen hin ausgedehnt, die pigmentierten Zonen sind heller braun. Hier zeichnen sich etwa acht recht schmale, auffallend parallel verlaufende braune Querbänder ab, vor allem in der Innenfahne. Diese Federn wirken von der Unterseite her insgesamt hell, was sich im Flugbild auswirkt. Beim Jungvogel ist die Bänderung der inneren Handschwingen weniger kontrastreich, weil die hellen Zwischenbänder rötlich getönt sind. Rotmilane haben 14 recht breite **Armschwingen**. Sie sind fast ganz schwarzbraun mit nur schwach angedeuteten acht bis zehn Querbändern. Das Muster wird erst ab etwa A12 kontrastreicher, weil sich der Untergrund aufhellt. Hier sind auch die Schäfte dunkler als die Fahnen. Die Gabelung des Schwanzes ist stark ausgeprägt. Die äußeren **Steuerfedern** sind etwa 10 cm länger als die inneren und erreichen im Schnitt eine Länge von 33,1 bis 41,6 cm, im Mittel 37,1 cm (n = 140). Sie sind dafür mit einer Breite von etwa 4 cm im Vergleich zu den anderen Steuerfedern sehr schlank. Die matt rotbraune Färbung der mittleren Steuerfedern weicht nach außen hin besonders auf der Außenfahne allmählich einem trüben Braun oder bei St6 sogar einem Schwarzbraun, die hellere Innenfahne gewinnt bis zu zwölf schmale, etwas unregelmäßige Querbänder. Die Federbasis ist weißlich, die Spitze trägt einen breiten hellen Saum, falls er nicht durch Abnutzung verloren gegangen ist.

Der Rotmilan tritt nicht nur in offener waldreicher Kulturlandschaft auf, sondern ebenfalls oft an größeren Gewässern, wo er sich gern tote Fische von der Wasseroberfläche holt. Er ist auch sonst Aas- und Kleintierfresser. Für die Art fällt Deutschland eine besondere **Verantwortung** zu, weil hier ein Großteil der Weltpopulation siedelt. Man rechnet derzeit mit 12 000 bis 18 000 Paaren, aber mit abnehmender Tendenz durch Anflug an Windkraftanlagen und Vergiftung im Brutgebiet wie in den Winterquartieren. Die meisten der Vögel ziehen im Winter nach West- oder Südeuropa, doch gibt es zunehmend Überwinterungen in Mitteleuropa. Die Vollmauser beginnt bei den Weibchen schon im April oder Mai, bei den Männchen etwas später. Man kann Altvögel den Sommer über an den Mauserlücken erkennen, die den Jungen fehlen. Die Mauserlücken sind dann durch die basalen weißen Innenfahnen der Handschwingen besonders gut sichtbar.

Die äußere Steuerfeder St6 ist im Original 38 cm lang. Auch sind die mittleren Handschwingen viel länger als die abgebildete H10. Der ziegelrote Schwanz ist stark gegabelt. Die Innenfahnen der äußeren Steuerfedern sind mit zahlreichen schmalen Querbändern versehen.

Der Rotmilan hat in beiden Geschlechtern lange, schlanke Flügel. Der Handflügel zeigt vier lange Finger. Milane sind Thermiksegler. Unterseits hebt sich der innere Handflügel kontrastreich hell ab.

Mäusebussard

Buteo buteo

Der Mäusebussard ist ganzjährig unser häufigster mittelgroßer Greifvogel in vielen Lebensräumen. Man kann mit einer Populationsgröße von 80 000 bis 135 000 Revieren rechnen. Die längsten **Handschwingen** sind H6 oder 7 mit 30 bis 38 cm (Mittel 34 cm, n = 223). Die Innenfahnen von H6 bis 10 sind stark eingeschnitten sowie die Außenfahnen von H(5) 6 bis 9 verengt. Die äußerste Handschwinge ist zugespitzt und nur etwa halb so lang wie die längste H6. Die verschmälerten „Finger" der äußeren Handschwingen sind schwarz pigmentiert und lassen keine Bänderung erkennen. Die schwarze Färbung erfasst auch die Außenfahnen bis zur Basis und einen sich verschmälernden Teil der Innenfahne entlang dem hellen Schaft. Der Rest der Innenfahne ist weiß, manchmal fleckig und mitunter mit Querbändern versehen, die aber den Rand der Innenfahne nicht erreichen. Diese verstärken sich bei den inneren Handschwingen, allerdings wandert oft braunes Pigment in die hellen Zwischenbänder ein. Die Variabilität wird ebenso im Körpergefieder sichtbar, das fast ganz weiß, aber auch sehr dunkel sein kann. Die Großen Oberen Armdecken sind meist einheitlich dunkelbraun, die unteren Handdecken haben schwarze Spitzen. Von den 15 **Armschwingen** sind die längsten etwa 20 bis 25 cm lang. Sie weisen auf den Innenfahnen eine regelmäßige Querbänderung auf, die auch deren Saum meist erreicht. Die Zahl der Bänder variiert zwischen 4 und 10. Die Außenfahne ist dagegen dunkel pigmentiert, sodass man eine Bänderung nur schwach oder gar nicht erkennen kann. Die Spitze der Armschwingen ist zu einem 5 bis 6 cm breiten Band verdunkelt, das beim fliegenden Vogel einen dunklen Flügelhinterrand erzeugt. Die längsten **Steuerfedern** eines Mäusebussards erreichen im Mittel eine Länge von 23,7 cm (n = 654), variieren aber zwischen 20,1 und 26,6 cm. Den größeren Weibchen kommen die höheren Werte zu. St2 ist meist die längste, St1 ist etwa 6 mm kürzer, und zu St6 hin nimmt die Länge meist um 4 bis 14 mm ab: Der Schwanz erscheint gerade abgeschnitten, im Flug gerundet. Die Federn sind breit linealisch geformt, doch St1 und 6 sind schmaler als die anderen. Die Schäfte sind in der Schwanzmitte kräftig nach unten gewölbt, bei den äußeren Federn nimmt eine basale Biegung zur Schwanzmitte hin zu. Sie sind auf hellem Untergrund bei verschiedener Farbgebung recht gleichmäßig quergebändert. Die Zahl der Bänder variiert normalerweise zwischen 8 und 10, kann aber auch viel geringer sein. Die Bänder werden meist durch den hellen Schaft unterteilt. Oft sind sie auf der Innenfahne stärker ausgeprägt als auf der Außenfahne. Die Innenfahne ist besonders im basalen Bereich in ihrer Grundfärbung weiß, die Außenfahne farbig getönt. Der schmale Endsaum ist hell. Davor liegt bei Altvögeln öfter eine dunkle Endbinde, die schmaler ist als beim Raufußbussard.

Mauserfedern des mittelgroßen Greifvogels findet man relativ häufig in halboffener Landschaft. Die zweifarbigen äußeren Handschwingen sind stark gefingert. Die inneren Handschwingen und die Armschwingen sind auf den Innenfahnen quergebändert, die Außenfahnen lassen von einer Bänderung wenig erkennen. Die Steuerfedern sind gleichmäßig und recht eng quergebändert. Die Großen Oberen Handdecken GOHD sind meist ungemustert dunkelbraun.

Der Flügel ist breit und rund geschnitten und durch die freigestellten Spitzen der äußeren Handschwingen sehr gut für das Segeln geeignet.

Raufußbussard

Buteo lagopus

Raufußbussarde sind Brutvögel der Arktis. Sie wandern aber als Wintergäste regelmäßig nach Mitteleuropa ein, besonders in den östlichen Teil und an die Küsten. – Bei den **Handschwingen** sind die Innenfahnen von H6 bis 10 verengt und die Außenfahnen von H5 bis 9. Die äußerste Handschwinge ist zugespitzt und etwas länger als die halbe Länge der längsten H6 und 7. Diese messen etwa 31 bis 40 cm (Durchschnitt 35,6 cm; n = 43). Die weißen Felder der Innenfahnen reichen nur basal an die Schäfte heran und in der Länge enden sie etwa beim Beginn der Fingerung. Die Handschwingen sind häufig besonders auf den Außenfahnen mehr grau getönt als beim Mäusebussard, sie wirken hier wie frostig überhaucht. Die Bänderung ist schwächer ausgebildet, reicht aber mehr in die dunklen Spitzen hinein und bei den inneren Schwingen auch an den Saum der Innenfahne. Beim Jungvogel sind hier nur zwei oder drei Bänder zu erkennen, beim Altvogel vier oder fünf. Die Schäfte heben sich hellbraun von den Fahnen ab. Bei den **Armschwingen** setzt sich das Muster der inneren Handschwingen fort, die Querbänder laufen meist durch. Die Aufhellung ist auf der Unterseite der Federn deutlicher als auf der Federoberseite. Die Zahl der Armschwingen einschließlich der Schirmfedern beträgt 14 bis 15 (16, wenn man die kleinste am innersten Rand mitzählt). Die Bänderung besteht aus etwa vier bis sechs schmalen, am Schaft unterbrochenen Querbinden und einer verschwommenen breiteren Endbinde. Zwischen den Bändern tritt häufig bräunliches Pigment auf. Die Länge der längsten **Steuerfedern** variiert zwischen 21,7 und 26,0 cm, sie liegt im Mittel bei 24,2 cm (n = 60). Im Unterschied zum Mäusebussard ist der basale Teil der Fahnen nicht gebändert, sondern rein weiß. Am Federende breitet sich eine breite dunkle Querbinde aus, darauf folgt an der Spitze nur noch ein verschwommenes helles Endband. Basalwärts schließen sich unterschiedliche Muster an. Bei alten Weibchen sind es ein bis drei dunkle aber schmalere Querbänder, die sich zur Basis hin abschwächen, bei alten Männchen drei bis fünf oder mehr. Auf der Innenfahne ist die Zahl der Bänder um ein bis zwei vermindert. Zwischen den Bändern tritt nicht selten etwas rötlichgelbliches Pigment auf. Bei **Jungvögeln** bilden sich an der Stelle der zusätzlichen Bänder nur einige dunkle Flecke. Zuweilen steht bei ihnen einer rein weißen Basis nur die breite dunkle Binde vor dem Ende gegenüber. In jedem Fall ergibt sich jedoch als feldornithologisches Merkmal des Raufußbussards für alle Kleider eine schwarze Schwanzendbinde mit weißer Basis. Die Unterschwanzdecken sind rahmfarben, die Oberschwanzdecken tragen einen herzförmigen Fleck vor der Spitze und einen anschließenden schmalen Schaftstrich.

Die Federn sind die eines Altvogels, nur die auf der Tafel ganz außen dargestellte St5 ist die eines Jungvogels. Bei Jung und Alt ist die schwarze Endbinde vorhanden, doch fehlen beim Jungvogel die davor liegenden Binden oder sind schwach ausgebildet. Die untere Handdecke UHD hat ein großes dunkelbraunes Endfeld, welches beim fliegenden Vogel von unten einen dunklen Bugfleck erzeugt. Die äußerste Handschwinge H10 ist beim Mäusebussard und auch beim Rotmilan sehr ähnlich ausgebildet. Ein dunkler Flügelhinterrand ist beim Mäusebussard manchmal deutlich, manchmal fehlend.

40 %

ad. ♂ 20 %

Mit dem beschriebenen Flügelschnitt ist der Flügel etwas spitzer als beim Mäusebussard – jedenfalls der eines Thermikseglers. Bei seiner Flugjagd neigt der Raufußbussard mehr zum Rütteln als der Mäusebussard.

Teichhuhn

Gallinula chloropus

Teichhühner brüten in Uferzonen und Verlandungsgürteln nährstoffreicher Gewässer des Tieflandes, oft auch in sehr kleinen Flächen, an Parkteichen, Tümpeln und Gräben. – Die **Handschwingen** sind wenig gewölbt und die äußeren (außer H10) recht einheitlich in ihrer Länge (maximal 12 bis 15 cm, Mittel 14 cm, n = 72). H(9)10 ist zugespitzt, die übrigen haben mehr oder weniger gerundete Enden. Die Schwingen sind schwarzbraun mit leicht olivgrüner Tönung, die Schäfte heben sich schwarz von den Fahnen ab; nur die Spule ist weiß. Als einzige hat die äußerste Handschwinge H10 ebenso wie die große Alulafeder einen weißen Saum an der Außenfahne. Beim Teichhuhn findet man zwölf bis vierzehn **Armschwingen**. A8 ist ein wenig, A9 und 10 sind gegenüber der kürzesten Armschwinge um etwa 1,5 cm verlängert und als Schirmfedern oft auch stärker abgenutzt. Die beiderseits sechs schwarzen **Steuerfedern** sind relativ zart, die mittleren 70 bis 93 mm lang (Mittel 81,4 mm, n = 220), die äußeren mit etwa 50 mm bedeutend kürzer, schmaler und deutlich nach innen gebogen. Die Steuerfedern sind aber länger als die des Blässhuhns. Sie tragen einen Hauch von olivbrauner Färbung und einen schwachen grünlichen Glanz. Der sehr häufig ruckartig gestelzte Schwanz wird erst durch die großen weißen oder schwach gelblich getönten Unterschwanzdecken mit schwarzer Mitte (diese aus kleinen Unterschwanzdecken) auffällig. Bezeichnend sind graubräunliche Flankenfedern mit einem beim Männchen etwa 4 mm breiten weißen, bis zur Spitze reichenden Schaftstrich in der Außenfahne. Beim Weibchen ist er schmaler, bei Jungvögeln blass hellbraun.

Die Altvögel führen im Sommer ab Mitte Juli zwischen Ende der Brut und Wegzug eine Vollmauser durch, bei der sie zeitweise ihre Flugfähigkeit gänzlich einbüßen. Sie halten sich dann aber in der Deckung der Vegetation verborgen. – Die Flügelfedern sind in der Regel kleiner als die des Blässhuhns, aber größer als die der anderen Rallen. Bezeichnend sind die Deckfedern des Unterschwanzes und der Flanke. Ansonsten ist das Großgefieder durchweg düster und ohne Zeichnung. Demgegenüber zeichnet sich das adulte Teichhuhn durch Schnabelfärbung, den roten Stirnschild und die Beinfärbung aus (chloropus = grünfüßig). Alle Schwingen sind ohne helle Säume und weisen nur eine schwache Aufhellung an der Basis der Innenfahne auf. Die Schirmfedern sind schwarz und auffallend zugespitzt. Im Flügel zeigen sie deutliche Zeichen von Abnutzung an ihren Spitzen. Das hängt wohl damit zusammen, dass Teichhühner sich weitgehend in der Vegetation aufhalten.

Teichhuhn, Unterschwanzdecken

Die Federn stammen von einem alten Weibchen. Die äußerste Handschwinge H10 hat eine helle Außenfahne. Die Handschwingen sind fast ohne Wölbung. Bezeichnend ist im Kleingefieder die Flankenfeder mit dem breiten weißen Schaftstrich. Die Steuerfedern sind klein und gestuft. Die geschlossene Fahne ist relativ kurz, darunter folgen eine Zone mit offenen Federästen und eine lange Spule.

Teichhühner sind ausgesprochen rundflügelig. Das Wanderverhalten ist variabel: ein fakultativer Kurzstreckenzieher.

Blässhuhn

Fulica atra

Das Blässhuhn ist ein häufiger Brutvogel sowie Sommer- und Wintergast an größeren Gewässern mit flachen Ufern und niedriger Ufervegetation. Für das erste Jahrzehnt des 21. Jahrhunderts wurden für Deutschland Brutbestände von 66 000 bis 115 000 Revieren ermittelt. – Anders als bei den kleineren Rallenarten sind die **Handschwingen** von Blässhühnern stark gewölbt und stabil. Blässhühner haben 10 ausgebildete Handschwingen mit einer Länge von maximal 14 bis 17 cm (Mittel 16 cm, n = 73), 17 bis 20 Armschwingen und 12 bis 16 Schwanzfedern, das heißt beiderseits je 6 bis 8, von etwa 50 bis 70 mm Länge. H2 und 10 sind nahezu gleich lang, H8 und 9 als die längsten Handschwingen 30 bis 40 mm länger. Fahnenverengungen an H8 und 9 sind allenfalls in schwachen Andeutungen zu erkennen. Während die Handschwingen des Teichhuhns einen bräunlichen Ton tragen, sind die des Blässhuhns durchscheinend grau, ohne scharfe Grenze in schwarze Spitzen übergehend. Der unterste Teil des Schaftes einschließlich der Spule ist hell, der Rest bis in die Spitze hinein pigmentiert. Von der Unterseite her wirken die Fahnen viel heller als oberseits. Die äußerste Handschwinge kann einen feinen weißlichen Saum an der Außenfahne tragen, ebenso die große Alulaschwinge. Die recht breiten **Armschwingen** sind schwach zugespitzt, heller grau und haben eine weiße Spitze, deren Weiß sich auf der Innenfahne auch noch ein Stück den Schaft entlangziehen kann und in manchen Fällen die halbe Innenfahne ausfüllt. Diese Aufhellung erzeugt im geöffneten Flügel einen weißen Armflügelhintersaum. Das Weiß ist am stärksten an den Innenfahnenspitzen der mittleren Armschwingen ausgeprägt. Die Schirmfedern ab A10 sind wieder stumpf anthrazitschwarz, ebenso die Steuerfedern und die Schwanzdecken. Die Schirmfedern und die zugehörigen Decken sind in den Spitzen oft strahlig geöffnet. Der braunschwarze Schwanz ist recht kurz und leicht gerundet, die längsten **Steuerfedern** messen nur 58 bis 79 mm (Mittel 66,9 mm, n = 173). Sie sind so klein, dass man sie in einer Rupfung leicht übersehen kann. Die gesamten Deckfedern der Körperunterseite einschließlich der Flanken sind bei Altvögeln grau, im Jugendkleid heller grau und an der Brust sowie am Vorderhals weißlich. – Die Vollmauser erfolgt je nach Stand des Brutgeschäfts ab Juni bis in den Herbst hinein. Da sämtliche Schwung- und Steuerfedern synchron abgeworfen werden, sind die Vögel etwa vier Wochen lang flugunfähig und halten sich dann meist versteckt. – Die Schwingen sind größer und stärker gewölbt als bei anderen Rallenarten; die grauen Armschwingen haben eine ausgeprägt weißliche Spitze, was bei den anderen heimischen Rallen nicht vorkommt. Hieran kann man selbst einzelne gefundene Armschwingen leicht erkennen. Während der Mauser wird man dazu allerdings wenig Gelegenheit haben, weil die Vögel dann Deckung aufsuchen.

Blässhühner haben recht kurze und runde Flügel, was sich darin zeigt, dass Hand- und Armschwingen etwa gleich lang sind. Auf der Tafel ist nicht erkennbar, wie stark die Handschwingen (außer H10) gewölbt sind. Die Steuerfedern sind sehr kurz und schwarz. Die schwarzen Schirmfedern weisen im Flügel deutliche Zeichen von Abnützung auf, sind also schon länger im Gebrauch. Demgegenüber sind die Handschwingen gut erhalten.

Die Flügel sind nicht so rund geschnitten wie bei der Wasserralle. Beim Starten zum Flug benötigen Blässhühner einen Anlauf über das Wasser (s. Foto).

Austernfischer

Haematopus ostralegus

Der Austernfischer ist ein sehr häufiger, charakteristischer und populärer Küstenvogel, der vereinzelt sogar begonnen hat, sich im Binnenland anzusiedeln. Da Austernfischer bei uns vom Frühsommer bis zum Jahresende ihre Vollmauser absolvieren und ihre Federn auffällig sind, werden diese sehr häufig im Spülsaum und anderswo an den Küsten und Gewässerufern gefunden. – Bei den einzeln nebeneinander liegenden **Handschwingen** sind die beiden äußersten mit 17,3 bis 21 cm (Mittel 19 cm, n = 67) am längsten. Im Flügelverband ist H10 dann um wenige Millimeter länger als H9. Von Fahnenverengungen ist nur wenig zu erkennen. Die äußeren Handschwingen sind generell zugespitzt. Die Handschwingen sind durch ihr „scheckiges" Schwarz-Weiß-Muster sehr charakteristisch. Die Inneren haben eine weiße Basis und eine schwarze Spitze, wobei das Schwarz auf der Innenfahne weiter zur Basis hin reicht als auf der Außenfahne. In der Handflügelmitte macht sich ein langer weißer Fleck auf der Außenfahne der Schwingen selbstständig und begleitet nach außen hin von Feder zu Feder schmaler werdend den Schaft nahe der Federspitze. Die inneren Oberen Handdecken haben breite weiße Spitzen. Das verstärkt sich noch bei den Großen und Mittleren Oberen Armdecken. Bei den äußeren **Armschwingen** sind die Spitzen etwa bis zu einem Drittel der Federlänge abgeschrägt schwarz. Zum Körper hin nimmt das Schwarz mehr und mehr ab, was auch für die oberen Flügeldecken gilt. Die weiter innen stehenden Armschwingen A10 bis 13 und die zugehörigen Decken sind völlig weiß. Erst bei den Schirmfedern ab A14 tritt wieder Schwarz auf, das bis zur Spitze reicht. Zählt man die kleinsten innersten Armschwingen mit, so kommt man auf eine Gesamtzahl von zwanzig. Austernfischer haben im Schwanz eine breite schwarze Endbinde, die sich über alle **Steuerfedern** hinzieht und von der Federspitze her mehr als ein Drittel der Federlänge einnimmt. Sie verringert sich allerdings zu den Schwanzseiten hin auf etwa ein Viertel der Federlänge. Die Federn werden überdies nach außen hin etwas kürzer und schmaler. Die längsten Steuerfedern kommen im Schnitt auf 11,7 cm Länge, variieren jedoch zwischen 9,7 und 13,2 cm (n = 212). An der allgemeinen Gefiederfärbung kann man Jung- und Altvögel unterscheiden. Die dunklen Partien sind bei den Jungen bräunlich getönt, bei den Alten, jedenfalls im frischen Zustand, tiefschwarz, vor allem bei den alten Männchen. Wenn man die abgebildeten einzelnen Schwingen auf der Tafel mit dem Bild des geöffneten Flügels vergleicht, kann man recht gut erkennen, in welcher Weise die Schwingen mit ihren Schwarz-Weiß-Mustern zu dem auffallenden weißen Flügelband beitragen, das so bezeichnend für das Flugbild des Austernfischers ist. Frische Austernfischerfedern verströmen einen moschusartigen Geruch, der an denjenigen der Rabenvögel erinnert.

Die Federn des Austernfischers sind kontrastreich gefärbt und gehören zu den häufigsten und auffallendsten, die man an der Küste findet. Die Funde häufen sich im Sommer und im Herbst, wenn die Vögel ihre Schwingen und Steuerfedern erneuern und sich dann während des Hochwassers auf bestimmten Ruheplätzen treffen. Die Federn können teilweise mit denen der Uferschnepfe verwechselt werden, sie sind aber größer.

Der Austernfischer hat einen spitzen Flügel. Im Flugbild ergeben sich ein weißer Hinterrücken und Oberschwanz sowie eine auffallende schwarze Schwanz-Endbinde, außerdem ein schwarzer Flügel mit weißer Binde, die sich zur Flügelspitze hin allmählich abschwächt und auch innen den Körper nicht erreicht.

Kiebitz

Vanellus vanellus

Der Kiebitz ist ein bei uns zur Brutzeit selten gewordener Wiesenvogel. Er tritt jedoch zu den Zugzeiten und in milden Wintern als Gast noch im Feuchtgrünland auf und zwar oft in größeren Scharen. Ganz unverkennbar sind die äußeren drei bis vier **Handschwingen**, deren Spitzen verschmälert sind (bei Jungvögeln stärker als bei Alten) und die sich gleichzeitig durch eine matt bräunliche bis weißliche Aufhellung an der Spitze der sonst schwarzen Fahnen abheben. Hier gibt es Geschlechterunterschiede. Beim Männchen ist der helle Fleck spitzennah konzentriert, beim Weibchen weiter zur Basis hin ausgedehnt. Die inneren sechs bis sieben Handschwingen sind ganz schwarz, nur die Innenfahnenbasis und die Spule sind weiß und die weiße Spulenfärbung erstreckt sich noch ein Stückchen in die dunkle Fahne hinein. Diese Handschwingen sind beim Männchen länger als beim Weibchen und geben dem Handflügel hier eine breitere, rundlich-lappige Form. Im geöffneten kompletten Flügel führt das dazu, dass beim Männchen H6 länger ist als H10, beim Weibchen erreicht noch nicht einmal H7 die Länge von H10. Von den Einzelfedern ist H8 (H9) beim Weibchen die längste, beim Männchen aber H6. Zusammengefasst sind die längsten Handschwingen 17 bis 20 cm lang, im Mittel 18 cm (n = 64). Bei seinen im Frühjahr stattfindenden Schauflügen im Revier erzeugt das Männchen dumpfen rhythmischen Flugschall, der wahrscheinlich mit den Spitzen der Handschwingen erzeugt wird. Hinzu kommen die stimmlich produzierten Gesangsstrophen, die mit bestimmten Phasen des Schauflugs kombiniert sind. Die **Armschwingen** mit Ausnahme der Schirmfedern sind schwarz-weiß. Der weiße Basalteil nimmt ein Drittel bis die Hälfte der Federfläche ein; die Schwarz-Weiß-Grenze verläuft aber schräg über die Feder, sodass die Innenfahne sehr viel mehr Weiß hat als die Außenfahne. Die Schirmfedern sind dunkel und weisen schon den grünlichen Schimmer des Rückengefieders auf. Der Schwanz ist in der Mitte etwas eingebuchtet, sodass die längste **Steuerfeder** mit durchschnittlich 11,7 cm Länge (Variation zwischen 9,7 und 13,2 cm, n = 353) eine der äußeren ist. Kennzeichnend ist eine breite schwarze Endbinde, die sich von der mittleren bis zur äußersten Steuerfeder hinzieht, allerdings von innen nach außen schmaler wird, von etwa 5 cm innen bis etwa 1 cm außen. Die äußerste Steuerfeder trägt bei manchen Individuen nur noch einen schmalen schwarzen Fleck auf der Innenfahne, sie kann auch ganz weiß sein. An der Spitze der Steuerfedern schließt sich an das schwarze Band ein wenige Millimeter breiter heller Saum an. Der Übergang vom schwarzen Endband zum weißen Basalteil kann durch einen bräunlichen Saum markiert sein, der aber manchmal fehlt. Matt orangebraun bis leuchtend orange sind auch die Unterschwanzdecken des Vogels.

> Der Kiebitz ist in beiden Geschlechtern in seinem offenen Lebensraum ein auffälliger Vogel, der auf die Ferne vor allem durch Schwarz-Weiß-Kontrast wirkt. Einzelheiten der Färbung und Zeichnung nimmt man nur aus der Nähe wahr. Besonders kennzeichnend sind die aufgehellten Spitzen der äußeren Handschwingen. Charakteristisch sind auch die auffallend gefärbten unteren Schwanzdecken (USD) und die grünlich schimmernden Schirmfedern. Die Steuerfedern und Armschwingen erinnern teilweise an diejenigen des Austernfischers. Kennzeichnend sind die Federn der schlanken Holle über dem Hinterkopf.

Der Flügel ist insgesamt sehr rund geschnitten, viel runder als bei anderen Watvögeln. Das trifft für die Männchen noch mehr zu als für die Weibchen. Dementsprechend gibt es auch Innenfahnenverengungen an den H(6) 7 bis 10, schwache Außenfahnenverengungen bei H6 bis 9.

Brachvogel

Numenius arquata

Der größte Watvogel Europas ist als Brutvogel in Mitteleuropa in vielen Regionen in seinem Brutbestand gefährdet oder schon ausgestorben. Die **Handschwingen** sind die längsten Watvogelfedern, die man finden kann; sie können 25 cm Länge erreichen (die Weibchen sind noch etwas größer als die Männchen). H9 ist mit 21 bis 25 cm (Mittel 23 cm, n = 61) am längsten, H10 ist jedoch nur wenig kürzer. Sie zeichnen sich auf dunkelbraunem Grund durch ein meist grobes weißliches Sägezahnmuster am Saum der Innenfahne aus, das auf der Außenfahne nur bei den inneren Handschwingen entwickelt oder angedeutet ist. Das Muster besteht bei der innersten Handschwinge aus etwa sieben bis acht, bei H7 aus etwa einem Dutzend „Zähnen". Auf den äußeren drei Handschwingen ist es sehr variabel bis hin zur fleckigen Auflösung. Bei den inneren Handschwingen kommt ein heller Endsaum hinzu. Auch die Großen Oberen Handdecken haben einen solchen Saum. Bei den **Armschwingen** sind die hellen Flecke auf den Außenfahnen stärker ausgebildet, ihre Zahl ist geringer. Die Schirmfedern sind stark verlängert, die Zahl der hellen Flecke an den Fahnenrändern vergrößert sich entsprechend, aber der Kontrast wird geringer, weil die Flecke besonders auf der Außenfahne dunkler werden, auf der Innenfahne beinahe verschwinden. Hier und bei den Steuerfedern kann man bei älteren Federn besonders gut sehen, dass die hellen Zonen sich stärker abnutzen als die pigmentierten. Während bei den Schwingen und vielen Deckfedern der Körperoberseite der Eindruck entsteht, sie seien dunkel mit hellen Bändermustern, kann man die **Steuerfedern** besser als hell mit dunklen Querbändern beschreiben. St2 ist meist mit durchschnittlich 12,7 cm am längsten, variiert aber zwischen 11,5 und 14,2 cm (n = 345). Am kürzesten ist St6, der Unterschied zur längsten beträgt meist 6 bis 10 mm. Sie sind mit etwa zehn (Variation acht bis zwölf) braunen Bändern recht gleichmäßig und meist kontrastreich gemustert. Bei den Jungvögeln sind die Federn etwas kleiner und schmaler, die dunklen Bänder breiter und näher beisammen, sodass die Federn insgesamt dunkler wirken als bei Altvögeln. – Außerhalb der Brutzeit halten sich die Vögel scharenweise an der Küste auf, auch um dort zu mausern. Deswegen findet man ihre Mauserfedern bis in den Herbst hinein in den Spülsäumen am Meer. Eine Verwechslung ist mit den etwas kleineren Steuerfedern des Regenbrachvogels möglich, doch ist bei diesem die Querbänderung oft weniger kontrastreich. Quer gebänderte, aber viel kleinere und kürzere Steuerfedern haben auch die großen Regenpfeifer und die Pfuhlschnepfe. Noch kleiner, enger gebändert und teils ohne Bänderung sind die der Wasserläufer. Insbesondere die langen, schmalen äußeren Handschwingen der Brachvögel mit ihrem Sägezahnmuster erinnern an solche von Falken, wie zum Beispiel von Wander- oder Gerfalke.

Bei den äußeren Handschwingen, hier H10, löst sich oft (anders als beim Regenbrachvogel) das Sägezahnmuster auf, bei den Schirmfedern wird es durch Pigment verdunkelt. Während in den Schwingen weiße Muster auf dunklem Grund das Bild bestimmen, erkennt man in den Steuerfedern dunkle Querbänder auf hellem Grund. Bei den mittleren Steuerfedern werden die weißen Zwischenbänder oft durch graubraunes Pigment schattiert, sodass hier der Kontrast geringer wird. Das tarnt den geschlossenen Schwanz von oben her.

Brachvogel

Brachvögel haben wie andere Watvögel spitze Flügel. Die Schirmfedern sind verlängert.

Waldschnepfe

Scolopax rusticola

Waldschnepfen sind große, kurzbeinige, waldbewohnende Schnepfenvögel. Auf laubbedecktem Waldboden sind sie durch ihr Gefieder außerordentlich gut getarnt. Das gilt auch für das im Bodennest brütende Weibchen. – Von den **Handschwingen** ist H9 im kompletten Flügel am längsten, H10 nur eine Winzigkeit kürzer, es folgen H7 mit geringem Abstand und danach die weiteren Handschwingen. Bei den Einzelfedern verschieben sich die Relationen etwas. Hier sind H8 und 9 mit 13,9 bis 16,6 cm (Mittel 15 cm, n = 123) etwa gleich lang und etwa 5 mm länger als H10 und 7. Die äußeren Handschwingen sind recht flach und gleichmäßig nach innen gebogen. Verengungen von Außen- oder Innenfahnen lassen sich nicht feststellen. Die Flügelfedern sind dunkel graubraun und an den Säumen beider Fahnen mit einem regelmäßigen hellbraunen Sägezahnmuster versehen. Die Musterung gilt sowohl für alle Handschwingen als auch für die Armschwingen und Schirmfedern, nicht jedoch für die Steuerfedern, wo die Innenfahne frei davon ist. Die Zahl der Sägezähne ist bei den Handschwingen an der Innenfahne größer als an der Außenfahne. An H10 kann sie innen zwanzig erreichen, an der sehr schmalen Außenfahne nur ein Dutzend. Die äußerste Handdecke an der Flügelspitze (Remicle) ist kurz, zugespitzt und wird als Malerfeder bezeichnet. Die Alula besteht aus vier recht großen Federn. Die Zahl der **Armschwingen** beträgt insgesamt sechzehn. Bei den innersten setzt sich ein schwarzes Feld kurz vor der Federspitze durch. Die Schirm- und Schulterfedern sind im Gegensatz zu anderen Limikolen nicht verlängert, aber die Zeichnung ist kontrastreicher, unregelmäßig marmoriert und dadurch verstärkt tarnfarbig. Die **Steuerfedern** sind recht kurz. Die mittleren Steuerfedern oder eine von den St2 bis 4 sind mit einem Mittel von 90 mm am längsten, variieren aber zwischen 75 und 101 mm (n = 160). St6 ist als einzige etwa 10 mm kürzer als St1. Sie sind zum Teil bauchig in der Form, fast schwarz und nur zur Basis hin schwach aufgehellt; an der Außenfahne tragen sie durchweg das hellbraune Sägezahnmuster. Sie enden sämtlich mit einem von der Oberseite her graubraunen Spitzenfleck, der von der Unterseite her reinweiß ist und dort stark das Licht reflektiert. Das kommt bei der Bodenbalz nach hinten hin zur Geltung, wenn die Vögel ihren Schwanz aufrichten und spreizen. Bei Altvögeln sind die Schwanzfedern größer, breiter und kräftiger als bei Jungvögeln, sie haben nur etwa elf Sägezahnflecken, deren Zahl im Schwanz nach außen hin noch abnimmt; bei den Jungen sind es etwa dreizehn. Die Oberschwanzdecken sind auf mittelbraunem Grund dunkel quer gebändert, die Unterschwanzdecken sind beige, mit ungleichmäßiger Bänderung und einem Pfeilfleck in der Spitze, die mittleren sogar mit einem weißen Endfleck. Geschlechterunterschiede im Gefieder sind nicht bekannt. – Die Männchen werden während ihrer Singflüge an Frühjahrsabenden immer noch nutz- und sinnlos bejagt. Bei Federfunden im Wald vergleiche man auch Federn von Falken und Brachvögeln.

Das gesamte Großgefieder ist tarnfarbig gemustert wie auch das Kleingefieder. Nur bei den sehr dunklen Schwanzfedern gibt es an der Spitze einen grauen Fleck, der von der Unterseite her weiß reflektiert. Die äußerste kleine und steife Decke im Handflügel (Remicle) sieht man auch als Trophäe am Jägerhut.

Der Flügel ist nicht ganz so spitz geschnitten wie bei den anderen Schnepfenvögeln. Da sie darauf angewiesen sind, in feuchtem Boden mit dem langen Schnabel stochernd ihre Nahrung zu gewinnen, müssen die meisten der Vögel in der kalten Jahreszeit wegziehen, vorwiegend aber nur bis Südwesteuropa.

Rotschenkel

Tringa totanus

Der Rotschenkel ist ein mäßig häufiger, mittelgroßer und langbeiniger Brutvogel in den Salzwiesen der Küste. Er ist auf Nahrungssuche auch in den Watten anzutreffen und tritt zu den Zugzeiten oft truppweise auf. Im Binnenland ist die Art ein seltener und bestandsgefährdeter Wiesenvogel. – Von den einzelnen **Handschwingen** ist H9 mit 11,3 bis 14 cm (Mittel 12,5 cm, n = 77) am längsten, H8 ist fast genauso lang und H10 ein wenig kürzer. Eine Verengung von Außen- oder Innenfahne besteht nicht. Die äußeren Handschwingen sind schwarzbraun, nur in der basalen randlichen Hälfte der Innenfahne sind sie weiß. Die Schäfte der Handschwingen sind dunkelbraun, nur bei H10, der äußersten Handschwinge, leuchtet er weiß. Am Hinterrand des geöffneten Flügels wird ein breites weißes Band sichtbar, das von den inneren Handschwingen bis zu den Schirmfedern reicht, diese aber nicht mit einschließt. Entsprechend sind die **Armschwingen** in ihrem Spitzenteil reinweiß, nur die Fahnenbasis ist auf beiden Seiten des Schaftes dunkel, und diese dunkle Färbung zieht sich enger werdend ein Stück den Schaft entlang. Die weiße Färbung reicht in weniger reiner Form, das heißt mit schwach angedeuteten dünnen Bändern, noch in die Spitzen der inneren Handschwingen hinein. Die Schirmfedern haben ihr eigenes Muster. Im Schlichtkleid im Winter sind sie meist einheitlich dunkelgrau. Im Jugendkleid und ebenso im Prachtkleid im Frühjahr und Sommer dagegen tragen sie auf ihren Außensäumen jeweils ein Sägezahnmuster, dessen Zwischenräume beim Altvogel etwas bräunlich schattiert sind. Sie werden also auch zweimal im Jahr erneuert. Die **Steuerfedern** und ebenso die Oberschwanzdecken tragen eine sehr enge und feine dunkle Querbänderung auf weißem Grund, meist zwölf bis vierzehn dunkle Bänder auf einer Fahnenlänge von etwa 6 cm. Die mittleren Schwanzfedern sind in ihrem Spitzenteil etwas bräunlich getönt und oft stärker marmoriert. Bei den Jungvögeln sind die Steuerfedern schlanker und mehr zugespitzt als bei den Altvögeln. Für die Länge der längsten Steuerfedern ergibt sich ein Mittelwert von 71,7 mm, sie variieren zwischen 63 und 83 mm (n = 116). Die Querbänder auf den Steuerfedern sind schmaler als bei anderen Arten mit gebänderten Steuerfedern wie zum Beispiel beim Dunkelwasserläufer, der Pfuhlschnepfe sowie Kiebitz- und Goldregenpfeifer. Die Steuerfedern des Bruchwasserläufers sind allerdings noch kleiner und die äußeren tragen eine schwächere Bänderung. Zu diesen Arten suche man Abbildungen in anderen Federbüchern. – Die Mauser des Großgefieders findet vom Sommer bis in den Herbst hinein im Brutgebiet statt. Dann entsteht das Schlichtkleid. Im Frühjahr gibt es eine Teilmauser, die zum Prachtkleid führt. Die gemusterten Schirmfedern des Prachtkleides dienen wohl hauptsächlich der Tarnung des am Boden brütenden Vogels. Sie decken den zusammengelegten Flügel weitgehend ab.

Die Federn stammen von einem Vogel im Prachtkleid vom 20. Mai. Im Schlichtkleid wären die Schirmfedern einheitlich grau. Arttypisch ist die weiße Flügelbinde, die sich vom Armflügel bis in den Handflügel hineinzieht. Verwechslungsgefahr besteht gegebenenfalls bei den Steuerfedern (siehe z. B. Dunkler Wasserläufer).

Wie bei den meisten anderen Watvögeln ist der Flügel spitz geschnitten. Die Schirmfedern sind stark verlängert.

Alpenstrandläufer

Calidris alpina

Der Alpenstrandläufer ist der weitaus häufigste rastende kleine Strandläufer an unseren Küsten. Bei uns ist er als Brutvogel so gut wie ausgestorben. Die äußeren **Handschwingen** sind ohne Verengungen. Am längsten ist H9 mit 8,5 bis 10,2 cm (Mittel 9,2 cm, n = 83), H8 und 10 sind wenige Millimeter kürzer. Die Handschwingen sorgen auf mehrere Weise für den im Handflügel ausklingenden weißen Flügelstreif. Die inneren fünf Handschwingen weisen in der Mitte der Außenfahne einen breiten weißen Randsaum auf. Dem Schaft kommt ein besonderes Eigenleben zu. Er hebt sich von der hellen Basis her dunkel ab, wird dann aber im äußeren Drittel der Schwinge weiß, um sich schließlich der dunklen Federspitze anzupassen. Das ergibt von der Spule aus ein Hell-dunkel-hell-dunkel-Muster. Bei H8 und 9 schwächt sich dieses Muster ab, H10 hat dagegen in der Regel einen durchlaufend hellen Schaft. Die **Armschwingen** sind ebenfalls „bunt“: helle Basis, dunkles, schräg abgesetztes Spitzenfeld, weißer Spitzensaum. Der Schaft hebt sich dunkel aus der hellen Basis heraus. Bei den innersten hellsten Armschwingen trägt er vor dem dunklen Spitzenfeld noch ein Stück Weiß. Die Schirmfedern sind im Schlichtkleid wie bei den anderen Arten verlängert und eintönig dunkelgrau; bei den Jungvögeln tragen sie einen bräunlichen, im Prachtkleid einen weißlichen Saum. Da der im Flug gespreizte Schwanz des Alpenstrandläufers grau ist, müssen wir bei ihm auch graue **Steuerfedern** finden. Die längste Steuerfeder in der Mitte ist durchschnittlich 55 mm lang, variiert aber zwischen 46 und 62 mm (n = 201). St2 ist etwa 4 mm kürzer und St3 ist die kürzeste. Von hier aus werden die Federn nach außen hin wieder länger. Sie sind graubraun mit leicht aufgehellter Innenfahne. Der Schaft hebt sich wie bei den Arm- und inneren Handschwingen nahe der Basis dunkel, weiter zur Spitze hin hell ab; in der Spitze verdunkelt er sich wieder. Insgesamt ergibt sich ein Muster wie bei den Handschwingen. Frische Federn haben einen feinen hellen Endsaum. Die Oberschwanzdecken sind in der Mitte schwarz, die Unterschwanzdecken durchgehend weiß oder cremefarben. – Die Mauser des Großgefieders beginnt teilweise bereits in den Brutgebieten, findet in großem Umfang im Rastgebiet an unseren Küsten statt und endet spätestens im Überwinterungsgebiet. Bei uns kann man äußere Handschwingen noch im Dezember finden. Im Frühjahr werden das Kleingefieder, zuweilen ebenso Schirm- und die mittleren Steuerfedern erneuert, wobei die Vögel ins Prachtkleid überwechseln. – Häufig wird man auch auf Rupfungen oder Risse mit Federn dieser Art stoßen. Sowohl die Schwanzfedern als auch die Schwingen des Sanderlings haben mehr Weiß als die des Alpenstrandläufers. Graue Steuerfedern sind typisch für diese Art. Man vergleiche aber andere mittelgroße Strandläufer. Zwerg- und Temminckstrandläufer sind deutlich kleiner. Hierzu sei auf sonstige Literatur verwiesen.

St1 ist in allen Kleidern dunkler und länger als ihre Nachbarn. Hand- und Armschwingen sowie Steuerfedern des Alpenstrandläufers lassen keinen Schluss auf das Kleid des Vogels zu, da sie nur einmal im Jahr gewechselt werden. Prachtkleid und Schlichtkleid unterscheiden sich nur im Kleingefieder. Feine Unterschiede bestehen in den Schirmfedern, die bei Jungvögeln und Altvögeln in den verschiedenen Kleidern gewechselt werden. Die Federn können mit denen des Sanderlings verwechselt werden.

Alpenstrandläufer

Der Flügel ist spitz wie bei den meisten Limikolen und weist verlängerte Schirmfedern auf. Die grau gesäumten Flügeldecken passen zum Schlichtkleid.

Lachmöwe

Chroicocephalus ridibundus

Die Lachmöwe ist bei uns die häufigste Kleinmöwe sowohl an der Küste als auch im Binnenland. Sie brütet kolonieweise in binnenländischen Feuchtgebieten ebenso wie in Salzwiesen und Dünen an der Küste. Die Lachmöwe gilt als Zweijahresmöwe, die im zweiten Lebensjahr ihr Alterskleid erreicht; das ist dann für sie das dritte Kalenderjahr. Die Kleider von Alt- und Jungvögeln sind sehr verschieden. Im Flug tritt bei **Altvögeln** im Handflügel ein sehr typischer weißer Keil zutage. Ihm entspricht an den vier äußeren **Handschwingen** ein ausgedehntes weißes Feld, das an der Federbasis beginnt und an der Spitze sowie am inneren Saum der Innenfahne, teilweise auch am Außenrand der Außenfahne, schwarz begrenzt wird. Auch der Schaft ist im Bereich dieses weißen Feldes pigmentlos. Bei der äußersten Handschwinge ist die Außenfahne durchgehend schwarz gesäumt, das Schwarz kann aber auch fehlen. Die Großen Oberen Handdecken haben sehr viel Weiß. Von den einzelnen Handschwingen ist H9 mit einer Länge von 21,3 bis 26,2 cm (Mittel 24,1 cm, n = 128) die längste. Von einer Fahnenverengung ist nichts zu erkennen. Die inneren Handschwingen werden bereits mehr und mehr grau und lassen nur noch wenig von der schwarzen Flügelspitze erkennen. Auch die Schäfte sind hier grau. Ein weißer Endsaum fehlt. Die gebogenen **Armschwingen**, insgesamt zwanzig, sind hellgrau mit einem schmalen hellen Spitzensaum. Die zwölf **Steuerfedern** der Altvögel sind ganz weiß und wirken meist gestreckt rechteckig. Die inneren Steuerfedern enden mehr gerundet. Die längsten (meist St4 oder 5) sind im Schnitt 12,4 cm lang (Streuung 10 bis 14,4 cm, n = 659). Beim **Jungvogel** sind die Handschwingen in ihrem Färbungsmuster ähnlich denen des Altvogels. Dagegen ist der Spitzenteil der Armschwingen variabel braun mit einem mehrere Millimeter breiten hellen Endsaum. Die drei oder vier innersten Armschwingen sind als Schirmfedern nach außen gebogen, im Spitzenteil dunkelbraun und breit beige gesäumt. Bei den Jungvögeln tragen die Steuerfedern auch noch im zweiten Sommer eine auffällige schwarzbraune, bis zu 25 mm breite Endbinde, die nach außen hin schmaler wird, sodass die äußerste Steuerfeder schon ganz weiß sein kann. Die Schwanzfedern weisen bei Zweijährigen im frischen Zustand häufig einen braungelben Spitzensaum auf. – Gegenüber den Großmöwenfedern sind die Federn der Lachmöwe kleiner. Verwechslungsmöglichkeit besteht besonders mit den Federn des Armflügels von Dreizehen- und anderen mittelgroßen Möwen sowie bei den Jugendkleidern. Die Steuerfedern der Altvögel ähneln stark denen der Dreizehenmöwe, die der Jungvögel mit ihrer dunklen Endbinde ebenfalls denen der Dreizehenmöwe, aber auch denen von Kiebitz und Austernfischer. Die weißen Spitzen der Schirmfedern des Alterskleides sind nicht so ausgedehnt und klar abgegrenzt wie bei der Sturmmöwe. Sehr ähnlich ist die südlich verbreitete Dünnschnabelmöwe. Für die meisten hier genannten Vergleichsarten muss man andere Literatur verwenden.

Die Tafel zeigt hauptsächlich Flügelfedern und links zwei weiße Steuerfedern (rechte Seite) eines Altvogels. Die äußere Handschwinge H10 ist typisch. Man findet viele von ihnen an Gewässern, wo die Vögel mausern. Das weiße schwarz begrenzte Feld bildet mit den Nachbarfedern den weißen Vorderflügelkeil des fliegenden Altvogels. Unten links ist eine Steuerfeder eines Jungvogels mit schwarzbrauner Endbinde abgebildet.

Der Flügel ist spitz geschnitten wie bei anderen Möwenarten. Arttypisch ist das keilförmige weiße Feld im Handflügel.

Silbermöwe

Larus argentatus

Die Silbermöwe ist das ganze Jahr über eine der häufigsten Großmöwen unserer Küsten. Die Federn dieser Art zeichnen sich im Alterskleid zu großen Teilen durch ein feines helles Grau (Silbergrau) aus, was zu dem Namen Silbermöwe (lat. *argentatus*) führt. Die äußeren **Handschwingen** sind lang. Am längsten sind H8 und 9 mit 30 bis 35 cm, im Mittel 32 cm (n = 70). Im kompletten Flügel ist H10 etwa 4 mm länger als H9. Die Handschwingen sind besonders im gebrauchten Zustand zugespitzt. Sie lassen keine Verengungen von Innen- oder Außenfahne erkennen. Sie sind zum größten Teil in der Außen- wie der Innenfahne hellgrau, wovon sich der Schaft dunkelbraun abhebt. Die Basis ist schwach weißlich aufgehellt. Bei den äußeren sechs Handschwingen wird das Grau zur Spitze hin durch Schwarz ersetzt. Bei H10 sind sowohl die Außenfahne als auch gut die Hälfte der Innenfahne schräg abgegrenzt schwarz. Dann folgt in der Spitze ein in der Größe variabler weißer Fleck, auf den noch ein schwarzer aufgesetzt sein kann, sodass der weiße Fleck wie ein Fenster im Schwarz erscheint. Er wird auch Subapikalfleck genannt. Die vier bis fünf inneren Handschwingen sind lediglich grau und tragen eine breite weiße Endbinde. Dasselbe gilt für die **Armschwingen**. Die Schäfte sind in der Basishälfte weiß, verdunkeln sich dann etwas, bevor sie wieder weiß in die weiße Endbinde eingehen. Die Zahl der Armschwingen liegt insgesamt um die 20, 17 reguläre und einige Schirmfedern. Die **Steuerfedern** der Altvögel sind weiß. Die längsten Steuerfedern messen im Mittel 18,1 cm, sie variieren zwischen 15,7 und 20,4 cm (n = 323). Das **Jugendkleid** im ersten Lebensjahr hat sehr dunkle Handschwingen und eine mittel- bis schwarzbraune, zur Federbasis hin fleckig aufgelöste Endbinde in den Schwanzfedern. Ober- und Unterschwanzdecken sind grobfleckig gebändert. In den folgenden Kleidern nimmt die Schwanzbinde in ihrer Ausprägung ab. Im 2. Winter, wenn der Rücken des Vogels schon grau ist, sind die Oberschwanzdecken bereits weiß und die Schwanzbinde des fliegenden Vogels ist sehr gut kontrastiert. Im 3. Winter sind nur noch Reste davon erhalten. Im 4. Schlicht- und Prachtkleid findet man trotz erheblicher Variabilität immer noch Reste von Braunfärbung an den inneren Handschwingen, an den Alulafedern, den äußeren Handdecken sowie einzelnen Armschwingen und inneren Steuerfedern. Die Silbermöwe gilt als Vierjahresmöwe, das heißt, das komplette Alterskleid ist im Prinzip erst im vierten Lebensjahr ausgebildet. Bei den Jugendkleidern dominieren in unterschiedlichem Ausmaß braune und schwarze Töne. Die ähnlichen Federn der Sturmmöwe lassen sich anhand der geringeren Größe unterscheiden. Bei Altvogelkleidern von Herings- und Mantelmöwe sind die Fahnen weitgehend schiefergrau bis anthrazitfarben. Bei Federn juveniler Silbermöwen in den verschiedenen Alterskleidern besteht eine hohe Verwechslungsgefahr mit denen der Herings- und der Mantelmöwe. Als verwechselbare Arten kommen weitere Großmöwen in Frage, die sich als Gastvögel oder sogar vereinzelte Brutvögel bei uns einfinden, wie Mittelmeermöwe, Steppenmöwe und Heringsmöwe (nicht in diesem Buch).

Die Tafel zeigt überwiegend Federn eines Altvogels. Nur eine der einheitlich weißen Steuerfedern ist abgebildet, daneben die Steuerfeder eines Jungvogels zum Vergleich. Die Größenunterschiede können Geschlechterunterschiede sein: Die Männchen sind größer als die Weibchen.

35 %

ad. 20 %

Der Flügel ist möwentypisch zugespitzt.

Ringeltaube

Columba palumbus

Die Ringeltaube ist ursprünglich ein Waldvogel, der sich aber heute erfolgreich in Parklandschaften auch inmitten der Städte vermehrt. Sie ist die größte der in Mitteleuropa heimischen Taubenarten. Die längste **Handschwinge** (H8) misst 18,5 bis 22,8 cm, im Mittel 20,5 cm (n = 78). Nur H(7) 8 und 9 zeigen eine schwache Verengung der Außenfahnen. Eine Verengung der Innenfahnen bei H8 bis 10 ist ebenso schwach ausgebildet. Die Handschwingen sind dunkelgraubraun, die Schäfte unauffällig hellbräunlich bis schwarzbraun, auch von der Unterseite. Die Außenfahnen aller Handschwingen (schwach bei H10) sind mit etwa 2 mm breiten weißen Säumen versehen. Die Zahl der **Armschwingen** liegt bei dreizehn. Die inneren fünf davon sind Schirmfedern. Das Auffälligste im Flügel sind die Großen Oberen Armdecken, von denen die äußeren fünf zweifarbig sind: Die Außenfahne ist kalkweiß, die Innenfahne grau bis braungrau. Die Karpaldecke, die den Großen Decken vorgeschaltet ist, kann gänzlich weiß sein. Die Decke Nr. 5 hat schon viel Graublau auf der Außenfahne, aber immer noch einen breiten weißen Saum. Die übrigen Decken sind graubraun mit etwas bläulich aufgehellter Außenfahne. Die weißen Fahnen am äußeren Ende des Armflügels bilden zusammen ein breites weißes Band, das beim fliegenden Vogel in allen Kleidern als Artkennzeichen den ansonsten grauen Armflügel gegen den Handflügel abgrenzt. Dazu gehört auch die Armschwinge A1, deren Außenfahne bis fast zur Spitze blaugrau ist. Die übrigen Armschwingen sind graubraun mit etwas bläulichen Außenfahnen und breit verdunkelten Spitzen. Die Schirmfedern sind einheitlich dunkelgrau. Die längsten **Steuerfedern** sind in der Regel die äußeren, nach innen hin nimmt ihre Länge um 4 bis 10 mm ab. Die längsten Federn erreichen im Mittel Ausmaße von 17,6 cm, sie variieren zwischen 15,5 und 20 cm (n = 592). Sie sind recht breit geschnitten, nur St6 ist schmaler; beim Jungvogel sind sie schlanker und am Ende gerundet. Sie sind an ihrer Basis bläulich bis dunkelgrau. An der Spitze tragen sie ein fast schwarzes breites Band. Zwischen der dunklen Basishälfte und diesem Spitzenband erstreckt sich ein 2,5 bis 5 cm breites helles Zwischenband, das in den Steuerfedern von innen nach außen sowohl breiter als auch heller wird. Dieses Bändermuster ist auf der Unterseite viel kontrastreicher als auf der Oberseite. Das wird deutlich demonstriert, wenn der Vogel nach dem Landen zeremoniell den Schwanz anhebt. Der Halsring besteht aus mehreren Reihen weißer Federchen. – Die Mauser des Großgefieders bei den Altvögeln beginnt mit den ersten Handschwingen schon im zeitigen Frühjahr und zieht sich ohne Unterbrechung während der Bruten bis in den Winter hin. So kann man fast das ganze Jahr über einzelne frische Mauserfedern finden. Das sind dann vor allem Schwingen und Steuerfedern sowie Körperdecken. Die kleinen weißen Federchen des Halsrings wird man kaum finden, allenfalls in einer vollständigen Rupfung, wie sie der Habicht manchmal hinterlässt.

Die Ringeltaube ist größer als die Hohltaube und die meisten Felsen- oder Straßentauben. Bezeichnend sind die hellen Außensäume der Handschwingen sowie die weiß-graue Große Obere Armdecke GOAD, die zusammen mit anderen Decken (s. o.) am Übergang von Hand- und Armflügel ein längs verlaufendes Flügelband bildet. Bei den äußeren Steuerfedern wird die dunkle Färbung durch ein breites helles, von der Federunterseite noch besser sichtbares Band unterbrochen.

Der Flügel ist mäßig spitz geschnitten, was sich auch an den (schwachen) Verengungen der Handschwingen zeigt. Die Vögel sind bei uns ganzjährig zu beobachten, doch findet zu den Zugzeiten lebhafter Durchzug in großen Trupps statt.

Hohltaube

Columba oenas

Die Hohltaube ist ein Kurzstreckenzieher, der früh im Jahr zurückkehrt und bei uns bis in den Herbst hinein mehrmals brüten kann. Im klimamilden Westen Mitteleuropas überwintern viele. Für die Bruten sind die Vögel an große Baumhöhlen gebunden; sie bevorzugen die Höhlenzentren des Schwarzspechts. – Unter den **Handschwingen** ist H8 mit 15,5 bis 19,2 cm (Mittel 17,7 cm, n = 60) am längsten. Sowohl H8 als auch H9 verfügen über eine schwache Außenfahnenverengung, die bei H7 nur angedeutet ist. Die äußeren Handschwingen sind bräunlich dunkelgrau mit schwach aufgehellten Außenfahnen. Bei H1 bis 5 fällt jedoch eine taubenblaue Zone auf der Außenfahne auf, die erst im Spitzendrittel der Feder in ein grauschwarzes Endband übergeht. Demgegenüber ist die Innenfahne bräunlich grau und lässt keinen Kontrast zu einem dunklen Endband erkennen. Die **Armschwingen** haben wie die Handschwingen ein anthrazitfarbenes, 2 bis 3 cm breites Endband, das aber nicht klar abgesetzt ist. Dieses geht mit seinem verschwommenen Übergang etwa nach einem Drittel der Fahnenlänge in die Basisfärbung über, die bei den äußeren Armschwingen zweiteilig ist. Die Außenfahne ist hell taubenblau, die Innenfahne mehr bräunlich getönt. Ab A6 läuft die taubenblaue Färbung der Außenfahne allerdings bis zur Federspitze durch. Die anschließenden Schirmfedern sind entweder einheitlich bräunlich blaugrau oder sie tragen auf der Außenfahne einen schwarzen Pigmentfleck, wie es ihn auch auf den inneren Großen Oberen Armdecken gibt. Feldornithologisch gesehen bilden die beiden Fleckenreihen im inneren Armflügel zwei dunkle Binden. Die **Steuerfedern** sind kürzer als bei der Ringeltaube. Die längsten messen im Mittel 12,6 cm und variieren zwischen 10,7 und 14 cm (n = 158). Als längste gilt St3; von ihr aus nehmen die Federn bis zu St1 um etwa 5 mm, bis zu St6 um 2 bis 7 mm ab. Die Federn nehmen von der Basis aus an Breite etwas zu und sind am Ende abgerundet. Entscheidendes Merkmal ist das Färbungsmuster. Die Federn sind insgesamt blaugrau, an der Basis ein wenig aufgehellt. Nur die äußerste Steuerfeder St6 macht hier eine Ausnahme: Bei ihr ist die Außenfahne in ihrer basalen Hälfte weitgehend weißlich abgesetzt, was im gespreizten Schwanz signalhaft auffällt. Bei den St2 bis 5 folgt bei etwa zwei Dritteln der Länge (von der Basis aus gerechnet) ein etwa 1 cm breites, verschwommenes helles Band, woran sich bis zur Federspitze eine 2 bis 4 cm breite, schieferschwarze Endbinde anschließt, die nach außen hin an Breite abnimmt. Bei St1 fehlt das helle Zwischenband fast ganz. Wie bei Tauben üblich, sind die Färbungskontraste auf der Unterseite stärker als auf der Oberseite. Die helle Zwischenbinde ist dort hellgrau und wirkt im Kontrast beinahe weiß. Der Schaft ist in der Basishälfte hell, verdunkelt sich aber zur Federspitze hin – wie bei der Ringeltaube. – Die Vollmauser der Altvögel beginnt im Mai und kann sich ein halbes Jahr hinziehen. Dabei werden die Steuerfedern erst im Herbst ausgetauscht.

Die Federn der Hohltaube sind durchweg kleiner als die der Ringeltaube. Bezeichnend ist die Hell-Dunkel-Verteilung in den Schwingen und Steuerfedern. Das helle Band in den Steuerfedern ist schmaler als bei der Ringeltaube. Dunkle Flecke wie in A9 treten auch bei Felsen-/Straßentauben auf. Von der Straßentaube lässt sich die Hohltaube an der weißlichen Schwanzbinde und dem Kontrast zwischen Innen- und Außenfahne der inneren Handschwingen unterscheiden.

Das graue Oberflügelfeld der Hohltaube erstreckt sich weit in den Handflügel hinein. Auf den Schirmfedern und den zugehörigen Decken sind schwarze Muster sichtbar.

Türkentaube

Streptopelia decaocto

Die Türkentaube ist im 20. Jahrhundert von Südosten her nach Mitteleuropa eingewandert. Sie bewohnt als Jahresvogel vor allem Ortschaften und tritt im Winter oft truppweise auf. – Von den **Handschwingen** haben H7 bis 9 eine Außenfahnenverengung, H8, 9 und 10 eine solche der Innenfahne. H8 ist mit 13,5 bis 16,6 cm am längsten (Mittel 14,8 cm, n = 76), die benachbarten Schwingen nehmen gleichmäßig an Länge ab. Alle Schwingen verfügen über feine helle Außen- und Spitzensäume und schwache Aufhellungen der Basishälfte der Innenfahnen. Die Spitzen und Außenfahnen sind schwarzbraun. Bei den inneren Handschwingen setzt sich an den basalen Außenfahnen ein verschwommener taubenblauer Schimmer durch. Bei den oberen Handdecken sind die Außenfahnen matt bräunlich taubenblau, die Innenfahnen graubraun. Im Armflügel sind zwölf **Armschwingen** vorhanden. Die Schäfte sind im Basisdrittel dunkler als die matt blau-grau-braunen Fahnen. Die dunige Federbasis ist weiß. Die Großen Oberen Armdecken weisen die gleiche Färbung wie die Armschwingen auf. Von den **Steuerfedern** sind St2 bis 4 am längsten, St1 wenig, St6 dagegen 8 bis 12 mm kürzer als die längsten. Die längste Steuerfeder erreicht im Mittel 14,6 cm (Variation zwischen 12,1 und 16,2 cm, n = 503). Die Federn sind gerade gestreckt und am Ende gerundet. Sie tragen an ihrer Spitze ein breites helles Band, das bei alten Vögeln knapp die Hälfte der Fahnenlänge ausmacht, aber bei den äußeren Steuerfedern kürzer werden kann. Es ist oberseits mattgrau bis weiß. Zur Schwanzmitte hin verliert es an Kontrast, sodass St1 einheitlich bräunlich blau ist und wenig oder gar nichts mehr von dem Band erkennen lässt. Bei St6 ist der Kontrast am stärksten entwickelt, wobei die dunkle Pigmentierung des basalen Teils der Außenfahne diejenige der Innenfahne noch um einige Zentimeter überragt. Wie bei anderen Tauben ist das Endband von der Unterseite her stärker kontrastiert als von der Oberseite, wobei die Basis beinahe schwarz wirkt und das helle Band sich hellgrau bis weiß absetzt. In St6 macht das weiße Endband bei Jungvögeln nur 30 % der Federlänge aus, bei ein- bis dreijährigen 40 %, bei älteren Vögeln etwa 50 %. Die Oberschwanzdecken sind wie St1 gefärbt, die Unterschwanzdecken hell taubenblau mit breiten weißen Endsäumen. – Die Vollmauser der Altvögel zieht sich von März bis in den Herbst oder Winter hin. Sie beginnt mit den Handschwingen, deren Erneuerung etwa fünf Monate in Anspruch nimmt. Die Armschwingen und Steuerfedern schließen sich danach an. Auch die Jungvögel beginnen eine Vollmauser schon im Alter von wenigen Wochen. Früh im Jahr geschlüpfte Junge erledigen dies schon im ersten Kalenderjahr bis in den Winter, spät geschlüpfte mausern bis weit in das Folgejahr hinein. Als ähnliche Art kommt allenfalls die verwandte kleine Turteltaube in Frage (nicht in diesem Buch). Sie ist ein Fernzieher, der in Afrika überwintert. Kennzeichnend für diese Art sind vor allem die rostfarbenen Säume der Decken des Rückens und des Oberflügels sowie die schwärzlichen Steuerfedern mit scharf abgesetzter weißer Spitze.

In den bräunlichen Tönen unterscheidet sich das Gefieder der Türkentaube von den Federn der „graublauen" Tauben wie Hohl- und Ringeltaube. Die mittlere Steuerfeder St1 verdeckt im geschlossenen Schwanz die breite weiße Endbinde der äußeren Steuerfedern, die mit der dunklen Basis kontrastiert. Die Kontraste sind von der Unterseite her gesehen noch stärker als von oben.

Der Handflügel ist relativ rund geschnitten. Die Vögel sind Standvögel. Der Flügel ist nur halb geöffnet.

Schleiereule

Tyto alba

Als dunkelaktiver, vor allem auf die akustische Ortung von Beute angewiesener Beutegreifer verfügt die Schleiereule über ausgeprägte schalldämpfende Mechanismen, zum Beispiel eine samtartige Oberfläche aller Schwingen. Die mitteleuropäischen Vögel (*guttata*) sind an der Unterseite gelborange und gepunktet, die westlichen und südlichen weiß (*alba*). Die Färbung wird nur über ein Gen gesteuert. Die **Handschwingen** haben weder an der Innen- noch an der Außenfahne Verengungen. H10 ist als einzige an der Außenfahne mit ausgeprägter Zähnelung besetzt. H8 ist die längste (im Mittel 23,4 cm, Variation 21,9 bis 25,6 cm, n = 115). Die inneren Handschwingen sind mit drei oder vier gleichmäßig verteilten, dunkel graubraunen Querbändern auf matt orangefarbenem Untergrund besetzt, die aber nicht immer den Schaft färben. Ab H5 kommt an der Basis eine vierte oder fünfte Binde hinzu. Die Innenfahnen sind besonders zur Basis und zum Rand hin weißlich. Die Federspitzen sind grau punktiert; sie werden zur Flügelspitze hin dunkler. Die äußeren drei Handschwingen sind leicht zugespitzt, die inneren abgerundet. Von den 15 **Armschwingen** sind nur die äußeren fünf schwach nach innen gebogen, die folgenden sind gerade und zu den Schirmfedern hin sogar mehr und mehr nach außen gekrümmt. Von außen nach innen wird die Grundfärbung heller, die Querbänder werden weniger und dünner, bei den Schirmfedern verstärkt sich die graue Punktierung oder ersetzt die Bänderung ganz. Die inneren Armschwingen einschließlich der Schirmfedern sowie die Großen, Mittleren und Kleinen Oberen Armdecken enden in ihrer Spitze mit einem kleinen weißen, schwarz gerandeten Augen- oder Tropfenfleck. Solche Flecke sind auch sonst für das Gefieder der Schleiereule bezeichnend. Die **Steuerfedern** sind mit maximal 11,5 bis 14,6 cm (Mittel 13,1 cm, n = 276) recht kurz. Von ihnen sind die äußeren die längsten, St1 ist am kürzesten. Sie sind nach oben gewölbt, die inneren mehr als die äußeren. Das Ende ist abgerundet oder schwach zugespitzt. St1 trägt auf hellbraunem Grund vier oder fünf hell gestrichelte dunkelgraubraune Querbänder. Die Färbung des Untergrundes wird bei den äußeren Steuerfedern heller, in der Innenfahne sogar ausgedehnt weiß, die Strichelung der dunklen Bänder verliert sich. Die Federspitze ist bis zum ersten Band auf einer Breite von etwa 1,5 cm hell und grau punktiert. Die Schäfte sind im gesamten Großgefieder oberseits bis gegen die Spule hin bräunlich bis dunkelbraun, auf der Federunterseite aber weiß. Die Unterschwanzdecken sind rahmfarbene Halbdunen mit kleinem dunklem Spitzenfleck. Da Schleiereulen auf Kleinsäuger angewiesen sind, die sie am Boden erbeuten, verhungern viele in schneereichen Wintern. Sie können das aber in trockenen warmen Sommern durch mehrere kopfstarke Bruten wieder ausgleichen. – Die Mauser des Flügels zieht sich gestaffelt über mehrere Jahre hin. Gemauserte Schwingen findet man vor allem von Mai bis September. Steuerfedern beginnen sie im 2. Kalenderjahr zu erneuern und beenden dies im Folgejahr.

Die Schleiereule gehört zu den mittelgroßen nachtaktiven Eulen wie Waldohreule und Waldkauz, ist aber nicht näher mit diesen verwandt. H10 ist an der Außenfahne deutlich bewimpert. Alle Schwingen sind auf matt orangefarbenem Grund dunkel quergebändert. Besonders gegen die Spitze hin fällt die graue Sprenkelung auf, an den Decken häufig kleine weiße Perlflecke. Während St1 recht dunkel ist, hellen sich die Steuerfedern nach außen hin auf.

Schleiereule

Die Flügelspitzen der Schleiereule sind nicht ganz so stark gerundet wie bei anderen Eulen. Schleiereulen sind ortstreu, können aber auch weite Strecken zurücklegen.

Waldohreule

Asio otus

Die Waldohreule ist zusammen mit dem Waldkauz unsere häufigste mittelgroße Eule – deutlich größer als der Steinkauz, viel kleiner als der Uhu. Die längste **Handschwinge** (H8) erreicht 23,1 bis 26,2 cm (Mittel 24,5 cm, n = 146), die Armschwingen überschreiten kaum 15 cm. Die äußerste Handschwinge ist relativ lang und trägt an der Außenfahne die typische wimpernartige Zähnelung. Bei H9 ist sie auf die Außenfahne der gefingerten Spitze beschränkt. Die Fingerung an den Handschwingenspitzen beschränkt sich auf H9 und 10, in Andeutungen auf H8. Die äußeren Handschwingen tragen in ihrer Spitzenhälfte oder nur im Spitzendrittel drei bis fünf dunkelbraune, unterschiedlich breite Querbinden, die zur Federspitze hin und in der Außenfahne an Kontrast verlieren, weil die Zwischenflächen an graubrauner Sprenkelung oder Punktierung zunehmen. Der Basisteil ist in der Innenfahne ohne Bänderung und weißlich, entlang des bräunlichen oder dunklen Schafts aber rostfarben. Die Außenfahne ist bis zur Basis gleichermaßen farbig und kann noch ein oder zwei dunkle Querbänder tragen. Zu den inneren Handschwingen und den 14 **Armschwingen** hin werden die Querbinden schmaler, vermehren sich aber auf sechs; die Innenfahnen werden weitgehend weiß bis gelblich, nur im Spitzenteil herrscht noch Grau vor. Bei den Schirmfedern verliert sich die Bänderung allmählich in graubrauner Kritzelzeichnung. Die Geschlechter sind nach dem Gefieder nicht zu unterscheiden, doch hat die größte Alulafeder bei den Weibchen meist mehr Weiß, bei den Männchen mehr Pigment. Die **Steuerfedern** sind mit 13,9 bis 16,8 cm (Mittel 15,3 cm, n = 650) maximaler Länge relativ kurz, wobei die äußerste noch 0,5 bis 1 cm kürzer als die mittlere ist. Sie sind auf rostgelbem Grund, der sich zur Basis und zu den äußeren Federn hin bis zu Weiß aufhellt, mit fünf bis zehn gleichmäßigen schmalen Querbinden versehen. Nur bei der mittleren Steuerfeder werden die Bänder breiter oder weichen einer groben Marmorierung. Bei der Schleiereule sind die Querbänder bei gleicher Grundfärbung breiter und mit einer Anzahl von drei bis vier weniger zahlreich. Im Kleingefieder der Unterseite dominieren bei der Waldohreule auf mattgelbem Grund graubraune Schaftstriche. Die Großen Unteren Handdecken enden in einem schwarzbraunen breiten Fleck, der im Flugbild unterseits wie bei der Sumpfohreule ein schwarzes Komma bildet. – Bei der jährlichen Mauser der Altvögel wird der Schwanz rasch und vollständig, die Hand- und Armschwingen werden jedoch meist nicht komplett erneuert. Mauserbeginn ist Juni bis Mitte Juli, Mauserende zwischen Mitte September und November. Die brütenden Weibchen beginnen verzögert mit der Mauser. – Waldohreulen ernähren sich vorwiegend von Kleinsäugern. Sie selbst fallen aber häufig dem Uhu zum Opfer, in dessen Nestumgebung man neben Federn von Rabenvögeln auch solche von Waldohreulen und Waldkäuzen finden kann.

Grundfarbe ist ein helles Orange. Darauf liegen dunkle Binden, auf der Innenfahne sind sie meist schmal. Die sogenannten Ohrfedern markieren nicht etwa das Außenohr. Sie dienen als Signalstrukturen oben auf dem Kopf. Sie werden besonders dann steil aufgerichtet, wenn der Vogel geängstigt ist, sein Körpergefieder eng anlegt und sich an einen Baumstamm drückt.

Der Flügel ist etwas weniger rund geschnitten als bei dem größeren Waldkauz. Die Basis des Handflügels ist orangefarben aufgehellt. In den Armflügeldecken gibt es weiße Felder.

Uhu

Bubo bubo

Nachdem er in Deutschland fast ausgerottet war, hat sich der Uhu durch intensive Schutzbemühungen und künstliche Wiederansiedlung gut erholt. Er hat sich sogar in großen Städten angesiedelt. – Die längste **Handschwinge** kann im Mittel 37 cm erreichen (Variationen zwischen 34 und 41 cm, n = 37), die längste Steuerfeder 24 bis 30 cm. Die Handschwingen sind relativ breit. Die äußeren fünf Handschwingen weisen ein großes, nur durch wenig dunkle Musterung unterbrochenes, orangefarbenes Feld an der Basis der Innenfahne auf. Nach ausgeprägter Querbänderung folgt die dunkle Federspitze. Bei den Handschwingen 7 bis 10 sind Außen- und Innenfahne in der Spitze zu einem kurzen und breiten Finger verengt. An der Innenfahne ist die Grenze des Fingers scharf eingeschnitten. Sie sind durch vier bis neun mehr oder weniger regelmäßige dunkle Querbänder auf hell orangefarbenem Grund gezeichnet, ferner an ihrem Ende gerundet und zur Innenfahne hin schräg abgeschnitten. Generell sind die Außenfahnen dunkler als die Innenfahnen. Dies setzt sich bei den 18 bis 19 **Armschwingen** fort. Diese sind mehr oder weniger regelmäßig quer gebändert. Etwa sieben dunkle Bänder heben sich auf den hell orangefarbenen Innenfahnen klar ab, in den Außenfahnen und in der Federspitze verschwinden sie aber fast im dunklen Untergrund. Die Schirmfedern sind dunkel marmoriert. Generell ist der geschlossene Flügel sehr dunkel gebändert und gemustert und lässt nichts von den orangefarbenen Tönen der Innenfahnen erkennen. Die Flügelunterseite und auch die der Einzelfedern sind mattocker mit einem dunkelbraunen Komma an der Handwurzel. Die äußeren **Steuerfedern** sind im Färbungsmuster den inneren Armschwingen ähnlich, haben aber sieben bis neun, manchmal sogar bis zu zwölf oder mehr dunkle Querbänder, die sich zur Basis hin besonders auf den Innenfahnen in ein Fleckenmuster auflösen. Die mittleren Steuerfedern sind insgesamt dunkelgraubraun. Die dunklen Querbänder sind hier so breit, dass nur etwa vier bis sieben schmale helle Bänder übrigbleiben. St2 leitet farblich zu den folgenden über. Die Steuerfedern haben maximal eine Länge von durchschnittlich 27,1 cm, variieren aber zwischen 23,7 und 30,2 cm (n = 37). Die äußeren Steuerfedern sind etwa 1,5 bis 2,0 cm kürzer als die inneren, das heißt, der Schwanz ist schwach gerundet. An der Basis ist ihr Außenrand zunehmend nach unten gebogen und manchmal sogar eingerollt. Das dürfte beim Bremsflug der Geräuschdämpfung dienen. Jungvögel erkennt man am einheitlichen Gefieder, Altvögel haben mehrere Gefiedergenerationen im Flügel. Der Uhu hinterlässt Rupfungen unter anderem von Bussarden und Rabenvögeln, aber auch von vielen Eulen. Die Mauser beginnt frühestens im Juni und endet spätestens im Oktober. Dabei wird pro Jahr nur ein Teil des Großgefieders erneuert.

Uhufedern sind größer als die aller anderen heimischen Eulen. Die Grundfärbung ist dunkler orange als bei der Waldohreule. Die Säume sind genauso weich aufgelöst wie bei den anderen nachtaktiven Eulen. Im Umfeld eines Uhuhorstes finden sich nicht nur Mauserfedern der Großeule, sondern auch Federn von mittelgroßen Eulen wie Waldkauz und Waldohreule, die zu den Beutetieren des Uhus gehören. Zur Brutzeit ist der Uhuhorst aber tabu, das heißt nach dem Naturschutzgesetz, dass dort Störungen verboten sind.

Der Uhu hat große, breite und an der Spitze gerundete Flügel.
Der geöffnete Flügel weist eine deutliche Fingerung auf.

Waldkauz

Strix aluco

Der Waldkauz ist weit verbreitet und steht an Häufigkeit der Waldohreule nicht viel nach. Er ist ein kräftiger und vielseitiger nächtlicher Beutegreifer, den auch Kleineulen wie Raufuß- und Sperlingskauz fürchten müssen. Er kann aber auch selbst dem Uhu zum Opfer fallen und meidet deshalb in der Regel die Uhureviere. Beim Waldkauz gibt es eine braune und eine graue Farbvariante, aber auch Zwischenfärbungen. Das macht sich auch in den Federn des Großgefieders bemerkbar, die mehr grau oder mehr braun sein können. Die längste **Handschwinge** H6 erreicht 21,3 bis 25,6 cm, im Mittel 23,5 cm (n = 95), die Armschwingen 12 bis 19 cm. H10 ist für eine Eule ungewöhnlich kurz, 4 cm kürzer als H9. Die äußeren 5, manchmal auch 6 Handschwingen sind an der Spitze zu breiten, kurzen Fingern verengt. Sie tragen breite dunkelbraune Querbänder, bei der kurzen H10 vier bis fünf, bei den größeren bis zu acht, die sich zur Basis hin verkürzen und auflösen; besonders in der Innenfahne weichen sie einer weißlichen Fläche. Die Bänder sind zwar bis zur Federspitze hin sichtbar, doch werden die Felder zwischen ihnen mehr und mehr mit dunkler Sprenkelung gefüllt. Die Federspitzen tragen einen aufgehellten Saum. Die **Armschwingen** mit Ausnahme der Schirmfedern folgen dem Färbungsmuster der inneren Handschwingen, können aber bis zu neun Querbänder aufweisen. Die Bänderung löst sich in den Schirmfedern nach innen hin allmählich auf. Bei Altvögeln ist sowohl in den Hand- als auch in den Armschwingen die letzte dunkle Binde nahe der Spitze kräftig und breit ausgebildet, bei Jungvögeln schmal und oft unterbrochen. Die **Steuerfedern** haben eine maximale Länge von im Mittel 18,1 cm, variieren aber zwischen 16,1 und 20,2 cm (n = 260). Der Schwanz ist leicht gerundet, die inneren Steuerfedern sind meist am längsten, die äußeren bis zu 2 cm kürzer. Sie sind in ihrem Basisdrittel zur Schwanzmitte hin gebogen und außerdem nach oben hin gewölbt. Sie sind in ihrer Grundfarbe entsprechend dem Färbungstyp entweder bräunlich grau oder rotbraun. St2 bis 6 weisen besonders auf den Innenfahnen eine mehr oder weniger ausgeprägte dunkle Querbänderung von 4 bis 7 (auch bis zu 12) Bändern auf, die auf den Außenfahnen ausläuft und einer Sprenkelung weicht. Den mittleren Steuerfedern fehlt die Bänderung, dagegen sind sie auf der ganzen Fläche mit schmalen gekritzelten Bändern, Marmorierung und Fleckung versehen; sie können ebenso fast ohne Zeichnung sein. Alle Steuerfedern können besonders bei den Jungvögeln in einem hellen, kappenartigen Spitzensaum enden, dieser kann aber auch fehlen. Die Oberschwanzdecken sind kurz und wie die Steuerfedern gemustert, die Unterschwanzdecken weißlich mit dunklem Schaftstrich und einfacher oder mehrfacher herzförmiger Zeichnung. Bei Jungvögeln sind sowohl die Handschwingen als auch die Steuerfedern am Ende zugespitzt, bei Altvögeln gerundet. – Die etwa gleich großen Federn von Wald- und Sumpfohreule sind heller mit weißlicher, gelblicher oder beigefarbener Grundfärbung. – Die Mauser der Hand- und Armschwingen verteilt sich durch Staffelmauser in der Regel auf zwei bis vier Kalenderjahre, die Steuerfedern werden meist alle zwei Jahre gewechselt.

Die Federn sind überwiegend dunkelbraun, die hellen Felder der Innenfahnen weißlich bis hellbraun. Die Grundfärbung ist mehr braun oder mehr grau, je nach Zugehörigkeit zu der braunen oder der grauen Morphe. Bei der fast bänderfreien St1 ist die Spitze abgebrochen.

Der Flügel ist extrem rund geschnitten. Hier fallen die hellen Felder in den Außenfahnen der Handschwingen sowie die weißen Flecke in den Armdecken auf, die man auch bei schwachem Licht sehen kann.

Eisvogel

Alcedo atthis

Der Eisvogel ist in weiten Teilen des westlichen Mitteleuropas Jahresvogel, weiter östlich nur Sommervogel. Als Bewohner klarer, langsam fließender Bäche und Stillgewässer ist er stark von der Winterwitterung abhängig. In Extremwintern, wenn sogar die meisten Fließgewässer zufroren, sind früher viele Eisvögel ums Leben gekommen. Die Population benötigt dann einige Jahre zur Erholung. Die Vögel sind überdies wegen ihres geraden, schnellen und wenig wendigen Fluges gefährdet durch Straßenverkehr, Anflug an Glasscheiben und viele weitere Faktoren. – Schwingen und Steuerfedern lassen nur wenig von der Pracht des sonstigen Federkleides erkennen. Die **Handschwingen** 3 bis 9 sind annähernd gleich lang, selbst H8 als die längste (mit 55 bis 66 mm, Mittel 62 mm, n = 74) überragt ihre Nachbarn kaum. Die Handschwingen sind nur wenig zugespitzt. Eine schwache Außenfahnenverengung ist allenfalls an H9 zu erkennen. Dagegen ist die Außenfahne bei H1 bis 8 im basalen Viertel, bei H9 im basalen Fünftel durch einen schmalen weißen Dunenbesatz ersetzt – eine unerwartete, aber nicht ganz seltene Eigenschaft für eine Handschwinge (siehe auch Spechte). Während die Innenfahne zu ihrem Rand hin auf dunkelgrauem Grund leicht aufgehellt ist, setzt sich die Außenfahne von H1 bis 9 in mattem Dunkelblau ab. Der Schaft hebt sich schwarzbraun heraus. Die Alula ist auffallend lang. Bei den leicht einwärts gebogenen 12 **Armschwingen** ist das helle Feld am Saum der Innenfahne deutlicher abgesetzt und oft leicht ockerfarben getönt. Die Außenfahne ist etwas farbkräftiger dunkelblau. Die Schirmfedern sind nicht verlängert und auch sonst unauffällig. Ihre Spitze ist gerundet, während die Armschwingen fein zugespitzt sind. Die **Steuerfedern** sind ausgesprochen kurz: Die längste (St4 oder 5) variiert zwischen 35 und 45 mm Länge (Mittel 41,5 mm, n = 121); unter europäischen Vögeln sind nur die des Zaunkönigs noch kürzer, die der Wachtel etwa ebenso lang. Die äußerste Steuerfeder ist etwa 3 mm kürzer als die längste. Sie weisen eine nach außen zunehmende leichte Biegung nach innen auf. Bei schwärzlicher Grundfärbung sind sie nur an der Basis schwach aufgehellt. Gegen die Spitze hin und besonders auf den Außenfahnen tragen sie einen dunkelblauen Schimmer. Die Oberschwanzdecken und die Deckfedern des Hinterrückens warten mit einem leuchtend blauen oder grünen Glanz auf – je nach Lichteinfall und Betrachtungsrichtung, hervorgerufen durch eine typische Strukturfärbung. Demgegenüber sind die Unterschwanzdecken ebenso wie das Gefieder von Brust, Bauch und Flanke leuchtend orange. Trotz dieser Farbenpracht im Gefieder kann ein ruhig im Schattenspiel eines Baumes am Gewässerufer verharrender Eisvogel gut getarnt sein. Das metallische Blau des Hinterrückens leuchtet vor allem dann auf, wenn der Vogel niedrig über die Wasseroberfläche dahinfliegt. Das Gefieder des Stoßtauchers ist steifer als das vergleichbar großer Singvögel.

Schwingen und Steuerfedern lassen von der Farbenpracht des Vogels nur wenig erkennen: Die Außenfahnen tragen einen matten blauen Glanz. Die leuchtend grünen Flecke in den oberen Flügeldecken und auf dem Scheitel (siehe Foto) tragen eher zur Tarnung des sitzenden Vogels bei. Die Färbungen der Außenfahnen in den Einzelfedern und im kompletten Flügel changieren je nach Beleuchtung und Betrachtungsrichtung zwischen Blau und Grün.

Eisvogel

Der geöffnete Flügel wirkt rund. Der Vogel ist ortstreu, wenn die Bedingungen es erlauben, wird aber in strengen Wintern zum Winterflüchter. Er ist auch an das Flügeltauchen angepasst.

Buntspecht

Dendrocopos major

Der Buntspecht ist als häufigster Specht und Jahresvogel in allen Waldtypen, auch in Parks, Alleen und Feldgehölzen verbreitet. Er findet sich im Winter gern an Futterstellen ein und versteht es, an Meisenringen und -knödeln hängend zu picken. – Von den **Handschwingen** haben H5 bis 8 eine Außenfahnenverengung, H5 bis 9 eine Verengung an der Innenfahne. Die Außenfahne von H9 entspricht schon weitgehend der Flügelvorderkante, weil H10 mit etwa 2,5 cm Länge sehr kurz ist. Die größte Handschwingenlänge wird bei H6 mit 10,1 bis 13 cm (Mittel 11,8 cm, n = 266) erreicht. Die Zahl der auf den beiden Fahnen quer angeordneten weißen Doppelflecke auf schwarzem Grund beläuft sich bei den inneren Handschwingen auf vier, bei den äußeren auf drei. Die Außenfahne hat bei H6 bis 9 noch weitere schmale weiße Flecke. Die hellen Endsäume konzentrieren sich bei den inneren Handschwingen auf die Außenfahne, ab H5 oder 6 fehlen sie bei Altvögeln, bei Jungvögeln sind sie noch vorhanden. Bei den **Armschwingen** gibt es vier bis fünf Paare Doppelflecke, bei den Schirmfedern dann weniger, bei A8 drei, bei A9 zweieinhalb. Die kleine A11 hat immer noch ein basales Paar oder mehr. Die äußeren sieben Großen Oberen Armdecken sind schwarz mit geringer Fleckung auf der Innenfahne, die anschließenden vier bei Altvögeln reinweiß oder schmutzig weiß, die Decke 8 oft auch noch mit schwarzen Flecken. Ähnliches gilt für die Mittleren Oberen Armdecken. Zusammen mit den Schulterfedern bilden sie beidseitig das große weiß leuchtende Schulterfeld des Spechtes. Die **Steuerfedern** sind wie bei den anderen echten Spechten stark gestuft. St1 ist mit 8,1 bis 10,8 cm (Mittel etwa 9,6 cm, n = 740) am längsten. Die kleine St6 misst nur 3,0 bis 4,5 cm. Nur frische Steuerfedern sind spitz oder leicht gerundet, länger gebrauchte erscheinen deutlich doppelspitzig. St1 und oft auch St2 und 6 sind ganz schwarz, die anderen haben weiße Spitzenfelder mit schwarzen Fleckenmustern, die zu etwa drei ungleichmäßigen dunklen Bändern zusammenlaufen. Die Schäfte sind an die Färbung der Fahnen angepasst. An der Spule sind die Schäfte der inneren Steuerfedern bleigrau gefärbt. Die schräge Grenzlinie zwischen weißem und schwarzem Feld bildet mit den Fahnensäumen und dem Schaft einen relativ stumpfen Winkel; er verläuft mit etwa 70° nicht so steil wie beim Mittelspecht. Bei Jungvögeln ist das Schwarz-Weiß-Muster der äußeren Steuerfedern weniger entwickelt. Außerdem ist St2 im Verhältnis zu St1 kürzer als es ihrer Position entspräche. St5 ist stärker zugespitzt als bei Altvögeln. – Die Jugendmauser beginnt, schon ehe das erste Gefieder vollständig ausgewachsen ist, noch während des Höhlenaufenthaltes des Jungvogels. Dabei werden die inneren beiden Handschwingen sehr klein angelegt und noch in der Höhle durch normal wachsende ersetzt. Später wird das übrige Gefieder mit Ausnahme der Armschwingen ausgetauscht. Die Altvögel absolvieren eine gewöhnliche Spechtmauser. Dabei ist typisch, dass die Steuerfedern St2 bis St6 zuerst gemausert werden, während die große zentrale St1 erst am Schluss an die Reihe kommt, wenn die anderen schon wieder ihre Dienste tun.

Im Vergleich zum ähnlichen Blutspecht (hier nicht behandelt) zeigen St5 und die Schirmfeder Sch viel mehr Weiß. Die Federn stammen von einem alten Männchen. Sehr ähnlich ist auch der etwas kleinere Mittelspecht.

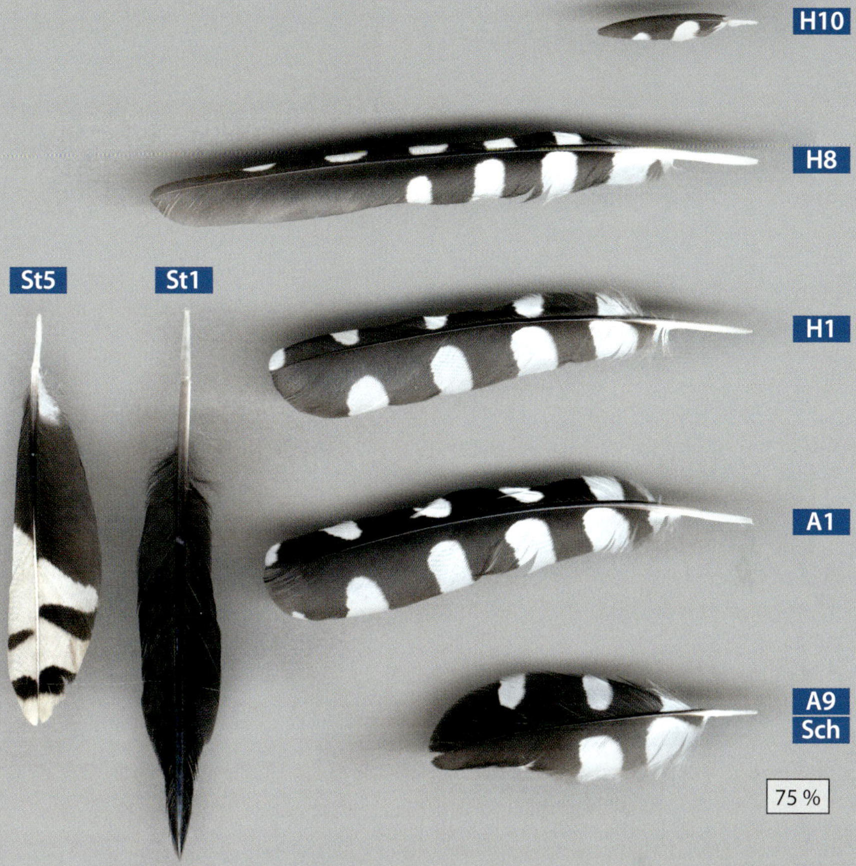

Der Flügel ist rund geschnitten wie bei den anderen Spechten.

Grünspecht

Picus viridis

Der Grünspecht bevorzugt halb offene Waldlandschaften sowie Parks, Gartenlebensräume und Streuobstwiesen. – Von den **Handschwingen** haben H5 bis 10 eine Verengung der Innenfahne, H5 bis 8 (9 bis 10?) eine solche der Außenfahne. Beide Typen von Verengung reichen weit die Fahnen entlang. H10 erreicht (bei Jungvögeln) eine Länge von höchstens 5,7 cm, bei Altvögeln etwa 4 cm. Die längste Handschwinge wird mit 13 bis 16 cm (Mittel 14,1 cm, n = 98) angegeben. Die Innenfahnen sind mit einer Serie von acht bis neun innen abgerundeten weißlichen Bändern geziert, die vom Fahnenrand aus den Schaft nicht erreichen. Demgegenüber sind die Außenfahnen, die basal ein Stück weit vor den Innenfahnen enden, mit Flecken besetzt, die den Schaft erreichen. Trotz der Verkürzung der Außenfahnen kommen hier ebenfalls bis zu zehn solcher Flecke zusammen. Von der Unterseite her gesehen sind die Fahnen recht hell, die Schäfte an der Basis ebenfalls hell und nur zum äußeren Federende hin dunkler. Der Grünspecht hat 12 **Armschwingen**, eine mehr als andere Spechte. Die kleinste und innerste, die 4./5. Schirmfeder, misst nur etwa 3,5 cm. Die Innenfahnen der Armschwingen tragen bis fast zur Spitze hin wieder weiße Bänder. Ihre Zahl kann zehn oder elf erreichen. Auf der Außenfahne sind davon nur Spuren zu erkennen, weil der randnahe Teil der Außenfahne bis fast an den Schaft heran mit moosgrüner Farbe zugedeckt ist. Im geschlossenen Flügel sind nur die feinen Fleckenreihen der Außenfahnen bei den Handschwingen sichtbar, die eine Querbänderung andeuten. Die Großen und Mittleren Oberen Armdecken haben schmale weißliche Bänder auf dunkel graugrünem Untergrund. Die längsten **Steuerfedern** sind die mittleren, sie erreichen im Mittel 11,2 cm Länge, variieren aber zwischen 9,3 und 12,4 cm (n = 178). Bei Altvögeln ist St2 nur 1 bis 5 mm kürzer als St1. Die anschließenden Steuerfedern verkürzen sich gestuft. St6 ist ganz unscheinbar, sie misst nicht mehr als 4,5 bis 5,6 cm und ihr Größenunterschied zu St5 beträgt etwa 4,0 cm. Sie liegt oben auf St5 und ist seitlich oberhalb und nicht neben St5 befestigt. Die Grundfärbung der Steuerfedern ist dunkel olivfarben, zur Spitze hin fast schwarz. Darauf sind mattgrünliche, kontrastarme und am Schaft unterbrochene helle Querbänder verteilt: bei St1 sieben, bei St5 zehn bis zwölf. Die mittleren Federn sind im Spitzendrittel verengt. Die Oberschwanzdecken sind um einen olivgrünen Kern herum mit einem bis zu 7 mm breiten goldfarbenen Saum geziert, der zu dem leuchtend goldgelben Bürzel des fliegenden Vogels beiträgt. Die Unterschwanzdecken sind demgegenüber trüb graugrün mit Querbänderung. Beim Jungvogel ist das gesamte Deckgefieder deutlich gebändert, besonders sichtbar an den schmalen und hellen Handdecken, die in der Jugendmauser nicht erneuert werden. Bei Altvögeln ist die helle Querbänderung der Steuerfedern stärker ausgeprägt, dies im Unterschied zum ähnlichen Grauspecht, der in diesem Buch nicht dargestellt wird. Dazu sei auf andere Federbücher verwiesen.

Die Federn des Grünspechts sind denen des Grauspechts in ihrer Musterung und grau-grünlichen Farbgebung sehr ähnlich. Die Bänderung der äußeren Steuerfedern ist hier bei St6 nicht sehr deutlich, sie fehlt beim Grauspecht ganz. Die gold-gesäumten Oberschwanzdecken sind bei beiden ähnlich. Die Schirmfedern zeigen bei Jungvögeln helle Spitzensäume, bei Altvögeln fehlen diese Säume.

Der Flügel ist wie derjenige anderer Spechte sehr rund geschnitten.

Wendehals

Jynx torquilla

Der Wendehals ist der einzige ausgeprägte Zugvogel unter den Spechten und dazu noch ein Fernzieher, der den Winter in West- und Zentralafrika, z. T. auch auf der Iberischen Halbinsel verbringt. – Die Federn des Wendehalses sind nicht spechttypisch. Die Zahl der **Handschwingen** beträgt zehn, wobei H10 mit etwa 13 mm winzig ist. Die Zahl der Armschwingen beträgt elf, wobei A11 mit etwa 24 mm Länge ebenfalls sehr klein ist. Bei den Handschwingen haben H7 und 8 eine Außenfahnenverengung – selbst schon im Nestlingskleid –, H8 und 9 eine Verengung der Innenfahne, die noch nicht im Nestlingskleid erkennbar ist. Die längste Handschwinge (H7 oder H8) misst 62 bis 81 mm, im Mittel 75 mm (n = 64). Auf der Innenfahne bilden sich auf braunem Untergrund 6 (7) hell beigefarbene Sägezähne, die mit ihrer Spitze den Schaft nicht erreichen, aber zum Fahnenrand hin offen sind. Auf der etwas dunkleren Außenfahne liegen den Sägezähnen fünf bis acht hellbraune Bänder zwischen Saum und Schaft gegenüber. Die kleine H10 der Altvögel hat zwei bis drei dunkle Querbänder. In der H10 des Jungvogels, die mit etwa 3 cm deutlich länger ist, sind es fünf bis sechs. Die äußeren **Armschwingen** setzen das Zeichnungsmuster der Handschwingen fort, doch verschwimmt es nach innen zu den Schirmfedern hin allmählich. Man kann nach sechs regulären Armschwingen fünf kleiner werdende Schirmfedern finden, von denen allerdings A7 ihre Nachbarn um 2 mm überragt. A8 bekommt Querbänder wie St1, A9 bis 11 bilden zusätzlich breite schwarze, längs verlaufende Schaftstriche, vor allem auf den Innenfahnen. Die jederseits sechs **Steuerfedern** sind dünn und im frischen Zustand am Ende gerundet; vor der Mauser im Juni können sie stark abgerieben sein. St1 bis St4 sind mit 72 mm im Mittel gleich lang (Variation der längsten zwischen 63 und 79 mm, n = 110), St5 ist deutlich kürzer (etwa 5 mm) und St6 ist mit 25 bis 40 mm Länge nur noch etwa halb so lang wie die längste. Die Stufung erfasst also nur den Rand des Schwanzes. Die Federn tragen fünf bis sechs braunschwarze Querbänder, von denen dasjenige an der Spitze nur 1 bis 2 mm, die folgenden zunehmend bis 5 mm Breite erreichen. Bei St1 sind die Binden schmaler, bei der kleinen St6 sind es nur drei bis vier. Zwischen ihnen findet sich eine zur Spitze hin dunkler werdende Marmorierung oder Kritzelzeichnung. Im ersten vollständigen Federkleid (Nestkleid) der Jungvögel sind die Steuerfedern viel stärker gestuft als bei den Altvögeln. Gleichzeitig ist das Flügelprofil gerundet, die inneren Handschwingen sind stark verkürzt. – Die Jungvögel unterziehen sich noch vor dem Wegzug einer beinahe vollständigen Mauser, die meist nur die Armschwingen auslässt. Dabei werden die Steuerfedern von außen nach innen gemausert, was nach dem Ausfliegen schon beginnt. Die Armschwingen werden dann erst im Winterquartier ausgetauscht. Die Vollmauser der Altvögel erfolgt weitgehend im Hochsommer noch im Brutgebiet. Danach fliegen sie zum Überwintern mit frischem Gefieder in den Süden.

Dieser kleine und eigentümlich abweichende Spechtverwandte hat ein ganz und gar tarnfarbiges Gefieder. Die Mehrzahl der Federn kommt von einem alten Männchen. H9 ist im Wachstum am Ende der Flügelmauser. Sie trägt an der Spule noch einen Blutkiel (Bk). Die äußerste Steuerfeder St6 ist sehr klein, ebenfalls die äußerste Handschwinge H10 (diese von einem Jungvogel).

Der Flügel ist in spechttypischer Weise sehr rund geschnitten, obwohl der Vogel zum Überwintern nach Afrika, mindestens aber nach Südeuropa fliegt. Bei diesem Flügel sind die innersten drei Schirmfedern verloren gegangen.

Kuckuck

Cuculus canorus

Kuckucke sind brutparasitische Sommervögel, die bei uns in zwei Farbvarianten auftreten: einer grauen und einer selteneren braunen. Die Männchen sind fast durchweg vom grauen Typ, braune Vögel sind fast immer Weibchen. Die **Handschwingen** sind relativ flach und in den Spitzen schlank zugespitzt. H8 ist bei den Einzelfedern mit 15,3 bis 21,8 cm (Mittel 18,7 cm, n = 69) die längste, H10 ist bei Altvögeln nur etwa halb so lang. Beim grauen Typ sind die Schwingen in ihrer Grundfarbe dunkelgrau mit einem Stich ins Bläuliche oder Bräunliche. Die Innenfahne trägt ein sägezahnartiges Muster von weißen Binden, die den Schaft meist nur im Basalteil der Fahne erreichen. Bei der längsten Handschwinge H8 sind es 7 bis 10, bei den kürzeren nur 5 bis 8 Binden. Zu den innersten Handschwingen hin verschwinden sie bei Altvögeln allmählich und weichen einem breiten weißen Feld an der Basis der Innenfahne. Die 9 **Armschwingen** sind kurz, breit und überwiegend einfarbig graubraun. Die Basis der Innenfahne wird von einem breiten weißen Feld eingenommen, das sich zu den Schirmfedern hin immer mehr abschwächt. Von den drei Schirmfedern ist keine gegenüber A6 verlängert. Der lange Schwanz besteht beiderseits nur aus fünf **Steuerfedern**. Die mittleren sind mit 14,1 bis 20,4 cm die längsten (Mittel 18,0 cm, n = 171), die äußeren sind 3,5 bis 5 cm kürzer. Während St1 gestreckt eiförmig ist, sind die äußeren eher längs-rechteckig. Dennoch ist das Ende gerundet und trägt einen weißen kappenförmigen Saum, der fast 1 cm Breite erreichen kann. Die Grundfarbe ist beim **grauen Typ** ein tiefes Schwarzbraun, bei den mittleren auf beiden Fahnen, bei den äußeren nur auf den Außenfahnen mit einem grünlichen oder violetten Schimmer. Sie tragen im basisnahen Viertel einige unregelmäßige weiße Querbänder, die aber in der übrigen Fahne schnell einem Muster von sehr schmalen weißen Fleckenpaaren weichen, die sich beidseitig unmittelbar an den Schaft anschmiegen. Begleitend entwickelt sich aus den basalen Querbändern am Rand der Innenfahne ein schmaler Saum von weißlichen Sägezähnen – er fehlt nur bei der St1. Die Oberschwanzdecken sind auf den Außenfahnen auf grauem Grund hell quer gebändert oder auch ohne Bänderung. Die Unterschwanzdecken sind dagegen cremefarben und schmal sowie dunkel quergebändert. Die braunen Weibchen unterscheiden sich von den grauen Vögeln durch eine braune Grundfärbung und eine braun getönte Querbänderung der Schwingen. Hand- und Armschwingen haben etwa 2 mm breite helle Endsäume. Die **Steuerfedern** sind beim **braunen Typ** im Färbungsmuster ganz anders als die des grauen Kleides. Beim **Jungvogel** sind die Schwingen und Steuerfedern meist ähnlich wie beim braunen Typ. Alle Handschwingen und auch die oberen Flügeldecken haben Querbänderung und weiße Endsäume. – Kuckucke leben durch ihre parasitische Fortpflanzung als ungewöhnliche Vögel. In ihren Kleidern ahmen sie Greifvögel nach. Die Altvögel können schon vor der Mitte des Sommers wegziehen: Sie brüten nicht und müssen keine Jungen aufziehen. Dafür müssen die Nachkommen mit Gesang, Zugstrategie und Kenntnis der Artgenossen genetisch ausgestattet sein.

Die Federn stammen von einem alten Weibchen der grauen Morphe. Die braune St1 zeigt einen deutlichen Unterschied zum Gegenstück der grauen Morphe. Jungvögel variieren von Grau bis Braun. Kuckucke haben nur neun Armschwingen und jederseits fünf Steuerfedern.

Die Flügel der Fernzieher sind nicht sehr spitz geschnitten, die Vögel erinnern trotzdem im Flug an kleine Falken. Fahnenverengungen treten weder an der Außen- noch an der Innenfahne der Handschwingen auf. Der Flügel stammt von einem diesjährigen Jungvogel der rotbraunen Variante. Das sieht man an den frischen, hell gesäumten Spitzen der inneren Hand- und der Armschwingen.

Wanderfalke

Falco peregrinus

Wanderfalken erbeuten fliegende Vögel in steilem Stoßflug, wobei sie mehr als 300 km/h erreichen. Die Weibchen sind deutlich größer als die Männchen (Terzel). Die Flügellänge beträgt beim Männchen weniger als 33 cm, beim Weibchen mehr als 34 cm. Die längsten Steuerfedern liegen beim Männchen zwischen 14,6 und 18 cm (Mittel 16,1 cm), beim Weibchen zwischen 17,9 und 22 cm (Mittel 19,4 cm). Die **Handschwingen** des Altvogels sind dunkelbraun bis schwarzbraun, besonders die inneren schwach bläulich überlaufen. Unter den Handschwingen weist H9 eine Verengung von Außen- und Innenfahne auf, H8 nur eine schwache an der Außenfahne. Bei H10 ist die Innenfahne im Spitzenbereich sogar scharf eingeschnitten. Bei H1 bis H9 ist die Außenfahne an der Basis um einige Zentimeter verkürzt und wird durch Dunenstrahlen ersetzt. Die längste Einzelschwinge ist H8 mit 21 bis 26 cm Länge beim Männchen (Mittel 24 cm, n = 21), 24 bis 31,4 cm beim Weibchen (Mittel 27 cm, n = 33). Die Handschwingen zeigen auf der Innenfahne etwa 9 (bis 14) marmorierte, mattbeige Querbinden, die weder den Schaft noch die Schwingenspitze erreichen. Bei den kurzen inneren Handschwingen nimmt die Zahl der Binden auf etwa 7 ab. Bei den 15 **Armschwingen** sind die Binden etwas lebhafter mattocker gefärbt, die Außenfahnen gewinnen zum Flügelinneren hin einen matten Blauton. Bei den Schirmfedern ist das Blau am deutlichsten, es wird hier durch schwärzliche Querbinden unterbrochen. Die **Steuerfedern** sind weitgehend gerade, der Schwanz ist am Ende fast gerade abgeschnitten; S6 ist allerdings etwa 1 cm kürzer; St1 ist wenige Millimeter kürzer als St2. Die Steuerfedern sind breit, die mittleren lang eiförmig. Sie sind in der Grundfarbe bräunlich schwarz bis schiefergrau, zur Spitze hin dunkler als an der Basis, und tragen 8 bis 14 gleichmäßig angeordnete dunkle Querbinden. Die Spitze ist im frischen Zustand durch ein etwa 5 mm breites Endband aufgehellt. Die längste Steuerfeder misst beim Männchen 14,6 bis 18 cm (Mittel 16,2 cm, n = 37), beim Weibchen 17,9 bis 22 cm (Mittel 19,3 cm, n = 42). Die Oberschwanzdecken ebenso wie die Unterschwanzdecken sind auf graublauem Grund quer gebändert. Auch die gesamte Körperunterseite der Altvögel ist in dieser Weise sperberartig quer gebändert. Bei den **Jungvögeln** ist die Körperunterseite nicht quer gebändert, sondern dunkel längs gestrichelt. Ihr Gefieder wirkt insgesamt eher braun und ist ohne Blautönung. An der Oberseite sind alle Decken mit schmalen bräunlichen Säumen versehen. Das gilt ebenso für die Schwingen. Die Innenfahnen der äußeren Handschwingen tragen etwa 9 ockerfarbene Querbänder. Zu den inneren Handschwingen hin nimmt ihre Zahl auf 4 ab. Bei den Alulaschwingen sind es 3 bis 5. Bei den Armschwingen setzt sich dieses Muster mit sechs bis sieben ockerfarbenen Innenfahnenbändern fort. Bei den Steuerfedern des Jungvogels zeichnen sich auf dunkelbraunem Grund etwa zehn ockerfarbene Bänder ab, die allerdings weder die Fahnenränder noch den Schaft erreichen. Über die Federspitze zieht sich ein rahmfarbenes Band von etwa 5 mm Breite. Bei Jungvögeln sind die äußeren Steuerfedern schmaler und spitzer als bei Altvögeln.

Hand- und Armschwingen kommen von einem alten Weibchen. Die Oberschwanzdecke sowie die beiden Steuerfedern stammen dagegen von einem alten Terzel (= Männchen). Sie sind zierlicher und tragen deutliche Blautöne.

Die bläuliche Tönung zeigt, dass der Flügel von einem Altvogel stammt. Beim Steilstoß werden die Flügel angelegt.

Turmfalke

Falco tinnunculus

Turmfalken sind weitverbreitete Jahresvögel in offener und halboffener Landschaft, auch häufig in Ortschaften aller Art. – Unter den **Handschwingen** ist H10 nur etwa 2 cm kürzer als H9. Sie ist im kompletten Flügel genauso lang wie H7. Die längste Handschwinge H8 misst 18,3 bis 23 cm, im Mittel 21 cm (n = 279). Die Handschwingen sind dunkel- bis schwarzbraun; sie tragen allein auf der Innenfahne ein weißliches, gegen die Spitze und den Schaft zunehmend bräunliches Sägezahnmuster. Die 8 bis 10 Sägezahnflecke bei den längsten Handschwingen stehen am Rand der Innenfahne und können dort miteinander verschmelzen. Ihre Zahl nimmt mit der Länge der Handschwingen zum Handgelenk hin ab und endet innen mit 5 bis 7. Bei Jungvögeln findet sich zusätzlich an der Spitze ein heller, etwa 3 mm breiter Saum. Die 12 oder 13 **Armschwingen** sind sämtlich recht kurz und gleichmäßig nach innen gebogen. Die 6 bis 8 Sägezahnflecke auf der Innenfahne werden im inneren Armflügel immer länger und erreichen bald auch den Schaft. Gleichzeitig bildet sich auf der Außenfahne eine hellbraune Fleckenreihe. Im Ergebnis sind die Schirmfedern bei Weibchen und Jungvögeln durchgehend hellbraun quer gebändert. Das gilt auch für die Oberen Flügeldecken und den Mantel. Bei den alten Männchen fehlt die Fleckung der Außenfahne, und die Schirmfedern samt dem Mantel werden wie die Oberen Armdecken fuchsrot mit schwarzen Spitzenflecken. Bei den **Steuerfedern** ist entweder St1, 2 oder 3 am längsten und misst beim alten Männchen 16 bis 20 cm, beim Weibchen ist die Spanne die gleiche, nur die Mittelwerte sind ein wenig größer (insgesamt für alle Klassen 18 cm, n = 515). Die äußerste Steuerfeder ist 1,6 bis 3,3 cm kürzer als die mittlere, am stärksten ist die Stufung von St5 nach 6. Dadurch wirkt der Schwanz insgesamt nicht eckig, sondern gerundet. Die Steuerfedern des alten Männchens sind matt graublau und tragen auf der Innenfahne etwa 7 schmale und unvollständige schwarze Querbänder. Das Ende der Feder besteht aus einem schmalen hellen Saum, davor einem etwa 3 cm breiten schwarzen Band, welches im Flug als dunkle Endbinde des Schwanzes auffällt. Beim alten Weibchen sind die Oberschwanzdecken matt graublau, meist bräunlich überhaucht, die Grundfärbung des Schwanzes ist hell graubraun. Die übrige Außen- und Innenfahne ist durch etwa 9 bis 10 schwarzbraune Querbänder auf hellbraunem Grund aufgeteilt. Bei der mittleren Steuerfeder ist die Grundfärbung dunkel braungrau. Beim jungen Weibchen ist die Grundfärbung der Oberschwanzdecken braun, die Querbänderung breit und durchlaufend; beim jungen Männchen ist die Grundfärbung schon bräunlich grau, die Bänderung abgeschwächt. Beim alten Männchen sind sie vollständig graublau. Die Färbungsmuster variieren in beiden Geschlechtern erheblich. – Die Mauser des Handflügels beginnt bei H4 und schreitet von hier aus nach innen und außen fort. Die Erneuerung des Armflügels beginnt bei A5 und läuft von da aus ebenfalls nach innen und außen hin ab. Bei den Jungvögeln gibt es eine variable Teilmauser, die bis ins zweite Jahr andauert.

Die Schwingen und die beiden braunen gebänderten Steuerfedern gehen auf einen Jungvogel zurück. Sie wurden bei der Reproduktion gespiegelt. Die beiden grauen Steuerfedern stammen von einem alten Männchen. Bei St1 ist die Bänderung völlig reduziert, nur die schwarze Endbinde ist erhalten. Man vergleiche hierzu die Federn des Rötelfalken (nicht in diesem Buch).

Der Handflügel ist recht spitz geschnitten, aber weniger spitz als beim Rötelfalken. Eine Außenfahnenverengung an den Spitzen besteht bei den Handschwingen 8 und 9, selten auch nur bei H9. Die Verengung der Innenfahne ist an der Spitze der H10 scharf eingeschnitten, schwächer bei H9. Beim alten Männchen fehlt in den Handschwingen das Braun.

Halsbandsittich

Psittacula krameri

Der Halsbandsittich hat sich neuerdings als ganzjährig verweilender Brutvogel in vielen Städten angesiedelt und scheint sich weiter auszubreiten. – Von den **Handschwingen** ist H8 im kompletten Flügel am längsten, H9 und 10 sind aber nur wenig kürzer. Diese Unterschiede werden sich jedoch bei den Einzelfedern verstärken. Nur H8 und 9 zeigen eine Verengung der Außenfahnen, eine Verengung der Innenfahnen ist bei H9 und 10 schwach zu erkennen. Beim ruhenden Vogel ist das Deckgefieder auch im Flügel gelbgrün, die herausschauenden Flügelspitzen sind türkis-dunkelgrün. Das spiegelt sich ebenso in den Einzelfedern. H10, die die Flügelvorderkante bildet, ist in der Außenfahne dunkelgrün mit einem feinen hellgelben Außensaum. Die Innenfahne ist dagegen dunkel graubraun und hellt sich rand- und basalwärts heller grau auf. Die nach innen rasch kürzer werdenden inneren Handschwingen gewinnen schon viel mehr Farbe. Die Außenfahne von H1 ist tiefgrün mit hellgelblichem, schmalem Außensaum. Das Grün greift auf die Innenfahne über und füllt sie vor allem an der Spitze aus. Basalwärts wird der grüne Bereich den schwarzbraunen Schaft entlang schmaler und weicht einem heller werdenden Grau. Halsbandsittiche haben elf oder zwölf **Armschwingen**. Sie sind stärker einwärtsgebogen, setzen aber ansonsten das Färbungsmuster der inneren Handschwingen fort. Die Schirmfedern sind gerade gestreckt, keilförmig zugespitzt, verkürzt und leuchtend gelbgrün. Während Hand- und Armschwingen auf der Unterseite mehr oder weniger unscheinbar grau sind, leuchten die Schirmfedern hier schon blassgrün. Der Schwanz des Sittichs ist extrem stark gestuft. Im vorliegenden Fall hat die mittlere **Steuerfeder** St1 eine Länge von 25,1 cm, St2 ist am Vogel 7,4 cm kürzer. St4 erreicht als Einzelfeder eine Länge von nur 10,6 cm. Die Stufung macht also bis hier etwa 15 cm aus. Die Außensteuerfeder des untersuchten Vogels ist in Erneuerung und misst mit Blutkiel nur 3,8 cm. St1 ist an der Fahnenbasis 15 mm breit, sie verschmälert sich allmählich und gleichmäßig auf 5 mm kurz vor dem Ende. Diese Feder ist auf der Oberseite türkis gefärbt, sie verdunkelt sich gleichmäßig von der Basis bis zur Spitze. Der Schaft ist dunkel- bis schwarzbraun. Die Unterseite ist schmutzig gelb. Die äußeren Steuerfedern sind bei hellbraunem Schaft gelbgrün, auf der Unterseite gelb. Alle äußeren Steuerfedern sind in der Spitze abgerundet und fein gelb gesäumt. Die Oberschwanzdecken sind leuchtend grün, die Unterschwanzdecken gelbgrün. Männchen kann man an den kleinen roten und schwarzen Halsringfedern erkennen, die den Weibchen fehlen. – Der **Alexandersittich** ist äußerst ähnlich, aber deutlich größer und bei uns viel seltener. Er unterscheidet sich im Gefieder durch ein rötliches Feld in den Flügeldecken und eine helle Schwanzspitze. Er kommt bei uns teilweise zusammen mit dem Halsbandsittich vor. Funde von Einzelfedern wird man kaum unterscheiden können, abgesehen von den mittleren Steuerfedern mit ihrer hellgelben Spitze.

Wo Halsbandsittiche vorkommen, findet man im Sommer ihre Mauserfedern, ansonsten gelegentlich eine Rupfung. Auffallend sind besonders die langen mittleren Steuerfedern St1. Die hier gezeigten Federn stammen von einem Stopfpräparat (Weibchen). St6 hat einen Blutkiel, ist also noch nicht ausgewachsen.

Der Flügel des rasanten Fliegers ist recht spitz geschnitten, obwohl die Vögel nicht wandern, sondern ortstreu sind. Handschwingen und Flügeldecken weisen Abnutzungsspuren auf, was mit dem Höhlenbrüten zu tun haben könnte.

Neuntöter

Lanius collurio

Als Insektenfresser sind Neuntöter strenge Sommervögel, die den Winter in Afrika verbringen. – Bei den **Altvögeln** sind die Unterschiede zwischen den Geschlechtern auffallend. Die Jungen sind abweichend gefärbt. Von den einzelnen **Handschwingen** sind H7/8 die längsten (71 bis 84 mm, Mittel 78 mm, n = 139). H7 und 8 haben eine Außenfahnenverengung, H(7) 8 bis 10 eine Verengung der Innenfahne. H10 ist ungefähr 25 mm lang. Beim alten **Männchen** sind die Handschwingen dunkelbraun bis schwarzbraun, H1 bis 8 haben aber ein weißes Feld an der Basis der Innenfahne, das bis zu einem Drittel der Fahnenlänge ausmacht. Bei H3 bis H6 (7) erfasst dieses Feld auch die Basis der Außenfahne. Im gestreckten Flügel kann es als kleiner weißer Streif unter den Handdecken sichtbar werden. Die Schäfte laufen aber schwarz abwärts bis zur Spule. Die **Armschwingen** sind dunkel graubraun, die Innenfahnen nur wenig aufgehellt. Sie haben hellbräunliche Außen- und Endsäume, die sich zu den Schirmfedern hin verstärken. Die Schäfte sind schwarzbraun.
Alle **Handschwingen** sind beim alten **Weibchen** dunkelgraubraun; nur die Basis der Außenfahnen ist ein wenig aufgehellt. Die Schäfte sind fast schwarz abgehoben. Die Innenfahnen sind randlich hell gesäumt. Die Armschwingen ähneln denen des Männchens, aber mit deutlich abgehobenen braunen Außensäumen und schwachen hellen Endsäumen. Bei den **Steuerfedern** sind in allen Kleidern St1, 2 oder 3 mit durchschnittlich 81 mm am längsten, streuen aber zwischen 68 und 89 mm (n = 296). St6 ist 7 bis 10 mm kürzer als die längste. Nur beim alten **Männchen** sind sie zweifarbig. Während hier St1 ganz schwarz ist, haben St2 bis 6 ein breites schwarzes, zu St6 hin schmaler werdendes Endband. An der Federspitze folgt ein schmaler weißer Saum. Die verbleibende Federbasis ist weiß. Der Schaft hebt sich bei St2 bis 6 schwarz ab. Die Oberschwanzdecken sind grau, die Unterschwanzdecken weißlich-rahmfarben. Das Deckgefieder der Körperoberseite ist rotbraun, die Körperunterseite ist hellrosa und ohne alle Zeichnung.
Beim alten **Weibchen** sind die **Steuerfedern** durchweg dunkelrotbraun. Bei St5 und 6 läuft ein schmaler rahmfarbener Saum von der Außenfahne über die Federspitze bis zur Innenfahne. Die Körperunterseite trägt auf jeder Feder eine doppelte dünne Querlinie, so dass ein Wellenmuster entsteht. Die Körperoberseite ist jedoch braun. Beim **Jungvogel** ist das Großgefieder ähnlich dem des alten Weibchens, aber im frischen Zustand mit hellen Endsäumen an den inneren Hand- und den Armschwingen ausgestattet. Eine Vollmauser aller Neuntöter findet im afrikanischen Winterquartier statt.

Beim Neuntöter sind Männchen und Weibchen im Alterskleid sehr verschieden gefärbt. Die Unterschiede in den Schwingen sind allerdings geringer. Bei den Steuerfedern sind die des Männchens in der Mitte schwarz, die folgenden schwarz-weiß mit weißer Basis und schwarzem Schaft. Beim Weibchen sind sie rotbraun mit hellem umlaufendem Saum. Die Oberschwanzdecken sind beim alten Männchen grau. Die Jungvögel sind weibchenartig gefärbt.
Während die Schwingen im Alterskleid männlicher und weiblicher Neuntöter ähnlich sind, bestehen bei den Steuerfedern und auch im Kleingefieder erhebliche Unterschiede.

Der Handflügel ist spitz geschnitten: Neuntöter sind ausgesprochene Fernzieher. Im kompletten Flügel ist H8 am längsten, H10 ist etwa so lang wie die längsten Handdecken.

Raubwürger

Lanius excubitor

Der Raubwürger ist ein heute relativ seltener und nur lokal vorkommender Brut- und Jahresvogel. Die Brutpaarzahl für Deutschland wurde letzthin mit nur 2100 bis 3200 angegeben, scheint aber leicht zu steigen. Im Winter haben wir nordische Vögel in größerer Zahl als Kurzstreckenzieher zu Gast. Von den einzelnen **Handschwingen** sind H6 und 7 am längsten (87 bis 104 mm, Mittel 95 mm, n = 63), H10 ist immer noch etwa 40 mm lang. H6 bis 8 haben eine Außenfahnenverengung, H(6) 7 bis 10 eine Verengung der Innenfahne. Die Handschwingen sind durchweg zweifarbig. Bei H1 ist etwa ein Drittel, bei H9 sind fast zwei Drittel der Länge beider Fahnen an der Spitze braunschwarz. Die Basis ist weiß. Die Schäfte laufen ein Stück weit dunkel in die weißen Felder hinein. Bei H1 bis H3 oder 4 (5) endet die Feder an der Spitze zusätzlich mit einem 2 mm breiten weißen bis hellgrauen Saum. Die **Armschwingen** 1 bis 6 sind ähnlich gefärbt wie die inneren Handschwingen. Der Spitzensaum der Armschwingen wird jedoch zur Schulter hin noch breiter und gewinnt über den Rand der Innenfahne Kontakt mit dem basalen weißen Feld. Die drei Schirmfedern sind wieder fast ganz dunkel bis auf helle Endsäume, die aber der Abnutzung unterliegen können. Das gilt auch für die Großen Oberen Armdecken bis auf die Endsäume. Der Mantel ist grau bis zum Oberschwanz, die Unterseite an der Kehle weiß, die Brust mehr oder weniger grau, der Bauch und der Unterschwanz wieder weiß. Ist der Schwanz zusammengefaltet, sieht man nicht viel vom Weiß der äußeren Schwanzfedern (s. Foto oben). Von den **Steuerfedern** erreichen die längsten im Mittel 116 mm und variieren zwischen 105 und 128 mm (n = 131). Sie sind relativ lang und schmal, wie bei den Würgern üblich, und am Ende gerundet. Die längsten Steuerfedern stehen in der Schwanzmitte (St1 oder 2), von dort nimmt die Länge ab, am meisten von St5 nach St6. Die Stufung des gesamten Schwanzes erreicht damit insgesamt 16 bis 23 mm. Die mittlere Steuerfeder ist fast ganz schwarzbraun bis auf einen weißen, leicht abnutzbaren Spitzenfleck und je ein helles Feld an der Basis beider Fahnen. Von St1 aus nehmen nach außen hin sowohl die basalen weißen Felder als auch dasjenige an der Spitze an Ausdehnung zu. St6 kann dann nur noch ein kleines Stück schwarzes Feld in der Basishälfte der Innenfahne aufweisen oder sie ist ganz weiß. Die Schäfte sind an ihre Umgebung angepasst, doch können sie auch dunkel pigmentiert ein gutes Stück weit in das Spitzenweiß der Feder hineinlaufen. Die Oberschwanzdecken sind hellgrau, die Unterschwanzdecken weiß. – Die Vollmauser der Altvögel findet ab Juli bis in den Herbst hinein im Brutgebiet statt. Sie beginnt, sobald die Jungen ausgeflogen sind. Im Frühjahr folgt nur noch eine Kleingefiedermauser. Die Jungen erledigen eine Kleingefiedermauser und beginnen damit etwa im Alter von 40 Tagen. – Raubwürger halten sich zum Singen im Frühjahr wie auch zum Beuteerwerb häufig auf exponierten Warten auf. Von hier aus achten sie auch auf Beutegreifer.

Während das Oberseitengefieder des „Grauwürgers“ grau ist, ist das Großgefieder schwarz-weiß. St1 ist fast ohne Weiß, St6 kann ganz weiß sein. Dazwischen gibt es Übergänge. Auch die Unterschwanzdecke USD ist weiß. Im Vergleich hat der etwas kleinere, bei uns schon lange ausgestorbene Schwarzstirnwürger, der hier nicht dargestellt wird, einen spitzeren Flügel, und die Armschwingen sind in den Außenfahnen ohne Weiß.

Raubwürger

Im Vergleich zum Schwarzstirnwürger ist der Flügel viel runder geschnitten, weil der Vogel zu den Standvögeln oder Kurzstreckenziehern gehört. Die runden Flügel werden nicht selten zum Rütteln benutzt. Im offenen Flügel dehnt sich das weiße Flügelband bis in den Armflügel hinein aus, kann aber innen reduziert sein. Der Flügel wurde aus Einzelfedern rekonstruiert.

Pirol

Oriolus oriolus

Der Pirol tritt bei uns regelmäßig als sommerlicher Laubwaldbewohner im Tiefland auf, aber mit Verbreitungslücken. – Unter den **Handschwingen** sind H7 und 8 mit 10,9 bis 13,2 cm (Mittel 12,4 cm, n = 65) die längsten. H10 ist etwa halb so lang wie H9. H7 und 8 haben eine deutliche Außenfahnenverengung, bei H6 ist sie nur angedeutet oder fehlt. Beim ausgefärbten **Altvogel** sind sie schwarz mit schmalen weißlichen Außensäumen und Spitzensäumen, deren Breite nach innen im Handflügel zunimmt. Die Innenfahnen sind schwach aufgehellt und hell gesäumt. Die äußeren Großen Oberen Handdecken haben gelblichweiße Spitzen mit schwarzem Schaftstrich. Im kompletten Flügel bilden sie einen variabel geformten Spiegel. Die Alulafedern sind ebenso schwarz wie die Handschwingen. Die **Armschwingen** sind ebenso gefärbt wie die Handschwingen, die Schäfte von oben dunkel, von unten heller grau. Bei Altvögeln sind die Armschwingen mit hellen Spitzensäumen oder Spitzenflecken versehen, bei jüngeren Vögeln mit dünnen Säumen. Insgesamt sind zehn Armschwingen vorhanden, die innersten vier sind Schirmfedern. Die oberen Flügeldecken tragen bei Jungvögeln im ersten vollständigen Federkleid gelbe Endsäume. Wenn sie in der Jugendmauser teilweise ersetzt werden, entstehen auffallende Mausergrenzen. Die unteren Flügeldecken sind gelb. Die **Steuerfedern** sind farbkräftig kontrastiert. Unter ihnen sind St1 und 6 bis zu 4 mm kürzer als die längsten mit durchschnittlich 93 mm Länge (Variation zwischen 83 und 104 mm, n = 204). Der Schwanz ist weitgehend gerade geschnitten. Die Steuerfedern verdunkeln sich von der gelblichen Basis her im Jugendkleid allmählich zur Mitte oder zur Spitze hin zu Schwarz; beim alten Männchen ist der Basalteil insgesamt schwarz und scharf abgesetzt. An der Spitze folgt ein leuchtend gelbes Feld, das bei St1 als schmaler Endsaum beginnt, nach außen hin ausgedehnter wird, sich aber dann beim Weibchen auf die Innenfahne begrenzt. Die Unterschwanzdecken sind leuchtend gelb, die Oberschwanzdecken schmutzig gelb. – Bei Jungvögeln im ersten Herbst sind die Schirmfedern frisch, bei Altvögeln abgerieben. Wegen großer Variabilität sind die Geschlechter im zweiten Kalenderjahr feldornithologisch nicht sicher unterscheidbar. Es gibt auch bei älteren Vögeln stärker oder weniger farbintensiv gefärbte Kleider, sodass alte Weibchen im fortgeschrittenen Kleid männchenfarbig wirken. Während alte Männchen unterseits intensiv dottergelb gefärbt sind, zeichnen sich die Kleider von Jungvögeln und Weibchen durch weißliche, grünliche oder gelbliche Grundtöne sowie durch feine Strichelung besonders an den Flanken aus. – Die Altvögel mausern das Kleingefieder sowie manchmal einige Steuerfedern und Armschwingen ab Ende Juni noch im Brutgebiet. Die eigentliche Vollmauser findet erst im Winterquartier in Afrika statt.

Während die Schwingen mehr oder weniger unscheinbar sind – nur die Schirmfeder Sch wartet mit einem mattgrünlichen Außensaum auf – leuchten an den äußeren Steuerfedern tiefgelbe Endflecke. Sie sind beim Altvogel größer als beim Jungvogel. Die Unterschwanzdecke USD ist ebenfalls leuchtend gelb. Der Spiegel an der Basis des Handflügels besteht in schlichten Kleidern nur aus den weißlichen Endsäumen der Handdecken. Die abgebildeten Federn stammen von einem jungen Weibchen.

75 %

ad. ♂ 50 %

ad. ♀ 50 %

Die Flügel des Fernziehers sind spitz geschnitten. H8 ist in beiden Flügeln am längsten.

Eichelhäher

Garrulus glandarius

Der Eichelhäher ist ein häufiger und populärer Brut- und Jahresvogel in Deutschland. – Von den einzelnen **Handschwingen** ist H4 am längsten (14,9 bis 17,8 cm, Mittel 16,2 cm, n = 103), die Nachbarn H5 und 6 sind jeweils nur 1 mm kürzer. H4 bis 9 haben schwache, aber weit reichende Außenfahnenverengungen, H4 bis 10 sind auch an den Innenfahnen verengt. Die Fahnen sind dunkelgrau, die Innenfahnen gegen die Basis schwach aufgehellt. Dagegen tragen die Außenfahnen von H3 bis 9 einen hellen, leicht graubraun getönten Saum, der fast bis an den Schaft heranreicht. Bei H1 bis 5 wird dieser Saum im Basisdrittel durch ein schwaches weiß-blau-schwarzes Quermuster ersetzt. Die **Armschwingen** sind breiter, stärker zum Körper gebogen und am Federende rund, mit einer kleinen Spitze am Schaftende. Die äußeren A1 bis A5 sind dunkelgrau bis schwarz gefärbt, die Außenfahne trägt jedoch in ihrer Mitte ein weißes, leicht bläulich getöntes Feld, das zur Fahnenbasis hin bzw. in Schaftnähe von einem kurzen schwarz-blauen Streifenmuster abgelöst wird. Diese hellen Felder bilden im geschlossenen Flügel einen weißen Spiegel. Bei A6 ist das weiße Feld durch weiß-blau-schwarze Bänderung ersetzt. Die Schirmfedern A7 und 8 sind schwarz mit schwacher Aufhellung in der basalen Innenfahne. A9 ist dagegen dunkelrotbraun mit einem schwarzen Spitzenfeld in der Außenfahne, die kleine zusätzliche A10 ist warmbraun und nur noch 4 cm lang. Bei den Großen Oberen Handdecken, den Alulafedern und den vier äußeren Großen Oberen Armdecken (einschließlich der Karpaldecke) tritt in den Außenfahnen das weiß-blau-schwarze **Bändermuster** auf, das die Eichelhäherfedern so attraktiv macht. Jeweils ein basal weiß beginnendes rechteckiges Fensterchen verfärbt sich in Richtung der Federspitze hellblau und wird schließlich tiefschwarz. Dieses Muster wiederholt sich je nach Alter des Vogels und Federtyp unterschiedlich häufig bis zur Federspitze. Auf der GOAD1 kann man beim Jungvogel nur 7 oder 8, beim Altvogel meist 10 bis 12 schwarze Bänder zählen (ohne die schwarze Endbinde). Mausergrenzen beim Jungvogel kann man an unterschiedlichem Bändermuster ablesen. Bei den Alulaschwingen greift das Muster auf die Innenfahne über. Die **Steuerfedern** sind dunkelgraubraun bis schwarz, schlank und am Ende leicht zugespitzt oder abgerundet. Die längste Steuerfeder erreicht im Mittel 15,9 cm bei einer Variation zwischen etwa 13,7 und 17,6 cm (n = 738). Am längsten ist oft St4. St6 ist heller als die mittleren. Sie ist an der Innenfahne fein hell gesäumt. Bei schräger Aufsicht kann man in den Fahnenoberseiten Wachstumsstreifen erkennen. Im Basisdrittel der Außenfahnen tragen die Steuerfedern nahe dem Schaft oftmals eine Folge schwach bläulicher Flecke. Bei Jungvögeln erreicht St5, etwa 4 cm vor der Spitze gemessen, 20 bis 25 mm Breite; bei Altvögeln sind die Steuerfedern hier mit 25 bis 30 mm breiter.

Das typische schwarz-weiß-blaue Bändermuster ist vor allem in den Alulafedern, den Handdecken OHD und den Großen Oberen Armdecken GOAD auffallend, in anderen Federn nur angedeutet, beispielsweise bei H1, A1 sowie an der Basis der Steuerfedern. Anhand des Musters in den Großen Oberen Armdecken kann man Jung- und Altvögel unterscheiden (s. o.).

Der Handflügel ist extrem rund geschnitten. Die weiß-blau-schwarze Querbänderung auf den Außenfahnen von Hand- und äußeren Armdecken ist arttypisch. In einigen Schwingen ist sie angedeutet.

Elster

Pica pica

Die Elster ist ein häufiger, territorialer Standvogel, vielfach in Stadtrandgebieten. – Unter den **Handschwingen** weisen H(4) 5 bis 8 eine Außenfahnenverengung auf, H(4) 5 bis 10 eine Verengung der Innenfahnen. Bei den Einzelfedern ist H5 mit 13,9 bis 18,6 cm (Mittel 16,5 cm, n = 94) am längsten, ihre beiden Nachbarn sind aber kaum kürzer. H10 erreicht immerhin noch etwa 6 cm. Das große weiße Fenster im geöffneten Handflügel beruht auf einem weißen Feld in den Innenfahnen der Handschwingen. Bei H1 ist es annähernd rechteckig und besetzt nur die äußere Hälfte der Fahne, endet aber abgerundet vor ihrem Ende. Zu den äußeren Handschwingen hin wird dieses Feld immer größer, erreicht schließlich beinahe das basale Ende der Fahne und schickt bei den Handschwingen 5 bis 10 einen fingerartigen Fortsatz in die schwarzbraune Spitzenzone der Innenfahne (bei Jungvögeln weniger weit, s. u.). Demgegenüber sind die Außenfahnen der Handschwingen tiefschwarz mit bläulichem Glanz. Die Alulafedern ebenso wie die Großen Oberen Handdecken und die Großen Oberen Armdecken sind schwarz mit grünlichem Schimmer auf den Außenfahnen. Die **Armschwingen** sind schwarz mit leuchtend grünblau schimmernden Außenfahnen. Bei den Schirmfedern erstreckt sich der farbige Schimmer auch auf die Innenfahnen. Der Schwanz ist stark gestuft. Die mittleren **Steuerfedern** sind durchschnittlich 23,9 cm lang, variieren aber zwischen 18,2 und 28,5 cm (n = 400). St6 als kürzeste erreicht etwa die halbe Länge (rund 56 %) von St1. Die Federn sind schmal linealisch, extrem lang und flexibel, die Fahnen weich und seidig glatt. Die Steuerfedern sind im Prinzip schwarz, tragen jedoch einen changierenden, grünen, purpurfarbenen, bläulichen oder violetten Metallschimmer. Diese prachtvolle Färbung begrenzt sich aber oft auf die Außenfahnen, die Innenfahnen sind schwarz. Nur bei St1 reflektieren beide Fahnen so bunt. Die Federn sind am Ende gerundet, jedoch am Schaft zu einer feinen Spitze ausgezogen. Durch Abnutzung können sowohl die Spitzen als auch die Strukturfärbung im Spitzenbereich der Feder verlorengehen. Die Federn des Bürzels sind hellgrau, bei östlichen Vögeln mehr weißlich.

Beim **Jungvogel** sind die weißen „Finger“ in den Handschwingen kürzer als beim Altvogel, das heißt, die schwarzen Spitzenfelder der Handschwingen sind ausgedehnter. Die kurze H10 zeigt solche Unterschiede am deutlichsten. Sie ist weniger sichelförmig gebogen, kürzer und breiter als beim Altvogel, und das Weiß endet weit vor der Spitze. Ferner verfügt A1 nahe ihrer Spitze meist zusätzlich über ein verkleinertes weißes Innenfahnenfenster, bei A2 reduziert es sich auf einen länglichen Fleck, bei A3 ist es nur ausnahmsweise als kleiner Fleck vorhanden. – Die Altvögel erneuern ihr Gefieder in einer Vollmauser nach Ende der Brutzeit im Sommer ab Juni/Juli. Die Nichtbrüter beginnen früher damit. Die Jungvögel absolvieren eine Kleingefiedermauser im Sommer.

Die Mehrzahl der Federn stammt vom linken Flügel eines Jungvogels. Nur die beiden mit alt bezeichneten Handschwingen (ursprünglich aus dem rechten Flügel) kommen von einem Altvogel und zeigen den größeren Weißanteil. Die längste Steuerfeder St1 ist noch im Wachstum begriffen, wodurch sie leicht ins Format passte. Bezeichnend ist der farbige Glanz, der hier in Abhängigkeit von der Lichtrichtung ins Grünliche spielt.

Elster

Der Elsternflügel ist sehr rund geschnitten. Im kompletten Flügel sind H5 bis H7 am längsten. Das Schwarz-Weiß-Muster der Schwingen ist unverkennbar. Am geringen Weißanteil in den Handschwingen ist zu erkennen, dass der Flügel von einem Jungvogel stammt.

Dohle

Coloeus monedula

Dohlen sind häufige soziale Kulturfolger, die kleinsten schwarzen Rabenvögel bei uns. Man rechnete vor einiger Zeit in Deutschland mit 80 000 bis 135 000 Paaren. – Bei den **Handschwingen** ist im geschlossenen Flügel H8 am längsten, bei den Einzelfedern ist H7 die längste (17,5 bis 21 cm, Mittel 19,6 cm, n = 60) und H8 etwa 5 mm kürzer. Die schlanke H10 erreicht mit etwa 11 cm gut die Hälfte der Länge von H7 und 8. H6 bis 8 haben eine Außenfahnenverengung, H6 bis 10 eine solche der Innenfahnen. Die Verengungen der Außenfahnen, tendenziell auch die der Innenfahne, werden, wie bei den Schwingen üblich, von außen nach innen im Flügel kürzer. Der Flügel wirkt im Flug wegen des kurzen Halses und des kleinen Schnabels etwas schlanker und länger als bei den anderen Rabenvögeln. Das Großgefieder ist durchweg schwarz. Die Außenfahnen der Handschwingen und die der Steuerfedern schimmern bei Altvögeln grünlich, die der Armschwingen violett. Die Schäfte sind von oben wie von unten ebenso schwarz wie die Fahnen und hellen sich erst gegen die Spulen hin allmählich auf. Sie heben sich allenfalls durch ihren Glanz bei schrägem Auflicht ab. Die **Armschwingen** sind recht breit und die inneren gerundet doppelspitzig, wobei die Spitze der Innenfahne diejenige der Außenfahne ein wenig überragt. Nur die vier inneren Schwingen lassen als Schirmfedern davon nichts erkennen, wobei A9 und 10 schon nach außen gebogen und verkürzt sind. Die längsten **Steuerfedern** haben eine durchschnittliche Länge von 13,4 cm (Variation zwischen 11,3 und 15 cm, n = 166), sind also im Vergleich zu denen der anderen großen Rabenvögel schlank und zierlich. Meist sind St3 bis 5 am längsten, St1 und 6 sind etwa 5 mm kürzer. Sie sind an der Basis oder in der Mitte der Fahnen am schlanksten und verbreitern sich zum abgerundeten Ende hin schwach in der Innenfahne. Im frischen Zustand tragen sie eine kleine Spitze am Ende des Schaftes, später sind diese Spitzchen abgerieben. Die Schwanzdecken und das meiste sonstige Kleingefieder sowie die Unterflügeldecken sind in Abstufungen schwarzgrau bis grau. – Die Mauser des Großgefieders kann schon während der Brutzeit im Mai/Juni beginnen. Die Federn der vorjährigen Vögel sind oft bräunlich getönt und stärker abgenutzt im Vergleich zu denen der Altvögel. Dohlen sind auch außerhalb der Brutzeit häufig in der Brutkolonie anwesend. Abends versammeln sie sich dann in Gehölzen oder Stadtparks zusammen mit anderen Rabenvögeln zur gemeinschaftlichen Übernachtung. Hier kann man auch noch späte Mauserfedern finden. Da die Handschwingenmauser wie bei (fast) allen Singvögeln deszendent verläuft, das heißt mit H1 am Handgelenk beginnt, wird die kurze, aber unverkennbare H10 als letzte abgeworfen. Wenn H10 am Schlafplatz oder in der Kolonie in größerer Zahl auftritt, ist damit das Ende der Mauserperiode angekündigt. – Was Dohlen mit ihren Flügeln vermögen, hat K. Lorenz beschrieben: „... drehen sich mit einer ebenso winzigen Flügelbewegung wie vorher in die normale Lage zurück und schießen nun ... in rasender Fahrt gegen den Sturm ...".

Dohlenfedern sind zierlich im Vergleich mit denjenigen anderer schwarzer Rabenvögel. Der bläuliche Glanz ist nicht immer gut sichtbar. Was man auch nicht sieht: Rabenvogelfedern haben einen moschusartigen Geruch.

Der Flügel wirkt etwas schlanker als bei den Verwandten. Alle Federn strömen einen moschusartigen süßlichen Geruch aus, der wahrscheinlich von der Bürzeldrüse geliefert wird und sich lange hält.

Tannenhäher

Nucifraga caryocatactes

In den Alpen ist der Tannenhäher als Brutvogel weitgehend auf die Nadelholzbestände ab 1000 m beschränkt, erreicht aber in den zentral- und südalpinen Wäldern von Lärchen und Zirbelkiefern Höhen bis über 2000 m. – Die **Handschwingen** 5 bis 9 sind im Spitzenteil der Außenfahne sowie bei H6 bis 10 auch an den Innenfahnen verengt. Die längste einzelne Handschwinge ist H5 (15,5 bis 17,8 cm, Mittel 16,3 cm, n = 56); von hier aus nehmen die Schwingen bis zur Flügelspitze an Länge ab. H10 ist noch etwa 7,5 cm lang. Schwingen, Steuerfedern und Flügeldecken sind schwarzbraun, weisen aber im frischen Zustand und besonders auf den Außenfahnen einen feinen dunkelgrünen oder dunkelblauen Glanz auf. H4 trägt unterhalb der Mitte am Rand der Innenfahne einen halbeiförmigen oder halbkreisförmigen weißen Fleck; auf H5 ist er oft ebenfalls entwickelt, aber schmaler und länger. Spurenhaft kann er auch auf H3 und 6 vorhanden sein. Im frischen Zustand haben die inneren Handschwingen weißliche oder graue Spitzensäume, die sich am Schaftende zu einem Spitzenfleck ausweiten können. Weiße Spitzenflecke gibt es außerdem bei den Alulafedern, an den äußeren Handdecken und verbreitet im sonstigen Kleingefieder, besonders ausgedehnt bei den unteren Flügeldecken. Sie sind bei den inneren Handschwingen und mittleren Armdecken der Jungvögel ankerförmig ausgedehnt, bei Altvögeln sind sie nur keilförmig oder fehlen ganz. Die zehn **Armschwingen** mit ihren Großen Oberen Armdecken sind abgesehen von dem schwachen Glanz auf den Außenfahnen unauffällig. A10 ist mit nur 40 mm Länge sehr klein. Die Schwingen und die Decken können kleine weiße Spitzenflecke haben, an den Enden der Armschwingenschäfte gibt es manchmal winzige weiße Spitzchen. Die **Steuerfedern**, deren längste 12,1 bis 14 cm, im Mittel 13 cm (n = 65) misst, werden von innen nach außen schmaler und nehmen an Länge ab; St6 ist etwa 10 mm kürzer als St5. Sie haben eine weiße Endbinde, die von innen nach außen breiter wird. Bei der innersten Steuerfeder ist sie ein schmaler Saum, der sich bald abnutzt. Weiter außen kann sie auf 2 cm zunehmen, an der Federspitze aber durch Abnutzung und Verschmutzung beeinflusst sein. Bei der dünnschnäbligen Unterart ist sie noch breiter (19 bis 32 mm) als bei den hiesigen Vertretern (12 bis 23 mm). Der Schaft ist im dunklen Feld dunkel, im weißen Spitzenfeld hell. Die Oberschwanzdecken sind so schwarz wie die Basis der Steuerfedern, können aber dunkelbraun ausbleichen; die Unterschwanzdecken sind in ihren Fahnenanteilen weiß. Die Vollmauser der Altvögel findet ab April/Mai bis in den Hochsommer hinein statt, beginnend während der Brut und der Jungenaufzucht. Die innersten Handschwingen fallen als erste schon ab April. Alte Federn bleichen bräunlich aus, frische sind dunkel. Die Jungvögel beginnen ihre Teilmauser im Alter von 6 bis 7 Wochen. Weiße Spitzenflecke an den Großen Oberen Armdecken können bei Jungvögeln ankerförmig sein, später dreieckig, doch sind diese Merkmale sehr variabel.

Die Federn stammen von einem Dickschnäbligen Tannenhäher aus Mitteleuropa. Bei der sibirischen Unterart ist das weiße Endband an den Steuerfedern breiter als bei den mitteleuropäischen Vögeln. Bezeichnend für beide ist der helle Fleck auf der Innenfahne der H5 und ihrer Nachbarn, der aber zuweilen auch (fast) ganz fehlen kann.

Die Flügel sind sehr rund geschnitten. Sowohl die Handschwingen als auch die Steuerfedern und das Kleingefieder tragen arttypische weiße Markierungen. Dieser Flügel stammt wahrscheinlich von einem vorjährigen Vogel mit bräunlich ausgeblichenem Gefieder.

Seidenschwanz

Bombycilla garrulus

Der Seidenschwanz ist ein Vogel des Nordens und brütet nicht bei uns. Überwinterungen finden alljährlich im nordöstlichen Mitteleuropa statt. In manchen Jahren fliegen große Trupps der Vögel invasionsartig ins zentrale Mitteleuropa ein. Der Seidenschwanz gehört zu den wenigen Singvogelarten mit farbigen Färbungsmustern in den Schwingen und Schwanzfedern, ergänzt noch durch rote Ornamente aus Hornsubstanz. Von den **Handschwingen** sind H6 bis 9 als einzelne Federn etwa gleich lang. Die längste Handschwinge erreicht 91 bis 110 mm (Mittel 98 mm, n = 66). Nur bei H7 und 8 ist eine Verengung der Außenfahne, bei H8 und 9 eine solche der Innenfahne erkennbar. Die Schwingen sind sämtlich graubraun gefärbt mit verschwommener Aufhellung zum Rand der Innenfahne hin. Die Schäfte sind nur wenig dunkler als die Fahnen. Die Handschwingen tragen an der Spitze ihrer Außenfahne einen längsovalen, bis etwa 12 mm langen gelben Fleck, der bei H6 bis 9 weißlich und kleiner wird. Bei **Jungvögeln** kann er durchweg weißlich sein und schon ab H7 fehlen. Bei Altvögeln kommt ein weißer Endsaum an der Innenfahne hinzu. Beide zusammen bilden im geschlossenen Flügel des Altvogels eine Serie v-förmiger Haken in der Flügelspitze (siehe Foto oben). Bei Jungvögeln entstehen wegen des Fehlens dieser Innenfahnensäume keine derartigen Haken. Die Oberen Handdecken 1 bis 7 (8) haben breite weiße Spitzen. Sie bilden einen hellen Saum an der Handflügelbasis, der besonders im geöffneten Flügel auffällt.

Die **Armschwingen** setzen die Reihe der längsovalen hellen Flecke an der Spitze der Außenfahnen bis zu A7 fort; sie sind aber weißlich und ohne Gelbton. Bei Altvögeln beider Geschlechter tragen die Armschwingen 1 bis 7 (8) oder ein Teil von ihnen an ihrer Spitze als Verlängerung des Schaftes Ornamente in Gestalt länglicher roter und glänzender Hornplättchen (deshalb häufig und fälschlich als „Siegellack"-Plättchen bezeichnet, einige Millimeter lang, etwa 1 mm breit). Bei

jungen Weibchen können sie ganz fehlen; bei alten Männchen treten sie in wenigen Fällen auch an den Steuerfedern auf.

Die **Steuerfedern** sind untereinander etwa gleich lang, nur die mittleren und die äußersten sind ein wenig kürzer. Die längste Steuerfeder misst im Mittel 69 mm und variiert zwischen 59 und 75 mm (n = 73). Die äußeren Federn können im Spitzendrittel etwas nach außen gebogen sein. Die Fahnen sind dunkelgrau, zum Innensaum und zur Basis hin heller, sie verdunkeln sich zur Spitze hin. Dort folgt ein gelbes Endband mit einer Breite von 3 bis 11 mm. Es ist bei St3 bis 5 am breitesten. Bei alten Männchen ist es tiefgelb, bei jüngeren Vögeln blasser. Bei Männchen aller Altersklassen hat es an St5 eine Breite von 7 bis 11 mm, bei alten Weibchen 5 bis 8 mm, bei jungen Weibchen nur 3 bis 6 mm. Die Oberschwanzdecken sind grau, die Unterschwanzdecken matt oder lebhaft rotbraun. – Bei Männchen tritt im Flügel starke UV-Reflexion auf, die sich leider der menschlichen Wahrnehmung entzieht.

Die dargestellten Federn stammen fast alle von einem alten Weibchen. Nur beim Altvogel zieht sich ein kommaartiger Saum um die Handschwingenspitze (hier H6). Die den Spitzen der Armschwingen A4 und A7 aufsitzenden roten Hornplättchen sind gut entwickelt. Der gelbe Endsaum an den Steuerfedern ist meist breiter als bei Jungvögeln und bei Weibchen. Arttypisch sind die grauen OSD und die rotbraunen USD.

Der Flügel ist recht spitz geschnitten. Hier sind H8/H9 am längsten. Das Flugbild erinnert an dasjenige des Stars.

Blaumeise

Cyanistes caeruleus

Die Blaumeise gehört neben der Kohlmeise zu den häufigsten Meisen, zugleich zu den häufigsten Kleinvögeln und vor allem zu den alltäglichen Besuchern an Futterstellen aller Art. In Deutschland kann man mit 2,85 bis 4,25 Millionen Brutrevieren rechnen. Die längste einzelne **Handschwinge** ist H5 mit 55 bis 66 mm, Mittelwert 59 mm (n = 127); H6 ist fast gleich lang; von hier aus werden die Schwingen in beide Richtungen kürzer. H10 ist immer noch etwa 20 mm lang, viel länger als die Große Obere Handdecke 9. H5 bis 8 weisen eine Außenfahnenverengung auf, die nur bei gut erhaltenen Federn zu erkennen ist. An den Verengungen ist die Außenfahne fein hell gesäumt, an den übrigen Teilen und den nicht verengten Federn ist der Außensaum matt blau. Der schmale helle Innensaum der Handschwingen lässt ebenfalls den außen verengten Teil frei. Sonst sind die Handschwingen durchscheinend schwarzblau. Das gilt auch für die **Armschwingen**, die eine deutliche Biegung zum Körper hin aufweisen. Sie sind im Grundton etwas heller, sodass sich der schwarze Schaft stärker von den Fahnen abhebt. Die Außenfahnen schimmern matt bläulich. Mit A1 beginnend entwickeln sie an ihrer Spitze einen weißen Endsaum, der bei der Schirmfeder A8 eine Breite von 4 mm erreichen kann. Auch die Großen Oberen Armdecken verfügen über einen weißlichen Endsaum, der etwa in der Mitte der Reihe seine größte Breite von 2 bis 3 mm erreicht. Im kompletten Flügel bilden diese Säume eine weiße Armflügelbinde wie bei der Kohlmeise. Die Karpaldecke, z. T. die Große Decke HD1 sowie die Schirmdecken AD8 und 9 wie auch die Mittleren Oberen Armdecken sind ohne einen solchen Endsaum. Die zarten **Steuerfedern** sind untereinander annähernd gleich lang. Die längste misst im Mittel 56,7 mm (Streuung 50 bis 63 mm, n = 457). Nur St1 ist einige Millimeter kürzer als die übrigen. Die Steuerfedern sind wie die Schwingen durchscheinend schwarzblau, die Außenfahnen mit bläulichem Schimmer, besonders bei alten Männchen. Bei St1 sind beide Fahnen mehr oder weniger blau. Die Schäfte heben sich schwarz von den Fahnen ab; sie sind auf der Unterseite ebenfalls dunkel, nur bei St6 hell. St5 und 6 sind fein weiß gesäumt, bei St6 ist der Außenfahnensaum deutlich weiß. Hier kann das äußere Federdrittel leicht nach außen gebogen sein. Die Unterschwanzdecken sind hellgelb, teilweise auch mit schwacher dunkler Pigmentierung, als ob der Bruststreif bis nach unten reicht, wie bei der Kohlmeise. Das Geschlecht kann man nach der Blaufärbung der Steuerfedern nicht sicher bestimmen. Bei **Jungvögeln** sind die Steuerfedern schmaler als bei den Alten und im frischen Zustand deutlich zugespitzt. – Sie mausern als Altvögel ihr Gefieder vom Frühsommer bis in den Herbst hinein über eine individuelle Dauer von vier Monaten hin. Gefundene Mauserfedern lassen sich recht leicht bestimmen.

Beim alten Männchen der Blaumeise ist die Blaufärbung stärker ausgeprägt als in den anderen Kleidern. Besonders auf dem Scheitel ist UV beteiligt, was wir Menschen nicht sehen können. Das liegt daran, dass Säugetiere nur über drei Typen von Zapfen für das Farbsehen verfügen: rot, grün, blau. Vögel haben einen vierten Zapfentyp in der Netzhaut mit Empfindlichkeit im UV-Bereich. Wahrscheinlich gibt es zahlreiche Vogelarten, deren Gefieder UV-farbig ist.

Der Flügel der Blaumeise ist wie bei den anderen Meisen sehr rund geschnitten. H7/8 sind im Verband am längsten. Dieser Flügel stammt von einem Vogel aus dem Herbst des 1. Kalenderjahrs. Durch Erneuerung der Armflügeldecken und der Alula sind die Farbunterschiede entstanden.

Kohlmeise

Parus major

Die Kohlmeise ist die einzige heimische Meise mit weißen Schwanzkanten. Sie ist auch die bei weitem größte Meisenart. Sie ist neben der Blaumeise die häufigste Meisenart in Mitteleuropa. Sie gehört zu den häufigsten Besuchern von Futterstellen. Bei den einzeln betrachteten **Handschwingen** sind H5 und 6 am längsten (62 bis 72 mm, Mittel 67 mm, n = 175). H(4) 5 bis 8 weisen Außenfahnenverengungen auf – bei manchen Individuen kaum zu erkennen. H10 ist mit 21 bis 25 mm länger als bei vielen anderen Singvögeln, sie überragt alle Handdecken – dies ein Zeichen für ausgeprägt runden Flügelschnitt. Die Handschwingen sind durchscheinend dunkelgrau, die Außenfahnen und die Schäfte fast schwarz, der Außenfahnenrand mit feinem hellem Saum versehen. Die Ränder der Innenfahnen werden von einem etwa 2 mm breiten weißen Feld begleitet. Dieses endet bei den äußeren Handschwingen jeweils dort, wo die spitzenständige Verengung der Innenfahne beginnt. Die **Armschwingen** sind den inneren Handschwingen ähnlich, aber etwas kürzer und stärker nach innen gebogen. Hier fallen grüngelbe Außensäume auf; sie verstärken sich von Feder zu Feder und ziehen sich um das Federende herum; an den drei Schirmfedern werden sie 2 bis 3 mm breit. Auch die Großen Oberen Armdecken haben derartige bis 5 mm breite Endsäume und bilden damit die helle Flügelbinde, die auch den geschlossenen Flügel der Kohlmeise kennzeichnet. Die längsten **Steuerfedern** erreichen eine Länge von durchschnittlich 68 mm (Variationsweite 52 bis 76 mm, n = 528). Am längsten sind St2 bis 5, St1 ist meist kürzer, St6 ist am kürzesten; der Unterschied zur längsten kann 7 mm betragen. St2 bis 5 sind schwärzlich mit matt bläulich oder gelblich getönter oder bei alten Männchen blaugrauer Außenfahne. Der Schaft setzt sich nur im schwach aufgehellten Basalteil der Fahnen dunkel ab. St1 ist relativ schmal und bleigrau mit zusätzlichem, gelblichem Außensaum. St6 weist ein Farbmuster auf, das im Unterschied zu anderen Meisenarten im gespreizten Schwanz eine weiße Kante erzeugt. Die Außenfahne ist fast vollständig weiß, von der Spitze der Innenfahne her begleitet sie ein sich verschmälernder Keilfleck im äußeren Fünftel bis Drittel der Federlänge. Der Schaft ist auch im weißen Feld dunkel. St5 weist demgegenüber nur eine schwache weiße Spitze an der Außenfahne, manchmal ebenso an der Innenfahne auf. Die Federenden sind gerundet, die Enden der Innenfahnen etwas abgeschrägt. Während die Oberschwanzdecken dunkel graublau sind, setzt sich ein schwarzer Brust- und Bauchstreif bis in den Unterschwanz fort, sodass selbst die Unterschwanzdecken schwarze neben weißen Fahnenanteilen haben. Beim Männchen ist das stärker ausgeprägt als beim Weibchen und bei Jungvögeln. Die Vollmauser der Altvögel dauert drei Monate und kann individuell schon während der Nestlingszeit der Jungen der letzten Brut einsetzen. Die letzten Federn werden im September erneuert.

Bei der Kohlmeise tritt auf Brust und Bauch ein schwarzer Streif auf, der sich beim Männchen bis in die Unterschwanzdecken USD hinzieht. Die Kohlmeise ist die größte der heimischen Meisen und die einzige mit einer weißen Schwanzkante. Diese beschränkt sich auf St6 sowie auf die Spitze von St5. Sie ist damit viel weniger ausgeprägt als bei anderen Singvögeln mit weißer Schwanzkante, beispielsweise bei Buchfink, Ammern, Stelzen und Piepern.

Die Kohlmeise ist ausgesprochen rundflügelig. Der helle Armflügelsaum ist stärker ausgeprägt als bei der Blaumeise. Der Flügel ist nicht völlig ausgestreckt.

Schwanzmeise

Aegithalos caudatus

Die in Mitteleuropa heimischen, streifen- und hellköpfigen Schwanzmeisen brüten in Laub- und Mischwald mit Unterwuchs. Nach der Brutzeit sind sie im Familienverband unterwegs, auch im Winter gesellig, nicht selten an Futterstellen. Das Flügelprofil ist stark gerundet, sodass die **Handschwingen** (4) 5 bis 7 als längste mit etwa 55 mm untereinander ungefähr gleich lang sind (größte Länge 52 bis 60 mm, Mittel 58 mm, n = 56). H10 erreicht noch etwa 20 mm Länge. H5 bis 8 sind schwach an den Außenfahnen verengt. Die Innenfahnen sind grau und durchscheinend, die Schäfte und Außenfahnen dunkel. Hand- und Armschwingen sind stark nach oben gewölbt. Der Übergang zu den **Armschwingen** ist in Form und Färbung unmerklich. Zum Ellenbogen hin entwickeln sie ab A3 einen feinen hellen Außensaum, der immer breiter wird und bei den Schirmfedern ungefähr die Hälfte der Außenfahne einnehmen kann. Gleichzeitig entwickeln sich in den Armschwingen eine weißliche Aufhellung am Saum der Innenfahne und in den Großen Oberen Armdecken ein heller End- und Innensaum. Das kann dazu führen, dass die Schirmfedern bis auf den dunklen Schaft ganz weiß sind. All dies trägt zur Bildung eines auffälligen hellen Armflügelfelds bei. Die **Steuerfedern** von Schwanzmeisen sind so lang und schlank, wie man sie sonst nur bei der Gebirgsstelze findet. Sie sind schmal und gerade gestreckt, am Ende abgerundet. In der Länge rangieren sie zwischen Rauchschwalbe und Bachstelze (Hansen). Wegen ihrer weichen, flexiblen Struktur sind besonders die drei mittleren Steuerfedern der Abnutzung preisgegeben. Der Schwanz ist stark gestuft. St2 ist mit 81 bis 106 mm am längsten (Mittel 91 mm, n = 128). Vögel aus Osteuropa haben die längeren Schwänze. Die mittlere Steuerfeder ist kürzer, ungefähr so lang wie St3, bei Jungvögeln nur wie St5. Von St2 oder 3 aus werden die Steuerfedern stufig kürzer, sodass St6 nur etwa halb so lang ist wie die längste St2. Die Längenunterschiede im Schwanz sind beim Jungvogel im ersten vollständigen Federkleid noch stärker ausgeprägt als beim Altvogel. Die Grundfärbung der Steuerfedern ist dunkel schwarzbraun. Davon heben sich graue Säume in den strahligen Außenfahnen der inneren drei Steuerfedern ab. Die Außenfahnen der drei äußeren Steuerfedern sind dagegen größtenteils weiß, bei Osteuropäern sind die Schäfte zum großen Teil schwarz. Dazu gibt es einen spitzenständigen weißen Keilfleck auf der Innenfahne, der von St4 bis 6 an Ausdehnung zunimmt. Auf diese Weise erhält der Schwanz des fliegenden Vogels eine ausgeprägte weiße Außenkante. Die Oberschwanzdecken sind schwarzgrau, die Unterschwanzdecken schmutzig graubraun bis rötlich, mit zarten weißlichen Spitzen. – Jungvögel erneuern bereits im ersten Kalenderjahr ab dem Alter von fünf bis sechs Wochen ihr gesamtes Gefieder. Schwanzmeisen haben eine besondere Beziehung zu Vogelfedern. Sie polstern ihr fertig gebautes, sackförmiges Nest mit zahllosen eingesammelten Vogelfedern aus der Umgebung aus, sodass man daraus später eine Liste der heimischen Kleinvögel erstellen kann.

Bei der Schwanzmeise ist der lange Schwanz genauso stark gestuft wie bei der Bartmeise. Die längste St1 zeigt häufig Zeichen von Abnutzung an der Spitze. Der Flügel ist bei beiden Arten rund geschnitten, aber bei der Schwanzmeise weniger bunt als bei der Bartmeise. Die beiden Arten sind nicht näher miteinander verwandt.

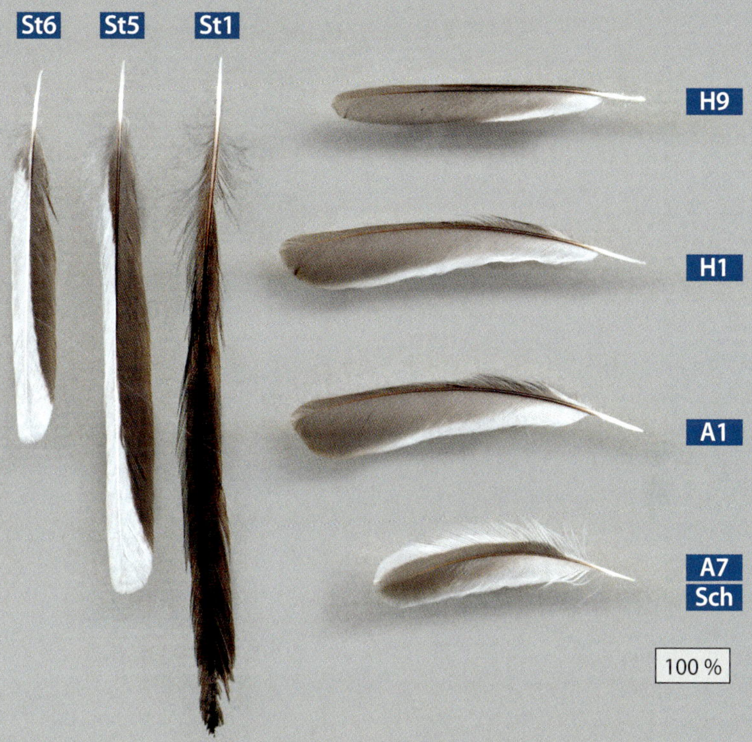

Der geöffnete Flügel ist stark gerundet im Schnitt. Etwa H7 ist am längsten. Die weißen Außensäume der inneren Armschwingen bilden zusammen mit den Säumen der Armdecken ein helles Feld im geschlossenen Flügel.

Bartmeise

Panurus biarmicus

Bartmeisen sind spezialisierte Jahresvögel in ausgedehnten Schilfbeständen im Binnenland wie in Küstennähe. Die längste **Handschwinge** misst nur 47 bis 59 mm, als Mittel bei 69 Messwerten ergibt sich 53 mm, wobei den Jungvögeln die kleineren Werte zukommen. Dennoch ist H10 kaum länger als die winzige äußerste große Handdecke. H6 bis 8 sind an den Außenfahnen verengt. Sowohl die Hand- als auch die Armschwingen sind überraschend bunt, genauer gesagt dreifarbig. Bei den äußeren Handschwingen 4 bis 9 ist die Außenfahne bis fast an den Schaft heran leuchtend weiß, bei den inneren wird sie hellbraun, was sich bei den Armschwingen fortsetzt. Der geschlossene Handflügel wirkt somit weiß, der Armflügel hellbraun. Auch die Alula trägt mit ihren hellen Außensäumen zu dem lebhaften Bild bei. Die graubraune Innenfahne weist bei den Handschwingen einen hellen Innensaum auf. Bei den **Armschwingen** ist die Außenfahne bis fast an den Schaft heran lebhaft braun; dem steht ein breiter heller Saum der sonst graubraunen Innenfahne gegenüber. Dieser Saum zieht sich um das Federende herum. Nur bei den Schirmfedern A7 und 8 wird die Innenfahne graubraun-weiß bis ganz weiß, die Außenfahne teilt sich in ein schwarzes Feld und einen braunen Saum. Die Schirmfeder A9 kann fast ganz weiß sein. Die Großen Oberen Armdecken tragen mit lebhaft hellbraun gefärbten Außen- und Innensäumen noch zu dem bunten Bild bei. Die inneren sind beim Altvogel schwarz. Der Schwanz ist ausgesprochen lang und stark gestuft, das heißt, die äußeren **Steuerfedern** sind nur etwa halb so lang wie die mittleren. Der Längenunterschied zwischen den benachbarten Federn ist bei St1 und 2 noch schwach, er nimmt nach außen hin zu. Die längsten Steuerfedern in der Mitte messen im Mittel 86 mm, sie variieren zwischen 68 und 99 mm (n = 51). Die Steuerfedern 1 bis 4 sind bei Altvögeln matt-orange, an ihrer Spitze nach außen zunehmend aufgehellt. Die kurze Steuerfeder 6 trägt beim Männchen ein unnachahmliches Gemisch

aus Weiß, Schieferschwarz und Mattbraun, das sich besser in der Abbildung zeigen als beschreiben lässt. Beim Weibchen im Alterskleid weisen auch St4 und 5 schwarze Felder in der Mitte auf. Schwarze Unterschwanzdecken gehören zum Männchen; beim Weibchen sind sie hellbeige. Beim **Jungvogel** (s. Foto oben) unterscheiden sich die Schwanzfedern drastisch. Hier sind nur die mittleren Paare mattorange bis strohfarben, das zweite schon mit kräftigem schwarzem Endsaum. Die übrigen Schwanzfedern sind schwarz mit weißem seitlichem Endsaum, der zu den Schwanzseiten hin breiter wird. Die Unterschwanzdecken sind hellocker. Im Flügel des Jungvogels sind alle Säume schmaler und weniger farbintensiv, die Schirmfedern sind wie die oberen Flügeldecken und der Rücken mattschwarz. Man beachte, dass die Kleider von Jung- und Altvögeln so unterschiedlich sind, als gehörten sie zu zwei verschiedenen Arten. Die Vollmauser der Altvögel beginnt Mitte August und erstreckt sich bis in den Oktober hinein. Auch die Jungvögel legen von Juli bis Anfang Oktober schon eine Vollmauser ab. Danach sind sie nicht mehr als Junge erkennbar. Die Geschlechter kann man schon ab dem Nestlingsstadium an der Schnabelfärbung unterscheiden: Männchen gelb, Weibchen grau.

Die Tafel zeigt Federn eines männlichen Altvogels der Bartmeise. Besonders beachtenswert sind die langen gestuften Schwanzfedern mit ihrem Färbungsmuster und die mehrfarbige Schirmfeder (Sch).

ad. ♂ 80 %

ad. 100 %

Der Flügel ist im Profil sehr rund geschnitten, sodass die längsten einzeln betrachteten Handschwingen etwa H5 und 6 sind. Im Flügelverband sind H6 bis H8 ungefähr gleich lang. Der Armflügel mit seinen Decken bietet ein mehrfarbiges Muster. Das Flügelgefieder ist stark abgenutzt, sodass die hellen Außenfahnensäume kaum noch zu erkennen sind.

Feldlerche

Alauda arvensis

Feldlerchen sind heute in der offenen Landschaft selten geworden oder vielfach schon ausgestorben.

Von den **Handschwingen** sind H6 bis 8 mit einer Verengung der Außenfahne, H7 (die längste) bis H9 mit einer solchen der Innenfahne versehen. H9 fällt durch einen breiten weißlichen Außensaum auf, die übrigen Handschwingen durch einen schmalen. Ihre Grundfärbung ist dunkelbräunlich grau. Die inneren H1 bis H4 haben einen verschwommenen hellen Endsaum aufzuweisen, außerdem sind sie am Schaft etwas eingezogen. Die Männchen haben längere Flügel als die Weibchen. Die längsten Handschwingen messen für beide Geschlechter zusammen 68 bis 102 mm (Mittel 92 mm, n = 88). Die **Armschwingen** sind breit geschnitten mit deutlichem Außensaum und einer schwachen Aufhellung des Innenfahnenrandes. Bei ihnen ist die Doppelspitzigkeit noch stärker ausgeprägt, wobei die Innenfahne etwas überragt. Das ist auch bei den Großen Oberen Armdecken der Fall, bei den vier Schirmfedern aber abnehmend; hier ist der Außen- und Endsaum noch klarer abgesetzt als bei den anderen Armschwingen, betont durch das dunklere Federzentrum. Die längste Schirmfeder A7 überragt A6 um etwa 3 mm. Die Großen Oberen Armdecken wie die Mittleren haben klar abgesetzte sandfarbene Endsäume (Flügelsäume, s. Foto oben).

Unter den **Steuerfedern** erreicht die längste, meist eine der äußeren, im Schnitt 74,5 mm und variiert zwischen 56 und 84 mm (n = 106). Die mittlere St1 ist 2 bis 11 mm kürzer als ihre Nachbarin und 7 bis 11 mm kürzer als die längste Steuerfeder. Das führt zu einer deutlichen Einbuchtung des Schwanzes. St1 ist braun mit beidseitig sehr breiten sandfarbenen Säumen und weicher Übergangszone zum dunkleren Fahnenkern. Die folgenden Steuerfedern sind dunkelbraun mit schmalen hellen Außensäumen. St5 ist wieder breiter weiß gesäumt. Der Schaft von St1 bis 5 ist farblich an die Fahnen angepasst, bei St6 ist er durchgehend weiß. Die Feder ist farblich zweigeteilt. Die Basis der Außenfahne ist meist braun, ebenso bei der Innenfahne; von hier zieht sich das braune Feld schmaler werdend am Saum der Innenfahne entlang bis fast zur Spitze. Der Rest der Feder erzeugt einen weißen Keil über Innen- und Außenfahne und damit beim fliegenden Vogel eine auffallende weiße Schwanzkante. Das Weiß kann durch Imprägnierung beim Sandbaden rötlich oder anders getönt sein. Beim **Jugendkleid** sind die Steuerfedern schwächer und durchschnittlich 5 bis 10 mm kürzer; besonders die mittleren sind häufig gegen die Spitze quergebändert. Ansonsten sind hier alle hellen Säume in den Schwingen wie in den Decken durch schmale dunkle Säume unterlegt und damit kontrastiert. – Die Vollmauser der Altvögel findet im Sommer nach der Brut noch im Brutgebiet statt. Die Jungvögel erneuern dann ebenfalls ihr gesamtes Gefieder. Falls vorhanden, kann man die Lerchenarten am besten anhand der unterschiedlich gefärbten und gemusterten Steuerfedern unterscheiden.

Bei der Feldlerche wird die weiße Schwanzkante nur von einem schmalen Saum der St5 und dem weißen Feld der St6 gebildet. Die Schirmfeder A7 ist gegenüber den anderen Armschwingen verlängert. Das erste vollständige Federkleid des Jungvogels (Nestkleid) ist kleiner und anders gezeichnet als beim Alterskleid, wie hier bei A7 jung und St1 jung zu sehen ist.

Der Flügel ist wie bei anderen Lerchen rund geschnitten. H6 bis 9 sind hier am längsten. Auch im Feld fällt der helle Endsaum der Armschwingen auf

Uferschwalbe

Riparia riparia

Uferschwalben bauen kolonieweise horizontale Brutröhren in Prallhängen von Fließgewässern und in sandigen Steilküsten, sekundär auch in Sand- und Kiesgruben. Anders als die anderen heimischen Schwalbenarten sind sie keine Kulturfolger. – Unter den einzeln betrachteten **Handschwingen** ist typischerweise H9 die längste mit 82 bis 99 mm (Mittel 91 mm, n = 87), H8 ist nur wenig kürzer. H10 ist mit etwa 14 mm knapp so lang wie die äußerste Handdecke. Von der Spitze aus nimmt die Handschwingenlänge stufig ab bis zu H1. Bei den inneren Handschwingen sind die Innenfahnenspitzen schräg zugespitzt. Das Großgefieder ist dunkelbraun und nicht schwarzbraun wie bei Rauch- und Mehlschwalbe. Die Federn sind zur Basis hin besonders in der Innenfahne bräunlich aufgehellt. Die Schäfte heben sich von oben gesehen kaum ab, sind aber unterseits sehr hell. Die **Armschwingen** sind kurz und nach innen gebogen. A1 bis 6 sind an der Spitze eingebuchtet, bei den inneren steht die Spitze der Innenfahne über. Den Schirmfedern fehlt diese Doppelspitze, sie sind stufig verkürzt. A7 ist wie bei den anderen Schwalben nicht über ihre Nachbarinnen hinaus verlängert. Die Jungvögel im ersten vollständigen Federkleid kann man gut identifizieren. Bei ihnen sind die Schirmfedern an der Spitze etwa 1 bis 2 mm breit beigefarben gesäumt. Das gilt auch für alle Oberen Armdecken, die Schulter- und Rückenfedern sowie die Oberschwanzdecken. Beim Altvogel fehlen diese Säume oder sind bei den Schirmfedern nur sehr dünn entwickelt. Die äußeren **Steuerfedern** erreichen eine maximale Länge von 57 mm (Variation 48 bis 64 mm, n = 144). Sie verkürzen sich von außen nach innen um insgesamt 6 bis 12 mm, sodass der Schwanz mäßig eingebuchtet ist. Sie sind an Außen- und Innenfahnen fein hell gesäumt, am stärksten bei St6. Diese Säume nutzen sich im Laufe der Saison ab. Den Steuerfedern fehlt ein helles Fenster in der Innenfahne. Die Unterschwanzdecken sind nahezu reinweiß, die Oberschwanzdecken graubraun. – Der Vogel ist spitzflügelig wie die anderen Schwalben, aber unter den heimischen Arten die kleinste. Der Schwanz ist nicht gegabelt wie bei der Rauchschwalbe und der Rötelschwalbe, schwächer eingebuchtet als bei der Mehlschwalbe und ohne weiße Fleckenzeichnung. Das Großgefieder ist dunkelbraun und nicht schwarzbraun; ihm fehlt bläulicher Glanz. Beim Jungvogel tragen die Schirmfedern helle Endsäume, ähnlich wie bei der Mehlschwalbe. Jung- und Altvögel unterziehen sich im westafrikanischen Überwinterungsgebiet einer Vollmauser, die aber schon im Brutgebiet beginnen kann und für den Wegzug unterbrochen wird. Sie nimmt vier bis fünf Monate in Anspruch. Man wird wenig Chancen haben, nach dem Abzug der Vögel Mauserfedern in der Brutkolonie zu finden. Die Bruthöhlen in den Kolonien können in vergrößertem Zustand von anderen Höhlenbrütern genutzt werden, so vom Haussperling, Bienenfresser, Steinkauz und von der Dohle.

Die Steuerfedern der Uferschwalbe sind im Gegensatz zur Felsenschwalbe (hier nicht dargestellt) und zur Rauchschwalbe ohne helle Fenster. In St6 sind schwache Wachstumsstreifen zu erkennen. Wahrscheinlich sind sie durch die Tagesrhythmik bei der Mauser im Winterquartier entstanden. Auf der Tafel ist zusätzlich die am Ende hell gesäumte A7 eines Jungvogels zu sehen.

Uferschwalbe

Der Flügel ist wie bei den anderen Schwalben sehr spitz geschnitten. H8 und H9 bilden die Spitze. Die Art ist strenge Fernzieherin und überwintert in Westafrika.

Rauchschwalbe

Hirundo rustica

Rauchschwalben bauen ihre Nester als Kulturfolger innerhalb von Gebäuden, vor allem in Ställen und Scheunen. Sie benötigen offene Türen und Fenster sowie außerhalb Pfützen oder Wassersäume mit nassem Boden, um daraus Nistmaterial zu entnehmen. – Unter den einzelnen **Handschwingen** ist H8 mit 91 bis 118 mm (Mittel 104 mm, n = 159) die längste, H9 ist nur wenig kürzer, dagegen ist H10 mit 12 bis 16 mm sehr kurz. Von H8 bis 1 nehmen die Handschwingen rasch an Länge ab. Sie sind auffallend flach und haben schmale Außenfahnen, während die Innenfahnen zur Spitze hin keilförmig auslaufen. Von einer Fahnenverengung gibt es keine Andeutung. Die Schäfte sind oberseits dunkel, von der Unterseite her hell. Die Federn sind glänzend schwarzbraun, die Federspitzen und die Außenfahnen glänzen bläulich. Die **Armschwingen** 1 bis 6 sind einheitlich nach innen gebogen, untereinander etwa gleich lang und am Ende zweispitzig gerundet. Die Schirmfedern A7 bis 9 nehmen rasch an Länge ab, A7 ist kürzer als A6. Auch hier schimmern die Außenfahnen bläulich, die Innenfahnen sind schwach bräunlich aufgehellt. Das gilt auch für die Großen Oberen Armdecken. Die unteren Flügeldecken und die Unterschwanzdecken sind blassrötlich getönt. Die **Steuerfedern** sind kaum verwechselbar. Sie sind bei Altvögeln schwarzbraun mit metallisch grünem oder blauem Glanz, bei Jungvögeln dunkel graubraun. Nur an der Basis hellen sich die Fahnen und der Schaft auf, der Glanz fehlt dort. Der Schwanz ist tief gegabelt, bei Jungvögeln stark eingebuchtet. Dazu trägt vor allem die Außensteuerfeder bei, die beim Altvogel in ihrer Spitzenhälfte spießartig verschmälert ist. Diese Feder zeigt mit ihrer Länge und Fleckung die Kondition beziehungsweise Fitness ihrer Träger an, erschwert aber das Fliegen. Gleichwohl treffen die Weibchen ihre Partnerwahl nach der Länge der St6. Sie erreicht bei alten Männchen meist etwa 118 mm, variiert zwischen etwa 100 und 136 mm. Bei alten Weibchen ist sie im Mittel nur 96 mm lang, sie variiert zwischen 84 und 106 mm. Bei Jungvögeln im ersten Federkleid ist diese Feder nur etwa 60 bis 88 mm lang (meist etwas über 70 mm) und nicht spießartig ausgezogen. St2 (manchmal erst ab St3) bis 6 tragen in ihrem Spitzendrittel auf der Innenfahne einen weißlichen runden Fleck, der vom Innenfahnensaum aus meist den Schaft erreicht. Bei St6 ist er zum Ende hin spitz ausgezogen. Besonders bei Jungvögeln kann der Fleck stärker rötlich getönt oder gerandet sein. – Bei der Mehlschwalbe ist der Schwanz nur schwach eingebuchtet, das heißt, die äußeren Schwanzfedern sind nur wenig länger als die inneren. Ferner fehlt ihnen ein weißes Fenster in den Steuerfedern 2 bis 6.

Die Vollmauser kann sowohl bei Altvögeln als auch bei diesjährigen Jungvögeln schon im Brutgebiet einsetzen. Bei manchen Vögeln entstehen dann Mauserlücken im inneren Handflügel. Die Mauser wird für den Wegzug unterbrochen und im Überwinterungsgebiet fortgeführt. Sie dauert zwischen 4,5 und 6,5 Monate.

Die Schwingen der Rauchschwalbe (altes Männchen) sind ebenso wie das Oberseitengefieder schwarz mit blauem Schimmer. Der Flügel ist spitz: Die inneren Handschwingen und die Armschwingen sind kurz, die äußeren Handschwingen lang. Bei den Steuerfedern ist St1 ganz dunkel, bei St2 stellt sich ein tropfenförmiges helles Feld ein, das sich nach außen vergrößert. St6 ist unterschiedlich geformt bei Männchen, Weibchen und Jungvogel.

100 %

ad. ♂ 80 %

Der extrem spitze Flügel ist typisch für einen schnellen Dauerflieger. H9 ist im Verbund etwas länger als H8. Rauchschwalben überwintern als Fernzieher im tropischen bis südlichen Afrika.

Mehlschwalbe

Delichon urbicum

Mehlschwalben sind durch ihr kolonieweises Brüten außen an Häusern nicht so stark von Sanierungsmaßnahmen betroffen wie Rauchschwalben. Für ihren Nestbau benötigen sie jedoch feuchten Boden. Das Beseitigen der Nester auch außerhalb der Brutzeit ist gesetzlich verboten. Die Brutbestände nehmen leicht ab, vielleicht auch durch Mangel an Insekten. – Die **Handschwingen** 8 und 9 sind am längsten, H9 übertrifft mit 84 bis 101 mm (Mittel 93 mm, n = 61) ihre Nachbarin noch um 2 mm. H10 ist klein und schmal, nimmt also nicht die Flügelspitze ein, sondern wirkt an ihrer Basis zusammen mit den äußeren Handdecken stabilisierend. Die inneren Handschwingen sind asymmetrisch zugespitzt. Von einer Fahnenverengung ist nichts zu erkennen. Das Großgefieder der Altvögel ist einfarbig braunschwarz, die Hand- und Armschwingen sind an den Innenfahnen und die Steuerfedern an der Basis etwas bräunlich aufgehellt. Die dunklen Spitzen schimmern bläulich. Bei den Jungvögeln in ihrem ersten vollständigen Federkleid sind die Brauntöne noch stärker ausgeprägt als bei den Alten. Die **Armschwingen** 1 bis 6 sind kurz und schwach nach innen gebogen. Sie sind an ihrer Spitze eingebuchtet, beide Spitzen sind gerundet. Bei den inneren Armschwingen A4 bis 6 ist die Spitze der Innenfahne länger als die der Außenfahne. Die Schirmfedern sind stufig verkürzt, wobei A7 nur wenig kürzer als die reguläre A6 ist. Hand- und Armschwingen ebenso wie die drei äußeren Steuerfedern haben feine weißliche Spitzensäume. Bei Jungvögeln sind sie bei den drei Schirmfedern mit etwa 2 mm Breite am stärksten ausgeprägt. Die inneren **Steuerfedern** sind im Durchschnitt 20 mm kürzer als die äußeren, der Schwanz ist dadurch eingebuchtet, aber längst nicht so stark gegabelt wie bei der Rauchschwalbe. Die längste Steuerfeder St6 misst bei Altvögeln im Mittel etwa 66 mm, bei Jungvögeln ist sie etwa 10 mm kürzer. Insgesamt ergibt sich eine Variation von 55 bis 77 mm (n = 221). Die Federn sind schwarzbraun, im frischen Zustand mit schwachem Glanz versehen, an der Basis etwas heller. Die äußeren sind an den Innenfahnen abgeschrägt, sodass sie zugespitzt wirken. St1 und 2 sind am Ende gerundet. Ihnen fehlen die hellen Fenster in den Innenfahnen, wie sie bei der Rauchschwalbe ausgeprägt sind. Die Oberschwanzdecken sind dunkel mit hellem Innenfahnenfeld, die Unterschwanzdecken cremefarben, hellgraubraun oder gewölkt mit schwach abgesetztem dunklem Schaft. Die dunige Basis setzt sich wie bei dem Kleingefieder vieler anderer Vögel dunkelgrau gegen die helle Fahne ab. Der weiße Bürzel der Mehlschwalbe geht nicht auf die Oberschwanzdecken, sondern auf die Deckfedern des Hinterrückens zurück (ähnlich beim Gimpel).

Die Vollmauser kann sowohl bei den Alt- wie auch bei den diesjährigen Jungvögeln bereits im Brutgebiet mit dem Kleingefieder einsetzen. Bei manchen Individuen sind davon auch schon die ersten Handschwingen und Schirmfedern betroffen. Die Mauser wird für den Wegzug unterbrochen und im Winterquartier fortgeführt. Meist ist sie bei einer Dauer von etwa 6 Monaten vor dem Heimzug abgeschlossen.

Bei der Mehlschwalbe ist das Gefieder ähnlich wie bei der Rauchschwalbe, doch fehlen die hellen Flecke in den Steuerfedern, auch ist St6 nur schwach verlängert und nicht zu einem Spieß ausgezogen. Die Schirmfedern des Jungvogels sind am Ende hell gesäumt.

Der Flügel ist wie bei den anderen Schwalben als Dauerfliegern und Fernziehern sehr spitz geschnitten. Die Länge der Handschwingen nimmt von H9 und H8 zu dem kurzen Armflügel hin stufig ab.

Fitis

Phylloscopus trochilus

Fitisse sind als Brutvögel von den Nordalpen bis Nordskandinavien verbreitet. Die Population verschiebt sich künftig nordwärts. – Die Federn wirken insgesamt ähnlich denen des nächstverwandten Zilpzalps, sind aber oft größer, etwas heller, und der Flügel scheint eleganter zu sein. Die **Handschwingen** sind graubraun mit schmaler Aufhellung am Innenfahnensaum und feinen Randsäumen an den Außenfahnen. Im Flügelverband ist H8 zusammen mit H9 am längsten, bei den Einzelfedern sind es H6 und 7 (längste 48 bis 63 mm, Mittel 57 mm, n = 97). Damit wirkt der Flügel sogar runder als er natürlicherweise ist. Im Verband liegt die Spitze von H9 auf der Höhe der Spitze von H5 oder 6. Beim Zilpzalp ist H9 deutlich kürzer, erreicht nur knapp die Länge von H5. Bei den Einzelfedern ändern sich die Längenrelationen. Hier ist auch beim Fitis H9 gerade so lang wie H4 (Beispiel 52 mm). H10 ist mit 15 bis 19 mm länger als die Handdecken. H5 ist beim Fitis deutlich ohne Außenfahnenverengung, während die Handschwingen 6 bis 8 eine solche besitzen. Der Flügel ist auch in dieser Hinsicht etwas spitzer als der des Zilpzalps. Er weist zudem eine größere Handschwingenprojektion auf, was seine elegante Form bestimmt. Die meisten Handschwingen sind fein grünlich gesäumt, bei H9 ist der Saum weißlich. Die **Armschwingen** haben dieselbe Grundfärbung wie die Handschwingen. Die gelblich-grünlichen Randsäume nehmen hier jedoch etwa die Hälfte der Außenfahne ein, sie ziehen sich um die Federspitze herum. Die Innenfahne hat von der Spitze zur Basis hin breiter werdend ein weißliches Randfeld, das an der Spule den Schaft erreicht. Die Schirmfedern sind insgesamt hell und mehr grau, wobei sich der dunkle Schaft stärker absetzt. Generell wirken die Schäfte im Auflicht unauffällig, im Durchlicht jedoch schwarz. Die **Steuerfedern** sind hell graubraun mit gelbgrünlichen Säumen an den Außenfahnen, deren Fortsetzung sich rahmfarben um das Federende herumzieht. St6 ist heller als die anderen und hat einen feinen, aber weißlichen Außensaum. Die Schäfte der Steuerfedern sind oberseits wie die Fahnen gefärbt, von unten aber ebenfalls weißlich. Auch die Fahnen wirken von unten heller. Im Vergleich der Einzelfedern ist St6 als längste (48 bis 62 mm, Mittel 54 mm, n = 224) etwa 3 mm länger als St1. Im natürlichen Federverband ist jedoch St4 die längste, St6 deutlich kürzer und die mittleren noch kürzer. In jedem Fall ergibt sich eine gewisse Schwanzgabelung. Frische Unterschwanzdecken sind intensiv gelb. Die Vollmauser der Altvögel beginnt bereits im Juni. Sie wird vor dem Wegzug abgeschlossen. Eine zweite Vollmauser findet im afrikanischen Winterquartier statt. Sie dauert etwa bis März, kurz vor dem Beginn des Heimzugs. Zwei Vollmausern im Jahr zu absolvieren, ist für Vögel sehr ungewöhnlich. – Falls man den Fuß zur Verfügung hat: Der Lauf ist beim Zilpzalp meist dunkel pigmentiert, beim Fitis hornfarben. Ansonsten sind im Feld die unterschiedlichen Gesänge und Rufe der beiden Arten für die Bestimmung maßgeblich. Äußerlich sehen sie sich bis auf Kleinigkeiten sehr ähnlich.

Der Fitis ist etwas größer und hat spitzere und längere Flügel als der Zilpzalp. Die Säume der Schwingen sind lebhafter kontrastiert als beim Zilpzalp. Entscheidend sind jedoch die Unterschiede in der Schwingenformel, am besten im kompletten gespreizten Flügel zu erkennen. H5 hat beim Zilpzalp eine Außenfahnenverengung, beim Fitis fehlt diese.

Der Flügel ist spitzer als beim Zilpzalp, H8 ist am längsten. Im geschlossenen Flügel ist die Handschwingenprojektion länger als beim Zilpzalp, jedoch kürzer als beim Waldlaubsänger (hier nicht dargestellt).

Zilpzalp

Phylloscopus collybita

Der Zilpzalp ist ein in Mitteleuropa verbreiteter und häufiger Brut- und Sommervogel sowie ein häufiger Durchzügler. In klimamilden Regionen neigen etliche Individuen auch dazu, den Winter hier zu verbringen. – Unter den **Handschwingen** ist im kompletten Flügelverband H7 die längste, H10 (mit einer Länge von 15 bis 19 mm) überragt wie auch beim Fitis die Großen Oberen Handdecken. Bei den einzelnen Federn sind H5 und 6 am längsten (größte Schwinge 46 bis 59 mm, Mittel 52 mm, n = 82). H5 hat an der Spitze eine Außenfahnenverengung, die beim Fitis fehlt. Der Zilpzalp verfügt damit über vier Handschwingen mit Außenfahnenverengung (H5 bis 8), der Fitis nur über drei (H6 bis 8). Die Federn sind durchscheinend graubraun und weisen in den Außenfahnen grünliche Säume auf. Die Innenfahnen haben breitere weißliche Säume. Das gleiche Färbungsmuster gilt für die **Armschwingen**. Doch sind hier die Innenfahnensäume etwas schwächer kontrastiert als beim Fitis. Die Außenfahnen fallen kaum durch Säume auf, was besonders für die gebrauchten Schirmfedern vor der Mauser gilt. Die schwarzbraunen Schäfte heben sich bei Hand- und Armschwingen klar gegenüber den helleren Außen- und Innenfahnen ab. Die längsten **Steuerfedern** haben im Mittel eine Länge von 52 mm und variieren zwischen 44 und 58 mm (n = 246). Die Federn sind untereinander annähernd gleich lang, sodass der Schwanz auch im kompletten Zustand kaum eine Gabelung aufweist. Sie sind graubraun und haben gelbliche oder olivfarbene Außensäume. – Die Altvögel erledigen ihre Vollmauser im Sommer und Herbst noch im Brutgebiet. Die Erneuerung der Steuerfedern als Teil der Vollmauser geht innerhalb von sechs Wochen vor sich.

Der Zilpzalp hat in jüngerer erdgeschichtlicher Vergangenheit eine adaptive Radiation erfahren, die zu der Notwendigkeit geführt hat, mehrere neue Arten abzutrennen, die früher alle unter „Zilpzalp“ geführt wurden. Hierzu gehören die in den Bestimmungsbüchern dargestellten Arten Iberienzilpzalp, Kanarenzilpzalp, Taigazilpzalp und Kaukasuszilpzalp. Sie unterscheiden sich alle durch ihre Gesänge voneinander. H5 (von innen gezählt) weist beim eigentlichen Zilpzalp eine manchmal schwache Außenfahnenverengung auf; diese fehlt beim Fitis sowie beim Wald- und Berglaubsänger. Der Zilpzalp hat eine relativ kleine Handschwingenprojektion und einen runderen Flügel als die anderen Laubsänger. Die äußeren Steuerfedern sind nicht in der Spitze nach außen gebogen. Im kompletten Flügel ist die Handschwingenprojektion kurz im Vergleich zum Fitis und Waldlaubsänger (hier nicht dargestellt). Unter sonst gleichen Bedingungen sollte der rundflügelige Zilpzalp eine längere H10 haben als der Fitis. In der Tat ist die H10 des Zilpzalps breiter und mit 20 mm länger als die abgebildete H10 des Fitis mit 15 mm Länge. Hierzu sollte mehr Material zugrundegelegt werden.

Der Zilpzalp hat kürzere und weniger spitz geformte Flügel als der Fitis. Das wirkt sich auf den Flügelschnitt im Einzelnen aus. Beim Zilpzalp ist die Außenfahne von H5 an der Spitze verengt, was aber nicht bei allen Individuen immer gut zu erkennen ist. Zählt man die Handschwingen von außen, handelt es sich um die sechste. Ansonsten sind die beiden Arten sehr ähnlich. Sie gelten deshalb als ein Paar Zwillingsarten.

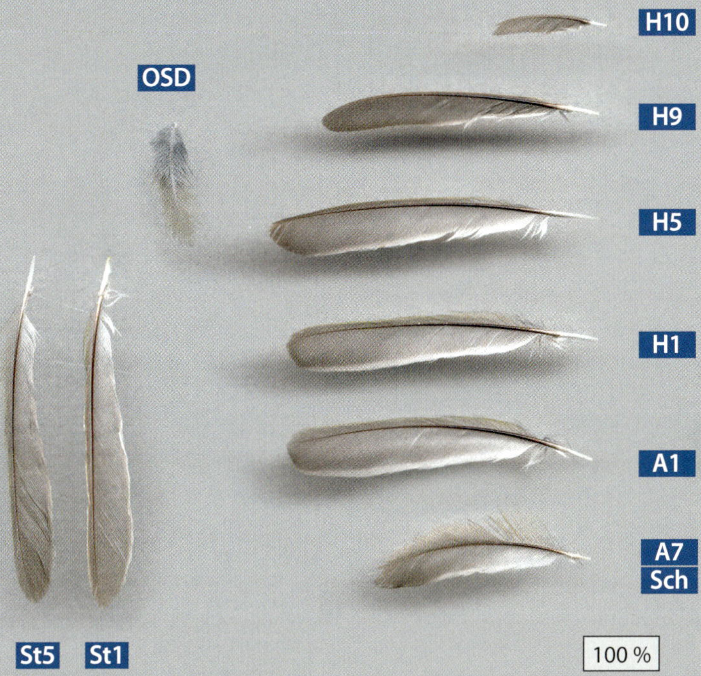

Der Flügel ist kurz und im Vergleich zu dem des nahe verwandten Fitis deutlich rund geschnitten. Etwa H7 ist hier am längsten.

Drosselrohrsänger

Acrocephalus arundinaceus

Der Drosselrohrsänger ist der größte heimische Vertreter aus einer artenreichen Gruppe von spezialisierten Bewohnern von Rohrbeständen und ähnlichen Vegetationsformen. – Von den einzelnen **Handschwingen** ist beim Drosselrohrsänger H8 mit 75 bis 89 mm (Mittel 81 mm, n = 50) am längsten. Nur diese weist eine schwach erkennbare Verengung der Außenfahne auf, H9 hat eine geringe Verengung der Innenfahne. H10 ist hell und etwa 15 mm lang. Die Handschwingen sind ansonsten hellgraubraun. H9 hat einen sehr schmalen, aber deutlichen hellen Außensaum. Bei allen Handschwingen trägt die basale Hälfte der Innenfahne eine klar abgesetzte, breite Aufhellung, die am unteren Fahnenende den Schaft erreicht. Die Spitzen der Handschwingen sind fein hell gesäumt. Die Alulaschwingen heben sich dunkel mit hellen Säumen heraus. H10 ist nur knapp länger als HD9, fällt aber durch eine trotz extrem schlanker Form aufgehellte Innenfahne auf. Im Sommer können die Spitzen der Handschwingen abbrechen. Bei den **Armschwingen** ist nur eine verschwommene Aufhellung der Innenfahnen erkennbar. Die Schirmfeder A7 ist nicht länger als die benachbarte Armschwinge A6. Die Säume der Schirmfedern heben sich etwas gegen das dunkle Federinnere ab. Jungvögel haben im Sommer ein frisches, schilfbraunes, Altvögel ein abgenutztes, gräulich ausgebleichtes Gefieder, was man am besten an den Schirmfedern erkennen kann. Der Schwanz ist recht deutlich gestuft, aber längst nicht so stark wie bei den Schwirlen. Eine der drei inneren **Steuerfedern** ist am längsten, nach außen hin nimmt die Federlänge stufig ab. St6 ist 8 bis 12 mm kürzer als die längste. Die Länge der längsten Steuerfeder schwankt zwischen 72 und 88 mm, sie beträgt im Mittel 80 mm (n = 62). Besonders die äußeren Steuerfedern haben helle Endsäume, die aber der Abnutzung unterliegen. Die Oberschwanzdecken sind einheitlich hellbraun. Die Unterschwanzdecken sind weißlich rahmfarben, die längste kann mehr als 55 mm erreichen. – Die Mauser des gesamten Gefieders findet sowohl bei Alt- als auch bei Jungvögeln zwischen Dezember und März im Winterquartier in Afrika statt.

Die Federn des Drosselrohrsängers sind deutlich größer als diejenigen aller anderen heimischen Rohrsänger. Während die Armschwingen helle Außensäume aufweisen, ist das gesamte Rückengefieder warm graubraun ohne alle Strichelung. Dies ist ein wichtiges Merkmal gegenüber dem Schilfrohrsänger und dem Feldschwirl. Bei gleicher Größe sind die Steuerfedern der Nachtigall rötlich braun, die des Sprossers dunkel rotbraun. Bei der Grauammer ist der Schwanz eingebuchtet, die Federn sind dunkel graubraun, in St6 ist ein Rudiment eines hellen Keilflecks zu erkennen. – Der Kontrast der Schirmfedern im Foto oben wird offenbar durch die Beleuchtung oder die Fotografie verstärkt. Er zeigt sich weder in den Einzelfedern noch im Flügelfoto so stark.

Die Federn sind größer als die aller anderen heimischen Rohrsänger, aber sehr ähnlich gefärbt und geformt. Der Flügel ist relativ spitz, was sich an der Länge von H9 zeigt. In dem kompletten frischen Flügel heben sich die hellen Endsäume besonders an den Armschwingen ab. Nach dem Ende der Brutzeit sind diese Federn so abgenutzt, dass man von den Säumen nicht mehr viel sieht. Das ist ein Ergebnis des Aufenthalts des Vogels im bevorzugten Lebensraum im Altschilf, wo die Schwingen häufig mit harter Vegetation in Berührung kommen.

Wie bei den anderen Rohrsängern ist der Flügel spitz geschnitten. Im zusammengefalteten Flügel fällt die lange Handschwingenprojektion auf: Die Länge des überragenden Handflügels entspricht ungefähr derjenigen der Schirmfedern. Die längste Handschwinge ist auch bei den Einzelfedern eine der äußeren.

Feldschwirl

Locustella naevia

Der Feldschwirl ist ein ausgeprägter Langstreckenzieher mit später Ankunft in Mitteleuropa Ende April/Mai. Er bewohnt nicht zu dichte, oft trockene Staudenfluren, wo er einzelne als Singwarten geeignete höhere Halme, Stauden oder Sträucher findet. Die **Handschwinge** 8 ist mit 50 bis 56 mm (Mittel 53 mm, n = 48) am längsten, die nach innen hin folgenden nehmen jeweils nur um Millimeterbeträge ab. H9 hat eine deutlich eingeschnittene Verengung der Innenfahne, nur H8 weist eine Verengung der Außenfahne auf. Die Handschwingen sind in ihrer Grundfärbung schmutzig graubraun. Die Innenfahnen sind nur schwach aufgehellt. H8 und 9 haben unauffällige helle Säume an den Außenfahnen, die aber dennoch im Feld einen schmalen hellen Flügelrand erzeugen. Die Schäfte sind wie die Fahnen pigmentiert.

Bei den **Armschwingen** gibt es fahl gefärbte Säume, deren Breite zu den Schirmfedern hin auf Werte bis zu 3 mm zunimmt. Sie sind an den Außenfahnen stärker entwickelt als an den Innenfahnen. Gleichartige, aber schmalere Säume laufen rings um die Großen und Mittleren Oberen Armdecken. Die schwarzbraunen Zentren dieser Federn verstärken den Kontrast. Die größte Schirmfeder A7 ist als Einzelfeder deutlich (aber um nicht mehr als 1 mm) länger als A6 und 8, vermag jedoch trotzdem die mittelstarke Handschwingenprojektion des kompletten geschlossenen Flügels nicht wesentlich zu beeinflussen.

Die **Steuerfedern** haben eine tendenziell längsovale Form. Die mittleren drei sind noch breit, ab St4 werden sie jedoch schmaler und nehmen stufig an Länge ab. Der Längenunterschied zwischen St2 und 6 kann 10 bis 20 mm betragen. Als längste erreichen St1 oder 2 einen Mittelwert von 58,5 mm, variieren aber zwischen 50 und 68 mm (n = 45). Sie sind von der Oberseite her schwarzbraun, unterseits jedoch heller und die Schäfte fast weißlich. Die langen Unterschwanzdecken haben auf beigefarbenem Grund breite verlaufende oder auch schmale dunkel graubraune Schaftstriche, aber keine hellen Endsäume. Die hell gefärbten Säume mit dunklen Federzentren finden sich nicht nur in den Armschwingen und den Armdecken, sondern auch im gesamten Rückengefieder. Dadurch erinnert der Feldschwirl eher an den Schilfrohrsänger als an die näher mit ihm verwandten, bei uns selteneren Schwirlarten Rohrschwirl und Schlagschwirl (hier nicht dargestellt). Diesen fehlt die Strichelung des Mantels vollkommen.

Alt- und Jungvögel mausern im afrikanischen Winterquartier ihr gesamtes Gefieder. Von den Altvögeln beginnen die meisten schon vor dem Wegzug mit der Mauser des Kleingefieders sowie einiger Schirm- und Steuerfedern, wodurch vorübergehend Mausergrenzen entstehen. Die alten Federn zeigen teils erhebliche Spuren von Abnutzung. Das dürfte sich auf den Lebensraum in dichter Vegetation zurückführen lassen, worin der Vogel sich auch vielfach zu Fuß bewegt.

Trotz seiner Eigenschaft als Fernzieher hat der Feldschwirl recht runde Flügel, was sich an den geringen Längenunterschieden der Schwingen zeigt. Der Schwanz ist wie bei den anderen Schwirlen stark gestuft, die lange Unterschwanzdecke trägt einen zentralen Schaftstrich. In der äußeren Steuerfeder St6 sind quer verlaufende dunkle Bänder zu erkennen, die man als Wachstumsstreifen auffassen kann. Demnach dürfte die Feder in etwa 20 Tagen gewachsen sein.

Das Zugverhalten lässt einen spitzen Flügelschnitt erwarten. H8 ist auch im Flügelverband am längsten. Der Handflügel ist aber anscheinend etwas runder geschnitten als bei den anderen Schwirlarten. Wie bei den meisten Flügelpräparaten der Singvögel ist H9 die vorderste sichtbare große Handschwinge, H10 ist sehr klein und vor den Handdecken im Flügelbug verborgen.

Mönchsgrasmücke

Sylvia atricapilla

Die Mönchsgrasmücke ist weit verbreitet als sommerlicher Bewohner von Laubbäumen und höherem Gebüsch. Sie ist mit deutschlandweit 3,3 bis 4,35 Millionen Revieren die häufigste Grasmückenart und scheint ihre Bestände noch etwas auszudehnen. Zum Überwintern ziehen viele Vögel der Westpopulation nicht mehr ins Mittelmeergebiet, sondern zu den Britischen Inseln; einige überwintern sogar im zentralen Mitteleuropa.
Von den **Handschwingen** ist H7 mit 59 bis 67 mm (Mittel 63 mm, n = 121) am längsten. Im kompletten Flügel bildet dagegen H8 die Spitze. Die kurze H10 hat eine Länge von 19 bis 23 mm. Eine Außenfahnenverengung kann man an den Handschwingen 6 bis 8 erkennen, eine solche der Innenfahnen bei H7 bis 9 (10). Alle Schwingen mit Ausnahme von H10 und der 7. bis 9. **Armschwinge** haben weißliche Ränder an den Innenfahnen, die von unten gesehen den Flügel aufhellen. Die Schwingen sind ansonsten durchscheinend und braungrau gefärbt, die Außenfahnen mit einem stärkeren Stich ins Bräunliche. Im geschlossenen Flügel überragt A7 als längste Schirmfeder ihre Nachbarn, alle Armschwingen und die beiden innersten Handschwingen. Bei den Einzelfedern ist A7 jedoch genauso lang wie A6 oder wenig länger, im abgenutzten Zustand auch kürzer, während alle sonstigen Armschwingen länger sind. Die Unterflügeldecken sind sowohl im Hand- als auch im Armflügel mattbeige und nicht so gelblich wie bei der Gartengrasmücke.
Die Länge der längsten **Steuerfeder** liegt zwischen 59 und 71 mm, im Mittel beträgt sie 65 mm (n = 405). Die Steuerfedern der Jungvögel, auch der vorjährigen, sind oft, aber nicht immer am Ende zugespitzt, die der Altvögel mehr abgerundet. Die Zuspitzung kann sich bei den Jungen noch bis in das folgende Jahr halten. Wie bei der Gartengrasmücke sind die Schäfte der Steuerfedern oberseits schwarzbraun, von der Unterseite her glänzend weiß. Die Unterschwanzdecken sind beim Altvogel im Zentrum hellgrau und haben breite weißliche Säume. Geschlechterunterschiede im Gefieder gibt es nicht bei der Gartengrasmücke, wohl aber bei der Mönchsgrasmücke: Hier trägt das Männchen eine schwarze Kappe, das Weibchen (oben im Foto) eine braune. Beim Jungvogel ist die Kappe dunkelbraun.
Die Vollmauser der Altvögel findet in der Zeit zwischen Mitte Juli und September im Brutgebiet statt. Die Vögel halten sich dann verborgen. Gleichzeitig unterziehen sich die Jungvögel ihrer jugendlichen Teilmauser.
Die Federn sind nach Größe und Struktur denjenigen der Gartengrasmücke sehr ähnlich, weichen aber in der Farbgebung etwas ab: bei der Mönchsgrasmücke mehr grau, bei der Gartengrasmücke mit bräunlicher Tönung. Am ehesten sind die Unterschiede im direkten Vergleich erkennbar. Außerdem gibt es Färbungsunterschiede in den Unterflügeldecken: bei der Mönchsgrasmücke blassbeige, bei der Gartengrasmücke gelblich.

Das Großgefieder der Mönchsgrasmücke ist mehr grau, bei der Gartengrasmücke mehr oliv getönt. Bezeichnend für Grasmücken sind die dunkel abgesetzten Schäfte. Zugespitzte Steuerfedern deuten auf einen Jungvogel hin, hier ist es ein vorjähriges Männchen. Der Schwanz ist bei beiden Arten ohne keilförmige Aufhellung in der St6, die Schäfte sind unterseits weiß. Die Unterflügeldecken sind bei der Gartengrasmücke gelblich, hier bei der Mönchsgrasmücke beige oder weißlich. Die Färbungsunterschiede kommen aber in den Tafeln hier nicht recht zur Geltung.

Der Flügel der Mönchsgrasmücke ist nicht so spitz geschnitten wie bei der Gartengrasmücke, eines ausgesprochenen Langstreckenziehers. Dort betreffen die Außenfahnenverengungen nur H8, bei der Mönchsgrasmücke H6 bis 8. Bei der Gartengrasmücke ist H9 5 bis 10 mm länger als H1, bei der Mönchsgrasmücke sind sie gleich lang; H7 ist im Flügel am längsten.

Gartengrasmücke

Sylvia borin

Die Gartengrasmücke bevorzugt als Brutlebensraum dichtes, hohes Gebüsch mit gut entwickelter Krautschicht, beispielsweise im Waldmantel. Sie erreicht die Mönchsgrasmücke nicht an Häufigkeit. – Die Schwingen sind dunkel bräunlich grau. Die längste **Handschwinge** ist H8 mit 60 bis 71 mm (Mittel 66 mm, n = 70). Nur diese weist eine spitzenständige Verengung der Außenfahne auf. Verengungen der Innenfahne können an den Handschwingen 7 bis 9 auftreten, sind jedoch nicht immer zu erkennen. H9 ist 5 bis 10 mm länger als H1. Die zugespitzte H10 ist mit 10 bis 15 mm kurz, jedoch nicht extrem kurz.

Die Schäfte sowohl der Handschwingen als auch der **Armschwingen** sind von der Oberseite her gesehen schwarzbraun, werden aber von schmalen dunklen Streifen auf beiden Fahnen begleitet. Auf der Federunterseite sind sie bis fast in die Spitze reinweiß. Hand- und Armschwingen tragen breite helle Säume an den Innenfahnen. Aufgehellte Endsäume lassen sich am ehesten an den Armschwingen und vor allem an den Schirmfedern erkennen. A7 als äußerste Schirmfeder überragt im geschlossenen Flügel mit ihrer Spitze alle Armschwingen und die beiden inneren Handschwingen. Bei den Einzelfedern lassen sich diese Unterschiede nicht mehr feststellen. Hier sind A7 und A6 annähernd gleich lang, A5 sowie die nach außen folgenden werden im Schnitt um jeweils 1 bis 2 mm länger und bei den Handschwingen setzt sich dies noch fort. Das bedeutet, dass die inneren Armschwingen durch ihre Position an der Elle im geschlossenen Flügel länger wirken, als sie wirklich sind. Bei den Schirmfedern wird dadurch die Abdeckfunktion gefördert und ausgedehnt. Auffallend sind die im Gegensatz zur Mönchsgrasmücke gelblichen Unterflügeldecken.

Die **Steuerfedern** sind einheitlich bräunlich grau und alle gleich lang, die längsten meist 53 bis 68 mm, im Mittel 60 mm (n = 240). Sie tragen helle schmale Säume an den Innenfahnen, im frischen Zustand auch helle Endsäume. Die Außenfahnen der inneren Steuerfedern sind in der Basishälfte zunehmend langstrahlig, das heißt, die Fahnen sind nicht richtig geschlossen. Die Schäfte sind auch hier auf der Unterseite weiß. – Eine Vollmauser findet bei den Jungvögeln ebenso wie bei den Altvögeln von Dezember bis März im afrikanischen Winterquartier statt. Das ist anders als bei der Mönchsgrasmücke (s. dort).

Die Federn sind nach Größe und Struktur denjenigen der Mönchsgrasmücke ähnlich, lassen sich aber anhand der Farbgebung unterscheiden: bei der Mönchsgrasmücke mehr grau, bei der Gartengrasmücke mit bräunlicher Tönung. Die Unterschiede sind am ehesten bei direktem Vergleich erkennbar. Außerdem sind die Unterflügeldecken bei der Gartengrasmücke gelblich, bei der Mönchsgrasmücke beige.

Die beiden Grasmücken sind im Gefieder trotz gewisser Färbungsunterschiede ähnlich. Auffallend ist allerdings die bei der Gartengrasmücke relativ lange H9, die auf einen spitzen Flügel hindeutet. Das passt zum Fernzieherstatus dieser Grasmücke. Am Beispiel der St2 wird die Federunterseite mit dem leuchtend weißen Kiel gezeigt. Bezeichnend sind auch die gelb gefärbten unteren Hand- und Armdecken des Flügels, die bei der Mönchsgrasmücke eher weißlich sind. Der Färbungsunterschied kommt aber in der Tafel nicht recht zur Geltung.

Der Flügel der weit ziehenden Gartengrasmücke ist spitzer geschnitten als bei der Mönchsgrasmücke, mit einer Außenfahnenverengung nur an H8, bei der Mönchsgrasmücke an H6 bis 8. H8 ist im Flügel am längsten. Bei der Gartengrasmücke ist H9 5 bis 10 mm länger als H1, bei der Mönchsgrasmücke sind sie gleich lang.

Klappergrasmücke

Sylvia curruca

Die Klappergrasmücke besiedelt als Sommergast lichten Wald, Gebüsch und Gärten, erreicht aber im Gebirge auch die subalpine Zone mit Latschenkiefern. Die Klappergrasmücke ist die kleinste unter den bei uns heimischen Grasmückenarten. Das gesamte Großgefieder weist im frischen Zustand feine helle Säume auf, die sich aber im Laufe der Saison stark abnutzen können. Die längste einzelne **Handschwinge** ist H6 (51 bis 61 mm, Mittel 56 mm, n = 73). H10 ist zwar nur 17 bis 20 mm lang, überragt aber im kompletten Flügel die Handdecken. Bei den Handschwingen findet man eine schwache spitzenständige Innenfahnenverengung bei H7 bis 9, eine Verengung der Außenfahne bei H6 bis 8. Alle Schwingen haben randlich helle, nicht scharf abgegrenzte Innenfahnenfelder, die sich zur Federbasis hin verbreitern, jedoch die Federspitze nicht erreichen. Die Schäfte sind durchweg bis fast in die Federspitze schwarzbraun abgehoben. Da die Schwingen von innen nach außen allmählich immer dunkler werden, wird der Kontrast zu den Schäften nach außen hin geringer und verlischt fast ganz. Die inneren Handschwingen und die Armschwingen einschließlich der Schirmfedern haben im frischen Zustand mattbräunliche Säume an den Außenfahnen und an den Spitzen. Bei den **Armschwingen** sind die Säume an den Außenfahnen mehr als 1 mm breit und bilden im zusammengelegten Flügel einen schwachen Spiegel. Die Außenfahnen sind in der basalen Hälfte strahlig aufgelöst. Die längste Schirmfeder A7 kann im frischen Zustand bis zu 2 mm länger sein als ihre Nachbarin A6. Sie hebt sich auch durch dunklere Pigmentierung von ihren Nachbarn ab. Die inneren **Steuerfedern** erreichen mit 54 bis 65 mm (Mittel 59 mm, n = 239) die größte Länge. Sie sind dunkel graubraun; nur die innerste St1 hat eine mehr bräunliche Tönung mit schwach aufgehellten Spitzensäumen an beiden Fahnen. Sie ist basal ziemlich breit, verschmälert sich aber zur Spitze hin. Diese Eigenschaft wird durch Abnutzung verstärkt. Die übrigen Steuerfedern haben abgerundete Enden. Die Außensteuerfeder St6 ist einige Millimeter kürzer und farblich zweigeteilt. Ihre Außenfahne ist nur im basalen Drittel oder Viertel dunkel, sonst bis zur Spitze weiß. Ein weißer Saum zieht sich auch um die Spitze herum. Die Innenfahne ist ansonsten manchmal ganz hellgrau gewölkt, meist jedoch in der Basis mittelgrau und in einem Keilfleck im Spitzendrittel hellgrau. Der Schaft ist fast bis zur Spitze schwarzbraun pigmentiert. St (4) 5 hat nur manchmal einen hellen Endfleck oder -saum. Bei der fliegenden Grasmücke zeigen sich helle Schwanzkanten. Das Großgefieder, insbesondere der weiße Keilfleck der äußeren Steuerfeder, kann bei Altvögeln vor der Mauser starke Abnutzungserscheinungen aufweisen. – Die rasch verlaufende Vollmauser der Altvögel findet in der Zeit zwischen Juli und Mitte September noch im Brutgebiet statt. Das gilt auch für die jugendliche Teilmauser der Jungvögel. Im Winterquartier wird von allen das Kleingefieder erneuert. Zusätzlich mausern Alt- und vorjährige Jungvögel im Frühjahr in vielen Fällen die Schirmfedern und die mittleren Steuerfedern. Sie erreichen so das Brutgebiet in recht frischem Gefieder.

Die Federn der Klappergrasmücke sind etwas kleiner als die entsprechenden der verwandten Arten. Die äußere Steuerfeder St6 trägt eine variable keilförmige Aufhellung, die im Flugbild eine weiße Schwanzkante ergibt. Die Federn stammen von einem diesjährigen Jungvogel.

juv. 100 %

♂ 100 %

Der Flügel hat ein maßvoll gerundetes Profil. H8 ist im Flügel am längsten. Die Klappergrasmücke gilt als Fernzieher, ihr Wegzug richtet sich nach Südost.

Dorngrasmücke

Sylvia communis

Die Dorngrasmücke ist ein Sommerbewohner von buschbestandenem Offenland und Hecken. Nach einer längerfristigen Abnahme der Brutpopulation scheint sich die Art im zweiten Jahrzehnt dieses Jahrhunderts wieder etwas erholt zu haben. – Unter den **Handschwingen** haben H6 bis 8 eine verengte Außenfahne, H7 bis 8 eine schwach verengte Innenfahne. H10 ist etwa 14 mm lang, länger als die äußerste Handdecke. Die längste Handschwinge erreicht 59 bis 66 mm, im Mittel 62 mm (n = 74). Die Schwingen sind graubraun mit weißlichem Innenfahnensaum. H9 wartet mit einem schmalen hellen Außensaum auf, der sich gegen die Federspitze hin verliert. Die Schäfte sind bei den inneren Handschwingen schwarzbraun kontrastiert, was besonders für die basale Hälfte gilt. Die **Armschwingen** haben bräunliche Außensäume und helle Innensäume. Ihre Basis ist aufgehellt, sodass sich die dunklen Schäfte hier ebenfalls besser absetzen. Sie sind, wenigstens im einigermaßen frischen Zustand, an der Spitze hell gesäumt und an der Innenfahne leicht abgeschrägt. A6 sowie die Schirmfedern sind an der Außenfahne mit etwa 2 mm breiten hellbraunen Säumen versehen. Das bewirkt einen braunen Spiegel innen im geschlossenen Flügel. Bei A8 und 9 tragen auch die Innenfahnen solche Säume. Die Großen Oberen Armdecken sind ebenfalls mit braunen Außensäumen versehen. Alle diese Säume unterliegen nach längerer Tragzeit einer intensiven Abnutzung, was wohl auch durch die Habitatnutzung des Vogels im Gesträuch gefördert wird. Erst die erneuerten Federn nach der Mauser der Altvögel oder die der diesjährigen Jungvögel strahlen wieder mit breiten hellbraunen Säumen, die durch den Kontrast mit den dunklen Federzentren noch belebt werden. Die **Steuerfedern** sind schlank, die mittlere sogar etwas zugespitzt, was durch Abnutzung noch verstärkt wird. Die längsten Steuerfedern erreichen eine Länge von im Mittel 67 mm (n = 181), sie variieren zwischen 61 und 73 mm. Mit Ausnahme der wenige Millimeter kürzeren St1 und 6 sind sie untereinander etwa gleich lang. Die Federn sind dunkelgraubraun und an der Basis etwas heller, sodass dort die schwarzbraunen Schäfte stärker hervortreten. Nur St6 hat eine bis fast zur Basis helle Außenfahne und auf der Spitzenhälfte der Innenfahne einen langgezogenen hellen Keilfleck, der verschwommen gegen den hellgraubraunen Basisteil abgesetzt ist. Der Schaft läuft allerdings bis zur Spitze dunkelbraun durch. Auch bei St5 kann an der Spitze ein heller Fleck vorhanden sein. Nach der Außensteuerfeder kann man außerdem das Alter des Vogels erschließen. Diesjährige Vögel haben eine hellbraune oder schmutzig weiße Außenfahne an der St6, ihnen fehlt die weiße Spitze an St5. Bei Altvögeln ist beides vorhanden und mehr oder weniger weiß. Die Altvögel zeigen allerdings vor der Mauser häufig starke Abnutzungserscheinungen an Steuerfedern und Schirmfedern, was im Extremfall zum Verlust aller Säume führen kann. Sie absolvieren ihre Vollmauser in der Zeit von Juli bis Anfang September noch im Brutgebiet. Auch die Jungvögel legen hier eine Teilmauser ab, bevor sie ins afrikanische Winterquartier aufbrechen.

Die Federn der Dorngrasmücke stammen von einem alten Männchen aus dem Juni. Bezeichnend sind die braunen Säume der Schirmfedern und der ausgeprägte weiße Keilfleck der St6. Die Steuerfedern lassen schon Zeichen von Abnutzung erkennen.

Die Dorngrasmücke hat einen mäßig spitzen Flügel. Sie muss damit nach der Mauser oder der Jugendentwicklung den Fernzug nach Afrika südlich der Sahara und zurück bestreiten.

Sommergoldhähnchen

Regulus ignicapilla

Das Sommergoldhähnchen gilt als sehr häufiger Sommer- und Brutvogel, der aber regional fehlt. Überwinterungen sind in Deutschland überall beobachtet worden. Die Populationsgröße scheint deutlich zuzunehmen. – Bei den **Handschwingen** ist die längste 45 bis 50 mm lang (Mittel 48 mm, n = 48). Unter ihnen haben H(5) 6 bis 8 Verengungen der Außenfahnen. Alle Schwingen sind dunkel graubraun. Die Handschwingen haben schmale weiße Innenfahnenfelder. H1 bis 4 weisen an der Basis der Außenfahne ein matt hellgelbes Feld auf, in dessen Nachbarschaft sich der dunkle Schaft deutlich abhebt. Die Schäfte sind auch sonst oberseits schwarz und sogar teilweise bis in die Spulen hinein pigmentiert, unterseits unauffällig. Bei den **Armschwingen** setzt sich das gelbliche Feld an der Basis der Außenfahne fort. Es ist weniger kontrastreich als beim Wintergoldhähnchen. Zur Federspitze hin folgt ein dunkles Feld bis etwa zur Mitte der Außenfahnenlänge. Dann schließt sich ein gelblicher Außensaum an, der beinahe die halbe Breite der Außenfahne einnimmt. Die hellen Innensäume der Armschwingen verbreitern sich im basalen Drittel der Schwingen bis an den dunklen Schaft heran. Sie sind beim Wintergoldhähnchen leicht gelblich getönt, beim Sommergoldhähnchen sind sie bis zum unteren Fahnenende reinweiß und klar abgesetzt, bei den Schirmfedern aber wieder nur hellgrau. Die Spitzen der Schirmfedern sind verlaufend schwach aufgehellt und nicht mit klar abgesetzten weißen Außenfahnenflecken gekennzeichnet. Die Großen und die Mittleren Oberen Armdecken haben 1 bis 2 mm breite hellgelbliche Endsäume. Die **Steuerfedern** sind außerordentlich schmal und zart. Der Schwanz ist schwach gegabelt, sodass die längste (meist St5) die innerste Steuerfeder um 3 bis 4 mm übertrifft. Die Länge von St5 liegt zwischen 40 und 47 mm, im Mittel bei 43 mm (n = 65). Bei dunkel graubrauner Grundfärbung weisen St1 bis 5 goldgrüne breite Außensäume auf. Die Steuerfedern sind beim Jungvogel zugespitzt, was aber im Frühjahr des zweiten Kalenderjahres kaum mehr erkennbar ist. Der zentrale Scheitelstreif ist bei Männchen goldorange, bei Weibchen gelb, bei Jungvögeln bis zum Alter weniger Wochen fehlt er noch ganz mitsamt seiner schwarzen Umrahmung.

Verwechselbar ist vor allem das Gefieder des Wintergoldhähnchens. Beim Sommergoldhähnchen sind die Spitzen der Schirmfedern grau verlaufend aufgehellt, beim Wintergoldhähnchen mit abgesetzten hellen Flecken an den Außenfahnen versehen. Beim Sommergoldhähnchen sind die hellen Felder an der Basis der Innenfahnen der Armschwingen klar weiß und deutlich abgegrenzt, beim Wintergoldhähnchen schwach gelblich getönt und verschwommen. Außerhalb der Brutzeit muss man auf Helgoland und auch anderswo mit kleinen sibirischen Laubsängern rechnen, die aber ganz andere Färbungsmuster aufweisen und sehr selten sind (Goldhähnchen- und Gelbbrauen-Laubsänger sind wegen ihrer Seltenheit hier nicht dargestellt).

Die beiden Goldhähnchenarten sind nahe verwandte Zwillingsarten, die man nach Merkmalen des Kleingefieders wie des Färbungsmusters am Kopf auseinanderhalten kann, aber kaum nach Eigenschaften des Großgefieders. Das basale Innenfeld der Armschwingen ist aber beim Sommergoldhähnchen rein weiß. Dagegen sind die Spitzenflecke der Schirmfedern (im Beispiel A7) hier matt grau, beim Wintergoldhähnchen klar weiß abgesetzt.

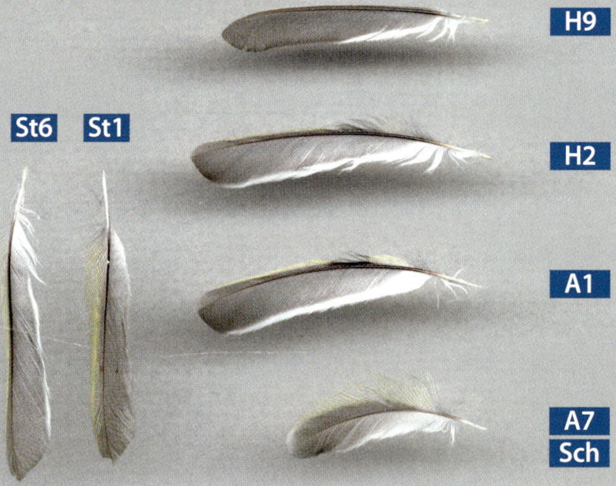

100 %

ad. ♂ 100 %

Die Flügel sind bei beiden Goldhähnchenarten rund geschnitten, was zu dem häufigen rüttelnden Schwirrflug der Vögel in der Vegetation passt.

Wintergoldhähnchen

Regulus regulus

Das Wintergoldhähnchen ist wie nur wenige andere Singvögel streng an Koniferen, vor allem an Fichten gebunden, wo die Vögel Nahrung suchen und brüten. Die beiden Goldhähnchenarten stellen mit einem Körpergewicht von je etwa 5 Gramm die kleinsten Vögel der europäischen Fauna dar und sind deutlich kleiner als der Zaunkönig mit etwa 9 Gramm. Bei Rupfungen stößt man häufiger auf die unauffällig gefärbten Teile des Großgefieders, aber kaum auf die goldfarbenen oder gelben Scheitelfedern. – Die längste **Handschwinge** ist beim Wintergoldhähnchen H6 (44 bis 52 mm, Mittel 48 mm, n = 109); H5 und 7 sind jedoch fast gleich lang. H5 bis 8 weisen eine Außenfahnenverengung auf. Die Handschwingen sind dunkelgrau, sie haben feine gelbliche Außensäume. Die Innenfahnen haben einen weißlichen Saum bis zur Fahnenbasis. Bei H1 bis 4 (5) ist ferner ein kontrastierender blassgelber Streif von etwa 5 mm Länge an der Basis der Außenfahne entwickelt. Dieser Streif setzt sich bei den **Armschwingen** fort und wird zu den Schirmfedern hin noch breiter. Dabei entsteht eine lichte Flügelbinde, die mit den hellen Spitzen der Großen Oberen Armdecken zusammenwirkt. Zur Federspitze hin folgt in den Armschwingen ein schwärzliches Feld etwa gleicher Ausdehnung, das im geschlossenen Flügel als schwarzer Fleck auftritt. Die Innenfahnen der Armschwingen weisen an ihrer Basis ziemlich viel leicht getöntes und nicht klar abgegrenztes Weiß auf, das sich bei den Schirmfedern zu Grau abschwächt. A6 und die Schirmfedern haben ausgeprägte helle Endflecke an den Außenfahnen. Bei A6 bis 8 fallen auch die dunklen Schäfte besonders auf. Die Großen Oberen Armdecken 1 bis 6 haben 1 bis 2 mm breite helle Endsäume, die einen kräftigen hinteren Flügelstreif erzeugen. Solche Säume sind auch an den Mittleren Oberen Armdecken vorhanden, doch ist der entstehende Saum schwach und kurz. Die **Steuerfedern** sind sehr schmal und zart; sie weisen bei dunkel graubrauner Grundfärbung helle Außensäume auf; besonders breit und gelbgrün sind sie bei St1 bis 5. Der Schwanz ist leicht gegabelt, das heißt, St5 ist am längsten, St1 am kürzesten. St5 übertrifft St1 um 3 bis 4 mm. Die längste Steuerfeder erreicht zwischen 39 und 48 mm Länge, im Mittel 43 mm (n = 271). Jungvögel haben zugespitzte Enden an den Steuerfedern, bei Altvögeln sind sie mehr gerundet, doch gibt es Zwischenformen. Der zentrale Scheitelstreif ist bei Männchen goldorange, bei Weibchen gelb, bei Jungvögeln bis zum Alter weniger Wochen fehlt er noch ganz. Die Vollmauser der Altvögel findet im Hochsommer und Frühherbst von Juli bis September zur Zeit der Zweitbruten statt. Die Schwingenmauser geht so rasch vor sich, dass die Vögel dabei nahezu flugunfähig werden können. – Sehr ähnlich ist das Sommergoldhähnchen (s. dort). Das Färbungsmuster am Kopf ist zwar bei den beiden Arten deutlich unterschiedlich und bei Feldbeobachtungen gut zu erkennen (siehe Fotos oben), wird aber bei einer Rupfung kaum jemals zu finden sein.

Mit wenig über 5 g Körpergewicht sind die beiden Goldhähnchen beide winzig und nach dem Gefieder schwer auseinander zu halten. Das helle basale Innenfeld der Armschwingen ist beim Wintergoldhähnchen gelblich getönt, beim Sommergoldhähnchen rein weiß. A6 und die Schirmfedern weisen beim Wintergoldhähnchen recht klar abgesetzte helle Spitzenflecke auf, beim Sommergoldhähnchen sind sie verschwommen und grau.

Wintergoldhähnchen

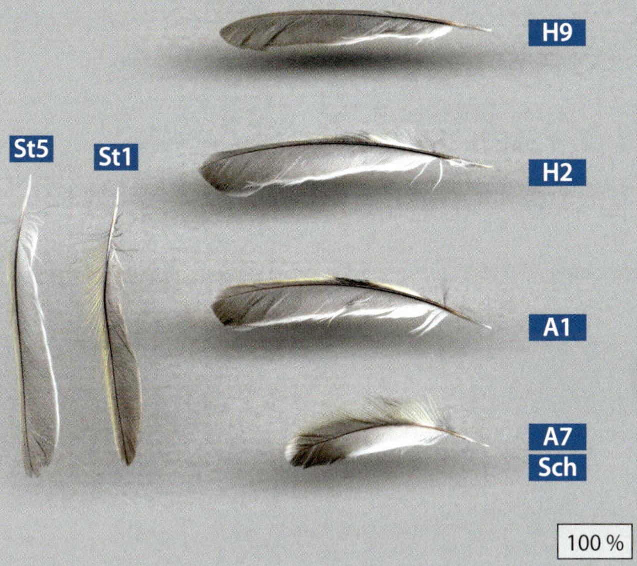

ad. ♂ 100 %

Wintergoldhähnchen sind wie die Zwillingsart Sommergoldhähnchen sowohl winzig als auch sehr rundflügelig. Am längsten im Flügel sind H6 bis 8.

Zaunkönig

Troglodytes troglodytes

Der Zaunkönig ist ein Jahresvogel des Waldes, kommt aber ebenso in Parks und größeren Gartenanlagen vor. Im Winter sucht er gerne die Nähe von Gewässern auf. Da er klein und getarnt gefärbt ist sowie die Deckung der Vegetation bewohnt, fällt er selten einem Sperber oder einem anderen Beutegreifer zum Opfer. Singende Vögel sind allerdings laut und exponieren sich oft auf hoher oder mittelhoher Warte im Baumbestand. Sie werden durch ihren extrem lauten Strophengesang auch auf größere Distanz auffällig. – Schwingen wie Steuerfedern sind durch geringe Größe, durch Färbung und Querbänderung gekennzeichnet. Die längsten **Handschwingen** (etwa H5 bis H7) haben eine Länge von 38 bis 48 mm, im Mittel 42 mm (n = 61). Nur die äußersten Handschwingen 9 und 10 sowie die Schirmfedern im Armflügel (A7 bis 9) sind deutlich kürzer. H5 bis 8 tragen eine Verengung der Außenfahne. Von einer Verengung der Innenfahne ist kaum etwas zu erkennen. Die Schwingen sind mehr oder weniger nach innen gebogen und außerdem gewölbt. Bei den Handschwingen ist die Außenfahne mit etwa neun hellen Querbändern versehen, die Bänderung verliert im Handflügel nach innen hin an Kontrast. Auch bei den **Armschwingen** begrenzt sich die Querbänderung auf die Außenfahne, ist aber insgesamt kontrastärmer als bei den äußeren Handschwingen H5 bis 9. Die Innenfahnen sind graubraun und unauffällig. Bei A6 und den Schirmfedern A7 bis 9 greift die hell-dunkle Bänderung auch auf die Innenfahne über. Der geschlossene Handflügel erscheint hell quer gebändert, der Armflügel dunkel quer gebändert. Die Mittleren Oberen Armdecken fallen bei manchen Individuen durch weiße Augenflecke an ihrer Spitze auf. Der Zaunkönig ist der mitteleuropäische Singvogel mit den kürzesten Schwanzfedern. Der Schwanz ist schwach gestuft: Die äußerste **Steuerfeder** ist mit etwa 30 mm Länge einige Millimeter kürzer als die innerste. Die längsten Steuerfedern messen 30 bis 41 mm, im Mittel 35 mm (n = 188). Die mittleren sind in der Spitze gerundet, die äußeren leicht zugespitzt. Alle Steuerfedern sind in der Außen- und Innenfahne durchgehend quergebändert. Es sind etwa zehn (acht bis zwölf) dunkelbraune Bänder, die sich vom hellbraunen Untergrund abheben und zur Federbasis hin schwächer werden. Die hellbraunen Zwischenbänder sind etwa genauso breit wie die dunklen Querbänder. Die Oberschwanzdecken sind auf warmbraunem Grund, die Unterschwanzdecken auf beigefarbenem Grund dunkel quergebändert. Die Unterschwanzdecken können weiße Spitzenflecke tragen. – Verwechselbare Federn gibt es nicht. Das gilt sowohl für die Größe als auch für das Färbungsmuster. Abgesehen von den Lappentauchern, denen reguläre Steuerfedern ganz fehlen, haben wenige weitere Vögel Mitteleuropas so kurze Schwanzfedern, die eine Länge von 50 mm nicht erreichen. Darunter sind Wachtel, Zwergsumpfhuhn und Seeregenpfeifer, die aber in diesem Buch nicht dargestellt werden. Die Schwingen und Steuerfedern der ebenfalls sehr kleinen Goldhähnchenarten und Laubsänger sind anders gestaltet, ihnen fehlt eine Querbänderung.

Die Federn sind wegen ihrer geringen Größe und ihrer dunklen Bänderung unverkennbar. Die meisten Hand- und Armschwingen sind etwa 40 mm lang und nach innen gebogen. Die Steuerfedern sind gerade gestreckt und nur wenig kürzer.

Der Vogel ist ausgesprochen rundflügelig. Das bedeutet, dass die Hand- wie auch die Armschwingen alle ungefähr die gleiche Länge haben, etwa 40 mm. H5 bis 7 als die längsten sind etwa gleich lang. Nur zur Handflügelspitze hin nehmen die Schwingen ab H8 stufig an Länge ab.

Kleiber

Sitta europaea

Der Kleiber klettert auf Bäumen, sucht dort seine Nahrung und brütet in Baumhöhlen und Nistkästen. Obwohl der Vogel in seiner Gesamterscheinung farbig wirkt, sind seine Schwingen und oberen Flügeldecken unscheinbar dunkel blaugrau. Von den einzelnen **Handschwingen** ist H6 mit 70 bis 80 mm (Mittel 75 mm, n = 91) die längste, ihre Nachbarn sind aber nur um Millimeterbeträge kürzer: H5 bis 8 sind in den Außenfahnen verengt. H10 ist mehr als 20 mm lang. Die Außenfahnen der Handschwingen sind fein hell gesäumt. Zudem bilden sie bei H(5) 6 bis 8 von oben kurz vor Beginn ihrer Verengung ein schwach graues helles Feld. Bei den inneren Handschwingen 1 bis 4 kann man an der Spitze bisweilen eine schwache verlaufende Aufhellung entdecken. Bei den äußeren Handschwingen 5 bis 10 setzt sich ein kleines Basisfeld auf Außen- und Innenfahne scharf begrenzt, leuchtend weiß und in schräger Linie vom übrigen pigmentierten Fahnenfeld ab. Von dem weißen Feld sieht man im geschlossenen Flügel nichts, es leuchtet aber an der Basis der Flügelunterseite auf, zusammen mit den unteren Handdecken. Die Schäfte sind dunkel und hellen sich erst in der Spule auf. Bei den **Armschwingen** hebt sich der Schaft schwarzbraun von den Fahnen ab. Die Schirmfedern sind durchgehend graublau. Sie bieten gleichwohl mehr Farbwirkung als die übrigen Schwingen. Sie sind aber nicht verlängert, sondern verkürzen sich ab A7. Im Gegensatz zu Spechten und Baumläufern verfügt der Kleiber nicht über einen speziellen Kletterschwanz mit Stützfunktion. Seine **Steuerfedern** sind normal geformt, weich und recht kurz. Sie bieten aber ein überraschend vielgestaltiges Färbungsmuster. Die mittlere Steuerfeder ist einheitlich graublau mit dunklem Schaft. Die übrigen St2 bis 6 sind anthrazitfarben mit speziellem Spitzenmuster. St2 und 3 haben nur eine dunkelgraue Spitze von 2 bis 3 mm Breite. Bei den restlichen drei Federn St4 bis 6 verbreitert sich die graue Spitze und wird auf der Innenfahne durch ein annähernd quadratisches weißes Feld begrenzt, das bis an den Schaft heranreicht. Bei St6 setzt sich dieses Feld basalwärts verschoben und ausgeweitet auch auf der Außenfahne fort. Der Schaft läuft dunkel durch das weiße Feld. Die Federn sind einheitlich etwa 50 mm lang, mit abgerundeter, in frischem Zustand etwas ausgezogener Spitze. Die mittlere St1 ist ein wenig verkürzt. Die längste misst 45 bis 54 mm, im Mittel 49,9 mm (n = 356). Das bunteste Muster bieten die Unterschwanzdecken. Die Spitze bildet ein weißlicher Keilfleck, der seitlich beim Männchen kräftig braun, beim Weibchen blass bräunlich eingefasst ist. In der Mitte der Innenfahne schmiegt sich ein graues Feld an den Schaft, erreicht aber nicht den Fahnensaum. Die dunige Federbasis ist ebenfalls grau. Die Flankenfedern sind beim Männchen kräftig kastanienbraun, beim Weibchen blass rotbraun, auch schon im Jugendkleid.

Die Flügelfedern des Kleibers sind im Vergleich zu denen des Mauerläufers recht schlicht mit Ausnahme eines weißen Feldes in der Basis der äußeren Handschwingen. Die Schäfte heben sich auffallend dunkel von den grauen Fahnen ab, was bei den Armschwingen noch etwas stärker ausgeprägt ist als bei den Handschwingen. Die äußeren Steuerfedern sind mehrteilig gemustert, St1 dagegen einfach grau. Auffallend sind auch die Unteren Schwanzdecken USD, bei denen sich zwischen die graue Basis und die weißliche Spitze ein leuchtend braunes Pigmentfeld schiebt.

Der Flügel ist ausgesprochen rund geschnitten. Die Vögel sind als Teilzieher nicht auf größere Wanderungen angewiesen.

Gartenbaumläufer

Certhia brachydactyla

Der Gartenbaumläufer hat eine ähnliche Biologie wie der nahe verwandte Waldbaumläufer, bewohnt aber eher lichte parkartige Laubbaumbestände wie Parks und Obstgärten. Er hält sich auch an Gebäuden auf, wo er Nischen und Untergrund aus Holz findet. Das Gefieder ist bei beiden Arten äußerst ähnlich, man wird in vielen Fällen Federfunde nicht bestimmen können. Beim Gartenbaumläufer sind unter den einzeln betrachteten **Handschwingen** H5 und 6 am längsten und untereinander so gut wie gleich lang (jeweils längste 52 bis 59 mm, Mittel 56 mm, n = 62). H7 ist eine Winzigkeit kürzer. H10 ist mit mehr als 20 mm immer noch recht lang. Die große Alulaschwinge hat in der Regel einen hellen Außensaum, der beim Waldbaumläufer fehlt oder nur angedeutet ist. Das auffallende beigefarbige Querband in der Mitte der inneren Handschwingen verlischt meist in H6 und erreicht H7 im typischen Fall gar nicht mehr. Während die Spitzen der Handschwingen H1 bis 4 beim Waldbaumläufer einen hellen Saum tragen, findet sich dort beim Gartenbaumläufer meist nur ein kleiner, dreieckiger Spitzenfleck. In den **Armschwingen** setzt sich das beigefarbene Querband fort, schwächt sich aber in A6 schon etwas ab. Die Schirmfedern sind in der Außenfahne bunt gemustert, ebenso die Großen Oberen Armdecken, die Innenfahne ist schlicht grau. Die **Steuerfedern** sind wie bei der Schwesternart stark gestuft und in der Mitte zugespitzt. St1 erreicht im frischen Zustand eine Länge von durchschnittlich 65 mm und variiert zwischen 59 und 71 mm (n = 86). Die äußerste Steuerfeder kann 8 bis 15 mm kürzer sein als St1. Im abgenutzten Zustand verringern sich die Werte von St1, unter Umständen um bis zu 18 mm. Der Schaft der mittleren Steuerfeder ist beim Gartenbaumläufer oft unauffällig bräunlich, beim Waldbaumläufer in der Tendenz heller als die Fahnen. Wenn man die Kralle der Hinterzehe messen kann, so findet man beim Gartenbaumläufer die kürzeren Maße, doch gibt es Überlappung in der Variationsbreite mit dem Waldbaumläufer. Beim Gartenbaumläufer ist die Hinterkralle kürzer als die Hinterzehe. – Der Ersatz der Steuerfedern bei der Mauser folgt bei beiden Arten einem spechtartigen Muster: Erst wenn St2 bis 6 erneuert sind, folgt St1. – Baumläuferfedern, sowohl die Schwingen als auch die Steuerfedern, sind als solche leicht zu erkennen, die beiden Arten aber schwer auseinanderzuhalten. Hier kommt es auf eine Reihe von Feinmerkmalen an, die hier nochmals kurz zusammengefasst werden: Die große Alulaschwinge ist beim Gartenbaumläufer an der Außenfahne meist hell gesäumt, beim Waldbaumläufer hat sie im typischen Fall nur eine helle Spitze. Umgekehrt haben die inneren Handschwingen beim Waldbaumläufer helle Spitzensäume, beim Gartenbaumläufer nur helle Spitzenfelder. Es gibt weitere Feinmerkmale. Wenn nicht alle Merkmale in die gleiche Richtung weisen, ist die Bestimmung nicht möglich. Das wird in vielen Fällen so zutreffen. – Im Freiland sind die beiden Arten am besten an ihren Gesängen und den Rufen zu unterscheiden.

Die entsprechenden Federn der beiden Baumläuferarten sind einander äußerst ähnlich. Das helle Flügelband erreicht aber beim Gartenbaumläufer meist nicht H7 und ist schon bei H6 schwach. Die basisnahe Abgrenzung des hellen Bandes in der Außenfahne der meisten Schwingen ist nicht abgerundet, sondern schräg ausgezogen. Im Einzelnen sind die Artentexte und weitere Literatur hinzuzuziehen.

Der Gartenbaumläufer ist Standvogel und daher rundflügelig. Am längsten im Flügel ist H6 oder H7. H7 sollte bei dieser Art kein helles Band haben. Hier ist es schwach ausgeprägt.

Star

Sturnus vulgaris

Der Star ist ein häufiger Teilzieher mit Brutvorkommen in Siedlungen, Gärten, Parks und Wäldern, sofern Bruthöhlen vorhanden sind. Außerhalb der Brutzeit tritt er in Scharen auf. – H8 ist mit 89 bis 116 mm (Mittel 109 mm, n = 86) die längste einzelne **Handschwinge**, H9 ist wenig kürzer, dann kommt H7. H10 ist schmal und spitz und mit etwa 20 mm kürzer als die äußerste Handdecke. Außenfahnenverengungen sind nur schwach an H7 und 8, Innenfahnenverengungen an (H7) H8 und 9 ausgebildet. Die Schwingen sind durchweg dunkelgraubraun, die Innenfahnen etwas aufgehellt. Die Spitzen heben sich dunkler ab und tragen auf ihrer Oberseite einen mattgrau schimmernden Fleck, der nur bei H8 und 9 fehlt. Die Außenfahnen aller Handschwingen sind mit einem schmalen, hell ockerfarbenen und scharf dunkel abgegrenzten Saum geziert. Die **Armschwingen** des Altvogels sind im Verhältnis zu den Handschwingen breit und kurz. Sie sind gerundet zweispitzig, wobei die Spitze der Innenfahne etwas überragt. Sie sind dunkelgraubraun bis schwarzbraun und an ihrer Außenfahne ockerfarben gesäumt. Dieser Saum wird durch einen mehrere Millimeter breiten schwarzen Kontraststreif begleitet, der ungefähr die Hälfte der Außenfahne einnimmt. Dieser Streif trägt grünlichen oder bläulichen Glanz. Er zieht sich bei den drei Schirmfedern tiefschwarz um die Federspitze herum. Die Schäfte der Schwingen heben sich in der Spitzenhälfte dunkel von den Fahnen ab. Die Großen Oberen Armdecken sind an der Außenfahne ebenfalls hellocker schmal gerandet, und diese Säume erreichen auch die Federspitze. Die Mittleren und Kleinen Oberen Armdecken haben sämtlich blaugrünen Glanz und ockerfarbene Endsäume. Alle Flügelsäume können sich im Prachtkleid verschmälern oder ganz verschwinden, sodass nur die Glanzzonen nach außen sichtbar bleiben (Glanzstar). Der Schwanz ist fast gerade abgeschnitten, nur St1 ist einige Millimeter kürzer als die folgenden **Steuerfedern**. Diese sind relativ kurz und breit, mit Ausnahme der etwas schlankeren St6. Die längsten erreichen bei Altvögeln einen Mittelwert von 71,5 mm Länge, variieren aber zwischen 62 und 78 mm (n = 993). Die Steuerfedern des Altvogels sind wie das übrige Gefieder schwarz, aber schmal ockerfarbig gesäumt, besonders an den Außenfahnen der äußeren Steuerfedern, bei St1 auch innen. Diese Säume sind an den Außenfahnen noch zusätzlich durch einen schmalen schwarzen Streifen kontrastiert. Die Oberschwanzdecken sind schwarz mit blaugrünem Glanz, an beiden Fahnen breit ockerfarbig gesäumt. Die langen Unterschwanzdecken sind mattschwarz, ohne Glanz und weisen die gleichen, aber etwas helleren und breiteren Randsäume auf wie die Oberschwanzdecken. Das **Jugendkleid** ist durchgehend hellgraubraun und ohne Glanz. So sind die Steuerfedern einfach nur eintönig aschgraubraun. Wie Grauammer, Sperlinge und Lerchen tauschen auch Stare ihr Jugendkleid noch im ersten Sommer gegen das erste Alterskleid ein und sind vom Herbst an nicht mehr von den Altvögeln unterscheidbar.

Die Tafel zeigt Federn eines Altvogels aus dem Mai. Bezeichnend sind hier der blaugrüne Metallglanz und die beigefarbenen Säume. Die Steuerfedern sind relativ kurz und breit. Bei einer Deckfeder der Körperunterseite ist die helle Spitze bereits abgenutzt, sodass der Vogel im Prachtkleid auftritt. St6 des Jugendkleides ist braun, ohne Glanz und ohne Säume.

Der Vogel wirkt im Flug spitzflügelig. Im Flügelverband sind die im Text genannten Relationen der einzelnen Handschwingen verschoben und H9 ist am längsten, dann folgen H8 und 7.

Amsel

Turdus merula

Die Amsel ist bei uns einer der häufigsten Vögel. In Deutschland allein kann man mit etwa 7,35 bis 8,9 Millionen Revieren rechnen. Regional haben sie durch die Infektion mit dem Usutuvirus vorübergehend drastisch abgenommen. Die Art ist noch stärker in den Siedlungen vertreten als in ihrem ursprünglichen Lebensraum im Wald. – Die längste einzelne **Handschwinge** ist H5. Bei einer mittleren Länge von 110 mm variiert sie zwischen 99 und 122 mm (n = 248). H10 kann fast 30 mm Länge erreichen, und ihre Spitze liegt im kompletten Flügel auf der Höhe derjenigen der längsten oberen Handdecken. H5 bis 8 weisen Verengungen der Außenfahne auf. Amseln als Schwarzdrosseln sind selten richtig schwarz. Tiefschwarze Töne hat das frische Gefieder alter Männchen, bei jungen Männchen, bei den Weibchen und im ausgeblichenen Kleid alter Männchen herrschen dunkel- bis schwarzbraune Farbgebungen vor. In nicht ganz seltenen Fällen treten besonders bei Stadtamseln einzelne weiße Federn oder Gefiederpartien auf, die möglicherweise auf Mangelernährung beruhen, aber bei einer Mauser wieder verschwinden können. Die **Armschwingen** sind unauffällig geformt, die äußeren an der Spitze nur wenig eingebuchtet. Sie weisen wie die Handschwingen kaum eine Aufhellung der Innenfahne auf. Die Schäfte heben sich immerhin noch schwarz von den Fahnen ab. Die **Steuerfedern** haben das dichtere Schwarz im Vergleich zu den Schwingen. Hier heben sich die Schäfte farblich auch nicht von den Fahnen ab. Das Pigment (Melanin) kann sogar bis in die Spulen hineinreichen. Die längsten Steuerfedern sind 87 bis 130 mm lang, im Mittel 113 mm (n = 2481); die äußeren sind etwas kürzer als die längste (meist St3 oder 4). Während bei den anderen Drosselarten die Steuerfedern der Jungvögel auffallend spitz ausgezogen sind, ist das bei der Amsel nicht immer ausgeprägt. Allerdings sind sie meist schmaler als bei Altvögeln. Auch Altvögel haben feine Spitzchen an den Steuerfedern, die aber durch Abnutzung im Frühjahr fehlen können. Doch gibt es bei den Jungamseln nach der sommerlichen Teilmauser oft eine Mausergrenze in den Großen Oberen Armdecken, meist bei der 3. bis 5. Decke. Die inneren erneuerten sind beim Männchen ganz schwarz, die äußeren mehr bräunlich mit schwachen hellen Spitzenflecken; beim Weibchen sind die neuen olivschwarzbraun. – Die Oberschwanzdecken sind ein wenig dunkler als die Unterschwanzdecken. Wie bei dem gesamten Kleingefieder ist der basale Dunenteil dunkelgrau und damit heller als die Fahnen.

Die Wacholderdrossel (s. dort) hat ebenfalls schwarze Steuerfedern, aber mit Unterschieden. Die Steuerfedern des Stars sind kürzer, hell gesäumt und anders geformt. Bei der Dohle sind sie schwarz glänzend, meist länger als bei der Amsel und verfügen über einen auffallenden Geruch.

Das Gefieder ist das eines alten Männchens von Korsika. Die Großen Oberen Armdecken GOAD stammen von einem Jungvogel und zeigen eine Mausergrenze: Nr. 6 ist jugendlich und braun mit Spitzenfleck, Nr. 7 ist gemausert und fast schwarz. Der komplette Flügel unten ist gegenüber den Weibchenfedern tiefschwarz gefärbt und geht auf ein Männchen zurück. Hier sind auch sehr gut die Fahnenverengungen in den Handschwingen zu erkennen, was mit dem runden Flügelschnitt übereinstimmt.

Der Amselflügel ist rund geschnitten. Im kompletten Flügel sind H6/H7 am längsten.

Wacholderdrossel

Turdus pilaris

Wacholderdrosseln sind Kurzstreckenzieher, die als Wintergäste in großen Scharen auftreten können und sich dann von Beeren und anderen Früchten ernähren. Im Frühjahr beginnen sie mit dem Nestbau, bevor die Bäume belaubt sind. Das führt zu Feinddruck auf die Gelege. Dem Feinddruck wirkt das kolonieartige Brüten der Vögel entgegen, die die Feinde mit gemeinschaftlichen Kotattacken abwehren können. – Bei den einzelnen **Handschwingen** ist H7 etwa 1 bis 2 mm länger als H8 und erreicht 113 bis 134 mm (Mittel 123 mm, n = 190). Nur H6 bis 8 verfügen über eine Außenfahnenverengung, H(6) 7 bis 9 über eine Verengung der Innenfahne. H10 ist kürzer als die meisten oberen Handdecken, mit 23 bis 26 mm nur wenig länger als HD9. Alle Hand- und Armschwingen sind im frischen Jugendgefieder außen und innen mit feinen hellen Säumen versehen. Alle inneren Handschwingen bis H7 (8) fallen mit einem etwa 1 cm langen, weißen dunigen Feld an der Basis der Außenfahne (vor allem bei Jungvögeln) sowie mit einem etwas längeren Feld am basalen Saum der Innenfahne auf. Auch die Oberen Handdecken haben ein weißes Innenfahnenfeld. Ferner weisen die Außenfahnen breite schmutzig braune Säume auf, ein wenig heller als die übrige Fahne. Die Schäfte der Handschwingen laufen von der Spule her hell in die Basis der Fahnen hinein, ehe sie sich an die dunkle Fahnenfärbung anpassen. Die äußeren **Armschwingen** können bis A4 das helle Feld in der Innenfahne fortsetzen, danach sind die Armschwingen einheitlich düster graubraunoliv, wobei die Innenfahnen sich etwas heller abheben und die Schäfte mit ihrem Umfeld dunkel kontrastieren. Die schmutzig braunen Säume der Außenfahnen dehnen sich beinahe bis zum Schaft aus. Die Großen Oberen Armdecken enden beim Jungvogel mit einem weißen Spitzensaum oder Spitzenfleck, den man auch am Ende der Schirmfedern findet. Während der Jugendmauser wird ein innerer Teil der Decken erneuert, denen dann der helle Saum fehlt. Dabei entsteht eine Mausergrenze, die im Frühjahr des zweiten Kalenderjahres noch sichtbar sein kann. Sowohl die Großen als auch die ihnen ebenbürtigen Mittleren Unteren Armflügeldecken sind blendend weiß mit dunkler Basis. Die längsten **Steuerfedern** St3 und 4 sind mit 99 bis 128 mm, im Mittel 113 mm (n = 708), genauso lang wie die der Amsel. Die innersten und die äußeren sind wenige Millimeter kürzer. Sie sind fast schwarz und nur an der Basis mäßig grau aufgehellt. Die mittleren Steuerfedern haben eine schwache bräunliche Tönung auf beiden Fahnen. St6 ist ringsum fein hell gesäumt, der Saum verbreitert sich an der Spitze, er kann hier sogar die Andeutung eines grauen Keilflecks bilden. Beim Jungvogel sind die Enden zu feinen Spitzen ausgezogen. Die Oberschwanzdecken sind grau. Die Unterschwanzdecken sind in der Spitze reinweiß. Dieses Weiß zieht sich schmaler werdend als Schaftstrich entlang des weißen Schaftes bis an den dunkelgrauen Basisteil der Feder heran, auf beiden Seiten begleitet von dunkelgrauen bohnenförmigen Feldern.

Die Federn der Wacholderdrossel sind größer und dunkler als die von Singdrossel und Rotdrossel. In der Außensteuerfeder fehlt die angedeutete helle Zeichnung, wie man sie bei der größeren Misteldrossel (nicht dargestellt) findet. Bezeichnend ist das Kleingefieder mit der Unterschwanzdecke USD und der bunten Flankendecke.

Der Schnitt des Handflügels ist relativ spitz mit nur drei außen verengten Handschwingenspitzen (Amsel vier, Ringdrossel zwei). Im kompletten Flügel ist H8 am längsten, dann folgen H7, H9 und H6. H8 und 7 können auch gleich lang sein.

Rotdrossel

Turdus iliacus

Die Rotdrossel ist bei uns ein regelmäßiger und häufiger Durchzügler und Wintergast. Sie brütet nicht regelmäßig bei uns. Sie ist unter den Drosseln die kleinste Art, ist aber im Gefieder kaum kleiner als die Singdrossel. Unter den **Handschwingen** sind H7 und 8 am längsten, 6 und 9 nur wenig kürzer. Die längste variiert bei einem Mittelwert von 100 mm zwischen 91 und 107 mm (n = 86). H6 bis 8 weisen kräftige Außenfahnenverengungen auf, H7 bis 9 schwächere Verengungen der Innenfahnen. H10 ist mit einer Länge von etwa 20 mm klein, überragt aber die äußerste obere Handdecke HD9. Die Färbung der Handschwingen ist recht einheitlich graubraun, die Innenfahnen sind im basalen Teil nur schwach und ohne deutliche Abgrenzung aufgehellt. Ihre Säume erreichen den Schaft erst in der Basis der Feder. Sie weisen eine geringe gelbliche Tönung auf. Die unteren Handdecken sind ebenso wie die Armdecken roströtlich gefärbt mit dunkler zur Basis hin breiterer Kernzone. Das Gleiche gilt für die **Armschwingen** und ihre Decken. Bei diesjährigen und vorjährigen Jungvögeln bis zur Vollmauser finden sich in den Großen Oberen Armdecken meist Mausergrenzen: Die (äußeren) jugendlichen Federn haben helle Spitzenflecke, die erneuerten inneren Federn nur einen schwachen hellen Endsaum. Entsprechendes gilt für die Schirmfedern 8 und 9, während A7 ohne den hellen Endfleck ist. Am auffälligsten am Armflügel sind die unteren Flügeldecken mit ihrer durchgehend roströtlichen Färbung, die mit der farbkräftigeren Flankenfärbung korrespondiert. Dies wirkt sich deutlich im Flugbild aus (siehe unten). Die größten **Steuerfedern** haben eine Länge von 78 bis 99 mm, im Mittel 87,5 mm (n = 745). Der Schwanz ist schwach gegabelt, sodass die äußeren Steuerfedern länger sind als die inneren und St1 am kürzesten. Die Färbung ist dunkel bräunlich grau, die Schäfte heben sich oberseits nicht ab, sind aber auf der Unterseite hell. Die Fahnen sind nur an der Basis schwach aufgehellt. Die Federspitzen sind schwach hell gesäumt, bei den beiden äußersten sind jedoch die Spitzensäume besonders an der Innenfahne etwa 1 mm breit. Die Oberschwanzdecken sind unauffällig graubraun, die Unterschwanzdecken aber auffallend mit einer hellen Spitze, die sich schmäler werdend weit den Schaft entlang bis zur Fahnenbasis zieht, begleitet von zwei basalen bohnenförmigen mattgrauen Pigmentfeldern. Bei den diesjährigen Jungvögeln sind die Steuerfedern schlanker, ihre Spitzen schärfer zugespitzt als bei den Alten. Das gilt auch noch im nachfolgenden Frühjahr. – Bei den großen Arten Mistel- und Wacholderdrossel sind die Unterflügeldecken weiß, bei der kleinen Singdrossel rostbeige, bei der Rotdrossel rostrot, bei der Amsel dunkel graubraun. Die Rotdrossel zieht nächtlich zugleich mit der Singdrossel; beide Arten fallen dann durch ihre arttypischen Zugrufe auf. Tagsüber rasten sie, um Beeren und andere Früchte zu fressen oder bei offenem Wetter auf Grünland gruppenweise Nahrung zu suchen. Durch ihren nächtlichen Zug laufen sie Gefahr, an beleuchteten Glasfronten, Stromleitungen und anderen Hindernissen zu verunglücken.

Die Federn der Rotdrossel stammen von einem jungen Weibchen. Sie sind dunkel graubraun. Die Schirmfeder und die Große Obere Armdecke GOAD enden in einem hellen Spitzenfleck. An den Spitzen der Steuerfedern kann man ebenfalls das jugendliche Alter erkennen. Die rötliche Untere Armdecke UAD ist arttypisch. Die zweifarbige Unterschwanzdecke USD gibt es auch bei anderen Drosseln.

Die Flügel der Rotdrossel sind spitzer geschnitten als die von Amsel und Singdrossel.

Singdrossel

Turdus philomelos

Singdrosseln sind verbreitet und häufig als Sommer- und Brutvögel, ebenfalls sehr häufige Durchzügler. In wintermilden Gebieten überwintern sie auch in Mitteleuropa. – Die Singdrossel ist die kleinste der bei uns brütenden Drosseln der Gattung. Sie ist an der Unterseite gelblich, an den Unterflügeln rostbeige gefärbt. Unter den einzelnen **Handschwingen** ist H7 mit 89 bis 110 mm (Mittel 99 mm, n = 207) am längsten, H6 und 8 sind nur um Millimeter kürzer. H6 bis 8 haben eine deutliche Verengung der Außenfahne, bei H7 bis 9 ist eine Verengung auch an den Innenfahnen erkennbar. H10 ist mit etwa 20 mm recht klein, etwa genauso lang wie HD9. Die Außenfahnen der Handschwingen und die Spitzenhälfte der Innenfahnen sind graubraun mit Ausnahme feiner Randsäume an der Außenfahne von H9 und der verengten Spitzen der nachfolgenden H8 bis 6. Die basale Hälfte der Innenfahnen ist ohne klare Abgrenzung matt orangefarben aufgehellt. Diese Aufhellung wird in den Handschwingen nach außen hin mehr grauorange und bei H9 ganz grau. Der schwarzbraune Schaft hebt sich daher bei den inneren Handschwingen in der Basis deutlicher von den Fahnen ab als außen. Die unteren Handdecken haben rostfarbene Spitzen. Ähnlich sind die Farbverhältnisse bei den **Armschwingen**. Hier schwächt sich das Orange der Innenfahne etwa mit A5 ab und weicht einem Grau bei den drei Schirmfedern. Die Großen Oberen Armdecken tragen beim Jungvogel orangefarbene Spitzenflecke, ebenso die Mittleren Oberen Armdecken. Wenn bei der Jugendmauser der innere Teil dieser Decken gegen längere mit schwachen Endsäumen ausgetauscht wird, entsteht eine Mausergrenze, die bis ins 2. Kalenderjahr für die Altersbestimmung des Vogels benutzt wird. Altvögel haben keine solche Mausergrenze. Die unteren Armdecken sind rostbeige, was sich zur Schulter hin verstärkt, gegen die Flügelspitze hin jedoch abschwächt. Die **Steuerfedern** sind alle ungefähr gleich lang, die längsten (St2 bis St5) messen 77 bis 100 mm, im Mittel etwa 89 mm (n = 1584). St1 und St6 sind um wenige Millimeter kürzer als die übrigen. Sie sind von der Oberseite her oliv- bis dunkelgraubraun. Ihre Unterseite wirkt viel heller, der Schaft hebt sich hier weißlich von den Fahnen ab. Beim Jungvogel bis ins zweite Kalenderjahr ist die Federspitze fein ausgezogen und schwach weißlich gesäumt, beim Altvogel immer noch etwas zugespitzt. Die Oberschwanzdecken sind unscheinbar olivgraubraun wie die gesamte Oberseite des Vogels, die Fahnen der Unterschwanzdecken dagegen weißlich bis mattgelb mit einem basalen grauen Pigmentfeld am Rand einer oder beider Fahnen. – Die Vollmauser der Altvögel findet im Hoch- und Spätsommer statt. Die gleichzeitige Mauser der Jungvögel ist eine Teilmauser, bei der neben dem Körpergefieder auch ein Teil der Großen Oberen Armdecken wird, seltener Schirm- und Steuerfedern.

Die Singdrossel ist nur wenig größer als die Rotdrossel. Bezeichnend ist die rostbeige Färbung der Unterflügeldecken und der Innenfahnen der Schwingen. In der Abbildung sind Federn eines jungen Weibchens aus dem Juni dargestellt. Das Alter zeigt sich u. a. in den zugespitzten Steuerfedern, aber vor allem auch in den hellen Spitzenflecken der Großen Oberen Armdecken und weiterer Federn des Oberflügels (s. auch Foto oben), die aber teilweise im ersten Sommer gemausert werden.

Singdrossel

Der Flügel der Singdrossel ist spitzer als bei der Amsel. Im Vergleich sind die Handschwingen in ihren Spitzen nicht so schlank geschnitten wie bei der Rotdrossel. Die ausgeprägte Fleckung der Armflügeldecken ist typisch für das Jugendkleid.

Grauschnäpper

Muscicapa striata

Das Gefieder des Grauschnäppers ist unansehnlich graubraun. Bei uns hält er sich in lichten Wäldern sowie in offenen Landschaften mit Gehölzen auf, scheut auch nicht licht bebaute Ortschaftsteile. Bei den einzelnen **Handschwingen** sind H7 und 8 am längsten (66 bis 80 mm, im Mittel 75 mm, n = 63), doch stehen ihnen H6 und 9 nur um wenige Millimeter nach. H(6) 7 und 8 haben eine Außenfahnenverengung, H7 bis 9 eine Verengung der Innenfahne. H10 ist länger als die kurze HD9. Die Federn sind graubraun, sie tragen aber einen weißlichen bis beigefarbenen Innenfahnensaum von etwa 2 mm Breite, der bei den äußeren Handschwingen nur schwach entwickelt ist und an der Verengung endet. Bei allen Schwingen heben sich die Schäfte schwarzbraun von den graubraunen Fahnen ab, sowohl auf der Ober- als auch auf der Unterseite und mehr an der Basis als an der Spitze und mehr bei den inneren als den äußeren Handschwingen. Die **Armschwingen** sind ebenso ausgestattet wie die Handschwingen, die Außenfahnen und die Federspitzen sind schwach weißlich gesäumt, bei den Schirmfedern sind die Säume breiter. Die unteren Flügeldecken sind hellbeige. Bei den **Steuerfedern** ist meist die äußerste St6 mit etwa 66 mm am längsten (Variation zwischen 59 und 70 mm, n = 168). Der Schwanz ist leicht eingebuchtet, sodass die innerste Steuerfeder am kürzesten ist. Die Steuerfedern sind sämtlich am Ende abgerundet und einfarbig graubraun, zur Basis hin nur schwach aufgehellt. Die Außenfahnen sind in der Basishälfte strahlig aufgelöst, am wenigsten bei St6. Die Unterschwanzdecken können ungleichmäßig braun-weiß gemustert oder ganz hell sein. Beim diesjährigen **Jungvogel**, der im ersten vollständigen Federkleid viel lebhafter gezeichnet ist als die Altvögel, sind die inneren Armschwingen und besonders die Schirmfedern an den Außenfahnen und Spitzen kräftig hellbeige oder hellbräunlich gesäumt. Die Großen Oberen Armdecken haben in der gleichen Farbgebung dreieckige Spitzenflecke an den Außenfahnen, die bis zum Wegzug und darüber hinaus erhalten bleiben können. In den Mittleren Oberen Armdecken, in den Oberschwanzdecken und im Kleingefieder der Oberseite sind diese Flecke noch auffälliger.

Die Vollmauser der Altvögel und ebenso eine der Jungen finden im Winterquartier statt. Während die Erneuerung der Steuerfedern bei fast allen anderen Vögeln zentrifugal, das heißt von innen nach außen vor sich geht, verläuft sie beim Grauschnäpper aus unverstandenen Gründen umgekehrt. Ebenso werden die Handschwingen anders als bei anderen Vogelarten aszendent erneuert, das heißt von außen nach innen. Das ist meist schon alles abgeschlossen, wenn die Vögel aus Afrika zurückkehren. – Da sie ähnlich wie Rotkehlchen Insekten oft nahe am Boden und über Straßen fangen, werden sie manchmal zu Opfern des Straßenverkehrs.

Der Grauschnäpper trägt zwar den wissenschaftlichen Namen *Muscicapa* (= Fliegenschnäpper) und gibt auch der gesamten Verwandtschaft den Familiennamen Muscicapidae, ist aber nicht näher mit den anderen Fliegenschnäppern der Gattung *Ficedula* verwandt. Das zeigt sich auch in der merkwürdigen Mauser (s. o.) und in dem völlig unscheinbaren Gesang.

Die Grauschnäpper-Federn sind die eines Altvogels, nur die hell gesäumte A7 jung ist von einem diesjährigen Jungvogel. Ansonsten sind Groß- und Kleingefieder unscheinbar.

Der Flügel wirkt mäßig spitz geschnitten, obwohl die Art ein Insekten fressender Langstreckenzieher ist, der selbst in Südeuropa nur selten überwinternd angetroffen wird. Möglicherweise hängt der Flügelschnitt auch mit der Ernährungsweise zusammen, die wendige Fangflüge beinhaltet.

Rotkehlchen

Erithacus rubecula

Rotkehlchen sind die den meisten Menschen bekannten Singvögel. Sie halten sich oft in Menschennähe in Gärten auf. Sie sind das ganze Jahr über bei uns vertreten und fallen durch herbstliche und winterliche Gesänge auf, wobei auch die Weibchen beteiligt sind. – Das Großgefieder des Altvogels ist einheitlich olivbraun, die Federn sind aber von der Unterseite her schwach glänzend rostbraun. H6 als längste **Handschwinge** ist 60 bis 71 mm lang, im Mittel 64 mm (n = 117). Die Handschwingen 5 bis 8 haben eine ausgeprägte Außenfahnenverengung, bei H6 bis 8 (9) ist auch die Innenfahne verengt. Während die Schäfte oberseits dunkelbraun sind, heben sie sich auf der Federunterseite hell ab. Ein feiner heller Saum begrenzt die Außenfahnen, bei den Innenfahnen fällt ein breiterer, schwach getönter Saum nur bei den inneren Handschwingen auf. Dieser Innensaum setzt sich bei den **Armschwingen** fort. Nur die Schirmfedern verfügen nicht darüber. Die Großen Oberen Armdecken sind beim Altvogel ohne helle Spitzenflecke oder haben nur sehr kleine auf der Außenfahne. Die **Steuerfedern** sind dunkelbraun, doch fallen lehmbraune Töne auf den Außenfahnen und der Unterseite der Federn auf. Die Steuerfedern im mittleren Bereich (St2 bis 5) variieren in der Länge bei einem Durchschnitt der längsten von 63 mm (Streuung 52 bis 70 mm, n = 422) nur wenig, St1 und 6 sind jedoch meist 1 bis 3 mm kürzer als die längste. Der Name Rotkehlchen trifft nicht zu. Gesicht, Kehle und Brust sind im Alterskleid orangefarben.

Jugendkleid: Blass rostfarbene dreieckige Spitzenflecke zieren alle zehn Großen Oberen Armdecken, sodass im Flug eine helle Flügelbinde entsteht. Auch in den Mittleren und Kleinen Oberen Armdecken sind solche Flecke verteilt. Die inneren Armschwingen, besonders die Schirmfedern, sind mit ähnlichen, aber kleineren rostfarbenen Spitzenflecken oder Endsäumen verziert. Die Steuerfedern sind fein zugespitzt. Das Kleingefieder

der Unterseite ist rostfarben mit dunklen Endsäumen. Bei der jugendlichen Teilmauser wird das Kleingefieder ausgetauscht: Erst dann werden Gesicht, Kehle und Brust rostfarben. In den Großen Oberen Armdecken bleibt meist bei der 4. bis 7. eine Mausergrenze: Außen die alten Decken mit großen hellen Spitzenflecken, innen neue mit kleinen oder ohne Spitzenflecken. Dieses Muster hält sich bis zur Vollmauser im Folgejahr und wird dann abgeschwächt. Ausgefärbte Rotkehlchen sind durch orangefarbenes Gesicht, Kehle und Brust ganz unverwechselbar. Der hierzulande seltene Zwergschnäpper weist nur beim alten Männchen einen hellroten Brustlatz auf, außerdem trägt er weiße Felder seitlich im Schwanz.

Rotkehlchen sind bei uns häufige Vögel. Da sie bodennah leben und brüten und auch vielfach ihre Nahrung am Boden suchen, laufen sie vielfach Gefahr, dem Straßenverkehr zum Opfer zu fallen.

Wenn man die orangeroten Federn von Kehle und Brust des ausgefärbten Rotkehlchens nicht zur Verfügung hat, ist eine Rupfung dieser Art schwer zu bestimmen. Das Großgefieder ist einheitlich olivbraun, von der Unterseite aber rostig braun mit schwachem Glanz. Im Jugendkleid tragen die Großen Oberen Armdecken auffallende helle Endflecke. Anfangs stehen auch an der Stelle der orangeroten Brustfedern dünne, fast farblose Decken mit dunklen Endsäumen.

Rotkehlchen

Rotkehlchen sind Teilzieher und Standvögel und warten daher mit einem ausgesprochen gerundeten Flügelprofil auf. Hier der Flügel eines Jungvogels, nach den ausgeprägten Flecken an den Flügeldecken.

Sprosser

Luscinia luscinia

Der Sprosser ist bei uns ein Sommervogel, der als Langstreckenzieher im südlichen Afrika überwintert. Er vertritt die Nachtigall im Osten Europas, beginnend in Ostdeutschland, an der Elbe und im östlichen Schleswig-Holstein nordwärts. Der Flügel des Sprossers ist spitzer geschnitten als der der Nachtigall. Von den einzelnen **Handschwingen** ist H8 mit 70 bis 81 mm (Mittel 75 mm, n = 51) am längsten, H9 ist ungefähr so lang wie H7. Eine Außenfahnenverengung ist nur bei H8 vorhanden. H10 ist kürzer als die Großen Oberen Handdecken. Sie erreicht durchschnittlich eine Länge von 14,8 mm (12,5 bis 17,5 mm, n = 14). Dies ist ein brauchbares Unterscheidungsmerkmal, wenn man den ganzen Flügel zur Verfügung hat. Die **Armschwingen** sind unauffällig und entsprechen im Färbungsmuster denjenigen der Nachtigall. Die längste Schirmfeder A7 ist knapp so lang wie ihre Nachbarin A6. Die **Steuerfedern** sind durchgehend schmutzig rotbraun und damit dunkler als bei der Nachtigall. Sie haben eine durchschnittliche maximale Länge von 72 mm, dieser Wert variiert zwischen 65 und 78 mm (n = 105). Ihre Länge nimmt im Schwanz von innen nach außen um etwa 5 mm ab. Die Unterschwanzdecken sind meist wolkig gefleckt. – Die Altvögel erneuern noch im Brutgebiet ihr ganzes Gefieder in großer Eile und schließen die Mauser vor Beginn des Wegzuges ab. Sie sind während der intensivsten Mauserphase zeitweise kaum flugfähig. Die Erneuerung der Handschwingen geht innerhalb von etwa 35 Tagen vor sich. Die Jungvögel legen im ersten Kalenderjahr nur eine Teilmauser ab, von der auch meist fünf innere Große Obere Armdecken erfasst werden. Dabei entsteht eine Mausergrenze: Die äußeren noch jugendlichen Decken haben einen hellen Spitzensaum oder -fleck, die inneren sind ohne einen solchen. Diese Mausergrenze ist auch im Folgejahr bei den dann vorjährigen Vögeln bis zur sommerlichen Vollmauser noch zu erkennen.

Sprosser und Nachtigall sind sehr ähnlich. Der Sprosser hat in der Regel durchgehend dunkelrotbraune und nicht rötliche Steuerfedern. Die Unterschwanzdecken sind beim Sprosser bei der Mehrzahl der Individuen in den Außenfahnen grau gewölkt, aber keineswegs bei allen, bei der Nachtigall sind sie durchweg einfarbig hellorange. Für die verlässliche Unterscheidung zwischen den beiden Arten ist die Schwingenformel maßgeblich (siehe oben und Nachtigall). Rufe und Gesänge der beiden Arten sind ebenfalls verschieden. Im Berliner Raum kommen neben den Nachtigallen auch Sprosser vor. Im Westen sind sie seltene Gäste. Wer Sprosser allein hören will, hat diese Möglichkeit auf Rügen und weiter nördlich bis Finnland.

USD von Sprosser (links) und Nachtigall

Die beiden nahe verwandten Arten, die auch manchmal hybridisieren, unterscheiden sich durch Gefiedermerkmale. Bei der Nachtigall ist der Schwanz braunrot, beim Sprosser graubraun. Die Unterschwanzdecken sind beim Sprosser gewölkt, bei der Nachtigall nicht gemustert. Der Flügel ist beim Sprosser spitzer als bei der Nachtigall, deswegen ist H10 bei ihm kürzer.

Der Sprosserflügel ist deutlich spitz geschnitten. Das erkennt man nicht nur an der dolchförmigen Gestalt von H10 im Vergleich zur Nachtigall, sondern auch daran, dass unter den einzeln verglichenen Handschwingen H8 am längsten wäre, bei der Nachtigall H7. Dieser Flügel ist unvollständig gestreckt, die Einkerbung des Flügelbugs ist nicht natürlich.

Nachtigall

Luscinia megarhynchos

Nachtigallen brüten als Langstreckenzieher und Sommervögel in gebüschreicher, dichter Vegetation, gern, aber nicht ausschließlich an feuchten Stellen, vorzugsweise in sommerwarmen und niederschlagsarmen Gebieten. Berlin gilt als Hauptstadt der Nachtigall. Im Gebiet von Berlin kommen aber auch Sprosser vor. Im Westen sind sie seltene Gäste. Wer Sprosser allein hören will, hat diese Möglichkeit auf Rügen und weiter nördlich bis Finnland. Von den einzelnen **Handschwingen** ist H7 mit 65 bis 77 mm (Mittel 71 mm, n = 67) am längsten. H7 und 8 haben eine Verengung der Außenfahne aufzuweisen, H(7) 8 und 9 eine Verengung der Innenfahne. H9 ist relativ kurz, im geschlossenen Flügel kürzer als H7. Bei den Einzelfedern kann sie kürzer als H6 sein. Im kompletten Flügel überragt die kleine H10 die Großen Oberen Handdecken (anders beim Sprosser). Sie erreicht eine Länge von durchschnittlich 21,4 mm (18,5 bis 23,5 mm, n = 14), deutlich mehr als beim Sprosser mit durchschnittlich 14,8 mm. Die Handschwingen sind schwarzbraun, die Außenfahnen bräunlich aufgehellt. Die schwarzen Schäfte heben sich besonders an der Federbasis von den Fahnen ab. Die **Armschwingen** entsprechen in ihrer Färbung den Handschwingen. Ihre Außenfahnen sind mattbraun. Die dunklen Schäfte kontrastieren über ihre ganze Länge mit den Fahnen. Die Schirmfedern sind keilförmig, die Spitzen abgerundet. Sie sind genauso gefärbt wie die sonstigen Schwingen. A7 ist nicht länger als A6. Die Unteren Armdecken und Achselfedern sind leicht gemustert, was aber keinen Unterschied zum Sprosser ausmacht. Die **Steuerfedern** sind rotbraun bis braunrot, die mittlere jedoch meist matt braunrot und farblich etwas dunkler von den anderen abgesetzt. Die Schäfte sind an die Fahnen farblich angepasst, sie heben sich nur an der Basis der Steuerfedern ein wenig dunkel ab. Auf der Unterseite sind Fahnen und Schäfte heller. Die Steuerfedern sind in ihrer Form zwar etwas zugespitzt, die Spitze selbst ist aber schwach gerundet, im frischen Zustand durch einen hellen Saum abgesetzt. St1 oder 2 ist mit durchschnittlich 71 mm (Variation 65 bis 78 mm, n = 141) am längsten, die Länge der Federn nimmt nach außen hin insgesamt um knapp 4 mm ab. Die Oberschwanzdecken sind braunrot, die Unterschwanzdecken dagegen gelblich, ohne die Wölkung des Sprossers. Jungvögel haben anfangs leicht zugespitzte Steuerfedern und einen fuchsroten Spitzenfleck, der später verschwindet.

So prächtig der Gesang der Männchen ist, so schlicht ist ihr Gefieder. Die Oberseite ist braun, die Unterseite gilt als ungemustert sandbeige. Auch Flügel und Schwanz sind ohne Bänder oder Muster. Die Unterschwanzdecken sind beim Sprosser grau gewölkt, bei der Nachtigall einfarbig hellorange (Abbildung auf der Textseite beim Sprosser). Der Sprosser hat die spitzeren Flügel. H10 hat eine mittlere Länge von 14,8 mm (12,5 bis 17,5 mm, n = 14), bei der Nachtigall 21,4 mm (18,5 bis 23,5 mm, n = 14, W.-D. Busching). H10 hat bei der Nachtigall eine deutlicher entwickelte Innenfahne, beim Sprosser ist H10 nahezu dolchartig verengt und zugespitzt.

Die beiden nahe verwandten Arten, die auch manchmal hybridisieren, unterscheiden sich durch Gefiedermerkmale. Bei der Nachtigall ist der Schwanz braunrot, beim Sprosser graubraun. Der Flügel ist bei der Nachtigall runder als beim Sprosser, deswegen ist bei ihr auch die kleine H10 länger.

Der Nachtigallenflügel ist nicht sonderlich spitz geschnitten. Das erkennt man nicht nur an der Form von H10 im Vergleich zum Sprosser, sondern auch daran, dass unter den einzeln verglichenen Handschwingen H7 am längsten wäre, beim Sprosser H8.

Hausrotschwanz

Phoenicurus ochruros

Der ursprüngliche Gebirgsbewohner ist heute mit etwa 90 Prozent seiner Population zum Kulturfolger geworden, der Gebäude in nahezu allen Formen auch im Tiefland besiedelt. Von den **Handschwingen** haben H5 bis 8 eine Außenfahnenverengung, eine Verengung an den Innenfahnen ist ebenfalls bei H5 bis 8 zu erkennen. H10 hat immerhin eine Länge von etwa 25 mm. Die längste Handschwinge H6 misst 66 bis 80 mm (Mittel 75 mm, n = 52). Die Federn sind beim Männchen rauchschwarz und nur an dem von der Spitzenverengung freien Teil an der Innenfahne schwach hell gesäumt. Beim Weibchen ist die Grundfärbung heller. Im 2. Kalenderjahr ist ein Teil der Männchen fast ebenso schlicht und graubraun gefärbt wie die Weibchen, andere sind schon kontrastreich, mit rußschwarzem Gesicht und Kehlbereich. Erst im Folgejahr bekommen sie einen weißen Armflügelspiegel. Dieser kommt dadurch zustande, dass die **Armschwingen** 1 bis 8 an den Außenfahnen einen weißen Saum tragen. Dieser ist bei A1 nur schwach entwickelt und wird von Schwinge zu Schwinge breiter, bis er bei A6 bis 8, also auch bei den beiden äußeren Schirmfedern, einen größeren Teil der Außenfahne ausfüllt. Der Spiegel ist besonders im frischen Gefieder auffallend, nutzt sich aber im Laufe der Saison etwas ab. Die innerste, kleine Schirmfeder hat lediglich einen grauen Saum. In den anderen Kleidern, also bei Jungvögeln, Weibchen und schlichten Männchen, sind die Säume ebenfalls vorhanden, aber mattgrau. Sie können einen schwachen Spiegel bilden. Die längsten **Steuerfedern** (meist St3) sind 59 bis 74 mm lang, im Mittel 66 mm (n = 231). Sie sind mit Ausnahme der mittleren intensiv ziegelrot gefärbt, an den Spitzen und den spitzennahen Teilen der Außenfahnen verschwimmend schmutzig rot. Die mittlere Steuerfeder ist an der Spitze und in weiten Teilen der Innenfahne dunkelbraun, nur an der Basis der Innenfahne und an der Außenfahne braunrot. Selbst wenn das Rot des Schwanzes nicht sehr hell leuchtet, wird es beim Schwanzspreizen während des Landens und bei Flugmanövern deutlich sichtbar. Auch beim stehenden Vogel fällt es auf, weil er ständig mit dem Schwanz zitternde Bewegungen nach unten ausführt. Die Oberschwanzdecken haben das gleiche Ziegelrot wie die äußeren Steuerfedern, die Unterschwanzdecken sind hellorange. – Die Vollmauser der Altvögel findet im Sommer nach der Brutperiode noch im Brutgebiet statt, sie endet nach Mitte September. Im Handflügel weist der Hausrotschwanz schon ab H5 eine Außenfahnenverengung auf, der Gartenrotschwanz erst ab H6. Handschwingen und Armschwingen ohne weißen Spiegelsaum sind zwar ebenfalls gesäumt, aber nicht ohne Weiteres von Sperlings- und Braunellenfedern oder anderen schlichten Schwingen zu unterscheiden. – Hausrotschwänze ziehen zur Überwinterung meist nur bis ins Mittelmeergebiet, einige versuchen es, auch bei uns in wintermilden Regionen den Winter zu überstehen.

Ab dem 2. Jahr bekommen die alten Männchen des Hausrotschwanzes einen weißen Flügelspiegel. Die Federn stammen von einem solchen Vogel. Zwischen A1 und A7 dieses Prachtkleids ist zum Vergleich die A7 Sch eines schlichten Kleides mit grauem statt weißem Außensaum eingeschoben. St1 ist nur an der Basis der Innenfahne rot sowie in Teilen der Außenfahne. Auch in den Spitzen der übrigen Steuerfedern tritt beim Hausrotschwanz dunkles Pigment auf, als seien sie verschmutzt. Das ist beim Gartenrotschwanz nicht der Fall.

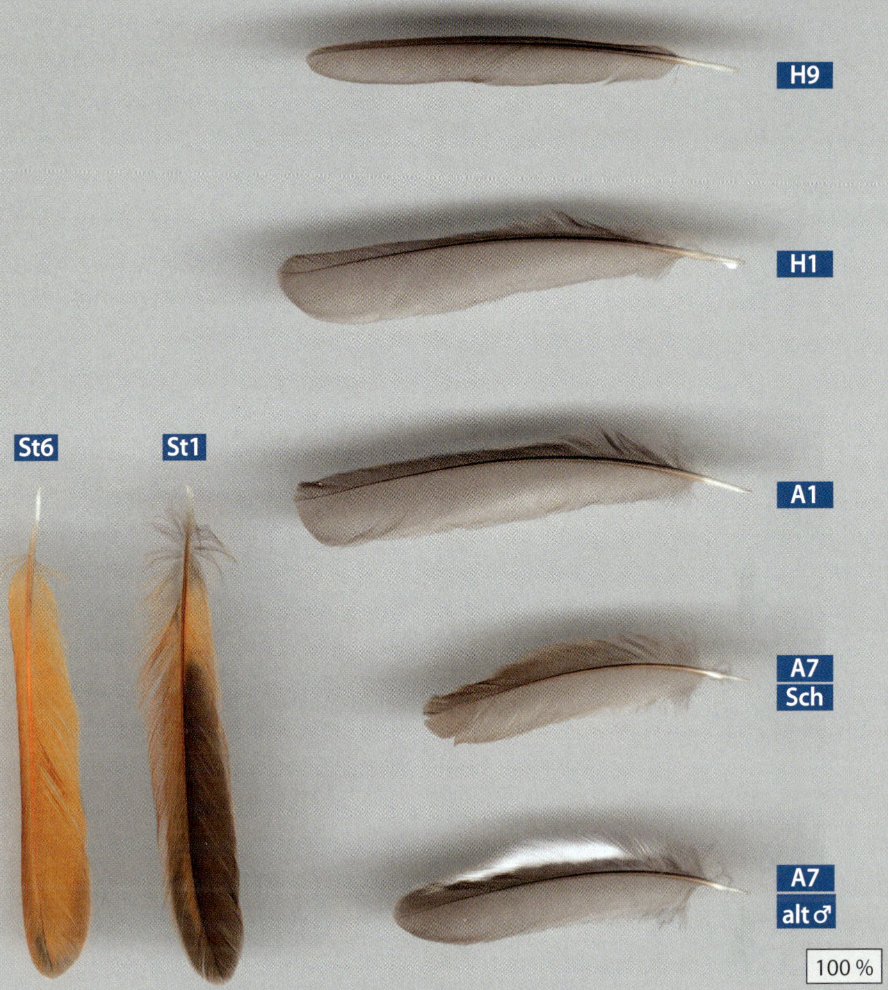

Der Flügel des Hausrotschwanzes ist recht rund geschnitten, was ihn auch gegenüber dem Gartenrotschwanz charakterisiert. Man sieht das daran, dass die längste Handschwinge H6 stark nach innen verlagert ist und die Fahnenverengungen schon weit innen beginnen.

Gartenrotschwanz

Phoenicurus phoenicurus

Der Gartenrotschwanz ist Sommervogel und Höhlenbrüter. Nach langfristiger Abnahme schwanken die Brutbestände. – Bei den **Handschwingen** haben H6 bis 8 eine Außenfahnenverengung, H(6) 7 bis 9 eine Verengung der Innenfahne. H10 misst immerhin etwa 23 mm, mehr als die oberen Handdecken. Die längste einzelne Handschwinge (H6) ist 64 bis 78 mm lang (Mittel 69 mm, n = 71). Die Fahnen sind graubraun, die Innenfahnen aber blassocker gesäumt. Die Spitzen der inneren Handschwingen tragen helle, schwach ocker getönte feine Säume. Die Schäfte heben sich schwarzbraun von den Fahnen ab, was aber nicht für die Federunterseite gilt. Bei den **Armschwingen** setzt sich das Färbungsmuster der inneren Handschwingen fort. Die Schäfte sind jedoch nur oberseits schwarzbraun, auf der Unterseite der Armschwingen aber hell. Die Schirmfedern sind im frischen Zustand an den Außenfahnen und an den Spitzen ockerfarbig gesäumt. Diese Säume können sich im Laufe der Saison abnutzen. Die Großen Oberen Armdecken werden bei der Jugendteilmauser teilweise erneuert, sodass eine Mausergrenze entsteht. Beim Männchen sind die jugendlichen Decken braun und tragen gelbbraune Außensäume. Die erneuerten inneren Decken, manchmal nur eine oder zwei, sind hellgrau überhaucht und tragen hellgraue Außensäume mit gelbbraunem Spitzensaum. Beim Weibchen sind die Unterschiede geringer. Der Schwanz ist gerade geschnitten, nur St1 und 6 sind etwas kürzer als die übrigen. Die längsten **Steuerfedern** erreichen durchschnittlich etwa 62 mm (Variation zwischen 57 und 68 mm, n = 260). St2 bis 6 sind mitsamt ihren Schäften leuchtend ziegelrot mit einer schwachen Aufhellung an der Fahnenbasis. Bei St1 ist die Außenfahne matt rotbraun, die Innenfahne, die Spitze der Außenfahne und der Schaft sind schwarzbraun. Auch bei St6 kann die Spitze der Außenfahne dunkel eingefärbt sein. Die Oberschwanzdecken sind ziegelrot, die Unterschwanzdecken blassorange. Nach dem Großgefieder kann man die Geschlechter nicht unterscheiden. – Die Vollmauser der Altvögel findet zugleich mit der Teilmauser der Jungen im Juli und August im Brutgebiet statt und ist vor dem Wegzug im September abgeschlossen. Im Schlichtkleid sind die Farben durch beigefarbene Säume verdeckt, die im Laufe des Winters verloren gehen. Das Großgefieder des Gartenrotschwanzes ist aber insgesamt mehr bräunlich und nicht so grau wie beim Hausrotschwanz. An einzelnen Schwanzfedern wird man die beiden Rotschwanzarten nicht leicht unterscheiden können. Das Kleingefieder des Gartenrotschwanzes ist in allen Kleidern farbiger als beim Hausrotschwanz. Beim Bestimmen einer Rupfung muss man möglichst viele Hand- und Armschwingen sowie die Steuerfedern und das Kleingefieder beachten.

Die Schwingen des Gartenrotschwanzes sind nicht so düster wie die des Hausrotschwanzes, die Innenfahnen sind mit helleren Säumen versehen. Auch das Kleingefieder ist farbiger und heller. Die Steuerfedern sind sehr ähnlich, aber auch an der Basis heller. Obwohl die Steuerfedern des Gartenrotschwanzes ebenso wie die Oberschwanzdecken sich zu den Spitzen hin kontinuierlich etwas verdunkeln können, treten hier doch weniger die schmutzigbraunen Endsäume auf wie beim Hausrotschwanz.

Der Flügel wirkt nicht übermäßig spitz, obwohl der Vogel ein Fernzieher ist. Immerhin reichen die Handschwingenverengungen nicht wie beim Hausrotschwanz nach innen bis H5, was ein Zeichen für einen spitzeren Flügel des Gartenrotschwanzes ist. H10 ist zudem kürzer als beim Hausrotschwanz.

Braunkehlchen

Saxicola rubetra

Das Braunkehlchen, früher auch Wiesenschmätzer genannt, ist ein ausgesprochener Fernzieher, der in Afrika überwintert. Als sommerlicher Wiesenvogel ist er bei uns bestandsgefährdet. – Die längste einzelne **Handschwinge** misst 60 bis 69 mm (Mittel 64 mm, n = 63). Die Schwingen sind dunkel graubraun. H6 bis 8 haben eine Außenfahnenverengung, H7 bis 9 eine angedeutete Verengung an der Innenfahne. Die inneren Handschwingen weisen an ihrer Außenfahnenbasis ein weißes oder ockerfarbiges Feld von etwa 1 cm Länge auf. Daraus entsteht unter Beteiligung der ebenfalls teils hellen Handdecken im geschlossenen Flügel ein helles Feld: weiß beim Männchen, ocker beim Weibchen. Die **Armschwingen** wie auch die Großen Oberen Armdecken lassen nur eine schwache Aufhellung in der Außenfahne oder gar nichts dergleichen erkennen; sie haben eine Aufhellung am Innenfahnensaum und beigefarbene Endsäume. Nur bei den insgesamt dunkleren Schirmfedern kann sich das helle Außenfahnenfeld wieder klarer darstellen und beim Männchen sogar kontrastreich weiß. Das Geschlecht kann man außer am Kleingefiedermuster meist auch anhand der Großen Oberen Armdecken 7 bis 10 bestimmen, die über den Schirmfedern sitzen. Vögel mit sehr viel Weiß sind alte Männchen, etwas weniger Weiß findet man bei diesjährigen Männchen und alten Weibchen, die jungen Weibchen haben kein Weiß. Die anderen Armdecken verfügen nur über ockerfarbene Außen- und Endsäume. Die **Steuerfedern** sind kurz, die längsten erreichen im Schnitt 50,7 mm (Variation zwischen 47 und 56 mm, n = 158). St3 bis 6 sind etwa gleich lang, die mittlere ist zugespitzt und um etwa 2 mm kürzer als die folgenden, was aber kaum für eine Gabelung reicht. Die Steuerfedern sind im Gegensatz zu denen des Schwarzkehlchens zweifarbig. Bei den äußeren ist etwa das Enddrittel dunkelbraun; die Basis von Innen- und Außenfahne ist jedoch weiß. Nur St1 ist ganz dunkel bis auf einen kleinen weißen Rest an der Basis oder an der Innenfahne; sie deckt den geschlossenen Schwanz wie eine Schirmfeder ab. Nur in seltenen Fällen fehlt das Weiß der Steuerfedern ganz oder das weiße Feld ist ocker getönt. Beim Weibchen ist die Abgrenzung zwischen Dunkel und Weiß verschwommen. Die Schäfte sind weitgehend dunkel, auch in den weißen Federpartien. Bei den St5 bis 2 dehnt sich das Spitzendunkel in der Außenfahne basalwärts mehr und mehr aus. Im frischen Zustand können die Steuerfedern zugespitzt sein und besonders am Ende der Innenfahne einen hellen Saum tragen. St1 ist häufig durch Abnutzung zusätzlich zugespitzt. Die Oberschwanzdecken sind lebhaft braun mit dunklem Endband und einem fleckigen abgesetzten Schaftstrich. Die Unterschwanzdecken sind weißlich bis ocker, die mittleren manchmal mit einem feinen Schaftstrich. – Die Vollmauser der Altvögel findet von Juli bis September noch vor dem Wegzug ins afrikanische Winterquartier statt. Die Jungvögel legen zu dieser Zeit eine Teilmauser ab. Im Frühjahr findet nochmals eine Teilmauser aller Vögel in Afrika statt, bei der das Kleingefieder mit Teilen der Flügeldecken erneuert wird.

Die Federn des Braunkehlchens stammen von einem alten Männchen. Nur St6 ist von einem Jungvogel. Bezeichnend ist die helle Zeichnung in den äußeren Steuerfedern und den Großen Oberen Armdecken GOAD 7 bis 10. Nur St1 ist bis auf die unterste Basis ganz dunkelbraun und dient als „Schirmfeder" für den geschlossenen, sonst schwarzweißen Schwanz.

ad. ♂ 100 %

juv. ♀ 100 %

Der Flügel des Langstreckenziehers ist recht spitz geformt, H8 bildet im Flügel die Spitze.

Schwarzkehlchen

Saxicola rubicola

Die Brutpopulation des Schwarzkehlchens stieg vielleicht wegen der Klimaänderung in der jüngeren Vergangenheit in Deutschland kräftig an. In wintermilden Regionen neigen sie zur Überwinterung. – **Handschwinge** 6 und 7 sind am längsten (53 bis 62 mm, Mittel 57 mm, n = 66). H(5) 6 bis 8 weisen Außenfahnenverengungen auf, 6 bis 9 Verengungen der Innenfahnen. Die Handschwingen sind schwarzbraun bis schwarz mit schmaler Aufhellung am Saum der Innenfahne. Die dunklen Schäfte heben sich nur wenig von den Fahnen ab. Handdecken und Alula sind hell gesäumt. Die äußeren **Armschwingen** 1 bis 6 sind unauffällig, haben aber beim Männchen graue Außen- und Endsäume. Die Schirmfedern haben dagegen eine schwärzliche Grundfärbung und ein klar abgesetztes helles Feld, das bei A7 ein Drittel und bei A8 sowie 9 mehr als die Hälfte der Außenfahne einnimmt. Begleitend dazu sind auch die inneren Großen Oberen Armdecken (6) 7 bis 10 weiß. Das Weiß kann sich außerdem auf die Innenfahnen der benachbarten Decken erstrecken. Diese weißen Muster sind für das weiße Schulterfeld des männlichen Schwarzkehlchens verantwortlich, das beim alten Weibchen weniger, beim Jungvogel schwach ausgeprägt ist. Beim **Jungvogel** sind besonders an den Spitzen und Außenfahnen der Armschwingen sowie bei den Großen Oberen Armdecken ausgeprägte ockerfarbene Säume vorhanden. Der Jungvogel gilt auch sonst im Kleingefieder als rundum gefleckt und gestrichelt. Der Oberschwanz ist hier noch rostbraun mit dunkler Fleckung. Die **Steuerfedern** sind im Gegensatz zu denen des Braunkehlchens ganz dunkel, nur St6 hat in der Spitzenhälfte der Außenfahne einen hellen Außensaum und über ihre ganze Länge auch einen schmalen verschwommenen lichten Innensaum. Helle End- und Außensäume treten bei den Jungvögeln verstärkt auf. Die Steuerfedern sind auffallend kurz, die längsten zwischen etwa 46 und 56 mm variierend (Mittel 51 mm, n = 53), ansonsten alle etwa gleich lang, nur die innerste und die äußerste sind um etwa 1 mm kürzer. Die Fahnen sind braunschwarz, die Innenfahnen vor allem basal ein wenig aufgehellt. Die Oberschwanzdecken sind beim Männchen weiß mit großen dunklen Federzentren, teils aber auch nur mit feinen Schaftstrichen, oder sie sind ganz weiß. Beim Weibchen sind sie bräunlich und mit dunklen Federzentren versehen, was die Tarnung des fliegenden Vogels verbessert. Die Unterschwanzdecken sind in ihrem Fahnenanteil weiß, der basale Rest ist grau. – Das Prachtkleid im Frühjahr bildet sich hauptsächlich durch die Abnutzung von Federsäumen heraus. Das östlich verbreitete Pallasschwarzkehlchen (*Saxicola maurus*), das früher als Unterart des Schwarzkehlchens galt, hat eine kleine weiße Basis an Innen- und Außenfahnen der Steuerfedern sowie ausgedehnt weiße Oberschwanzdecken. Beim Steinschmätzer sind die Steuerfedern nicht zugespitzt, außerdem in eine weiße Basis und ein schwarzes T-förmiges Endband aufgeteilt.

Beim Schwarzkehlchen stammen die Federn der Tafel von einem alten Männchen vom 4. Juli. Die Steuerfedern sind abgesehen von schmalen Außensäumen einheitlich dunkel. Die Schirmfeder A7 (Sch) weist ein weißes Feld auf, das am Flügelfeld im inneren Armflügel und der Schulter beteiligt ist. Beim Weibchen ist dieses weiße Flügelfeld kleiner, bei den Jungvögeln nur angedeutet.

Das Flügelprofil des Teil- und Kurzstreckenziehers ist ausgeprägt gerundet.

Steinschmätzer

Oenanthe oenanthe

Der Steinschmätzer ist als Sommervogel und extremer Langstreckenzieher in ganz Eurasien weit, jedoch ungleichmäßig verbreitet. Die Tieflandbestände sind in Deutschland in den letzten Jahrzehnten stark zurückgegangen. In einigen Bundesländern wird ihr Erlöschen befürchtet. – Von den **Handschwingen** ist H10 im Flügelverband, auch als Einzelfeder, kürzer als die längsten Handdecken. H7 und 8 sind als einzelne Federn am längsten, die längste misst 75 bis 90 mm, im Mittel 82 mm (n = 68). H6 und 9 sind nur wenig kürzer. H7 und 8 verfügen über eine spitzenständige Verengung der Außenfahne, H8 und 9 über eine solche an der Innenfahne. Die Schwingen sind durchweg schwarz oder dunkelbraun, die Schäfte heben sich tiefschwarz ab. An ihrer Spitze weisen sowohl die Handschwingen als auch die Armschwingen beigefarbene Säume auf, die sich im Lauf der Zeit abnutzen. Bei den frischen **Armschwingen** wird der Saum im Flügel nach innen hin immer breiter und begleitet die Außenfahne fast bis zur Basis. Beim Weibchen sind die Schwingen dunkel graubraun. Die Handschwingen und die Alulaschwingen haben schmale, die Armschwingen und Großen Oberen Armdecken breite beigefarbene Endsäume. Beim **Jungvogel** im frischen Gefieder tragen die Armschwingen solche Säume auch an den Außenfahnen, ebenso die Großen Oberen Armdecken. Die **Steuerfedern** sind an den Spitzen gerundet, vor allem aber zweifarbig: Die Spitzenhälfte (St2) oder nur ein Spitzendrittel der Fahnenlänge (St6) ist braunschwarz, die Basis einschließlich der Schäfte strahlend weiß. Im frischen Zustand ist das Schwarz an der Federspitze mit einem beigen Endsaum von etwa 2 mm Breite versehen, der sich alsbald abnutzt. Die Grenze zwischen Schwarz und Weiß ist meist geschwungen: Das Schwarz zieht sich entlang des Schaftes noch etwas in das Weiß hinein. Die mittlere Steuerfeder ist größtenteils braunschwarz, nur an der Basis ist meist ein Viertel der Federlänge weiß. Daraus entsteht zusammen mit dem schwarzen Endband des Schwanzes ein umgekehrtes „T“ – ein typisches Merkmal der meisten Steinschmätzerarten. Die längste Steuerfeder misst 54 bis 67 mm, im Mittel 60 mm (n = 179). Als längste kommt eine der äußeren Steuerfedern in Frage, die inneren, besonders St1, sind kürzer. Die Oberschwanzdecken sind weiß, die Unterschwanzdecken hellocker getönt. – Die Vollmauser endet weitgehend Ende August/Anfang September vor dem Beginn des Wegzugs. Nach der Mauser haben die alten Männchen frische weiße Endsäume an den Steuerfedern, bei den Weibchen sind sie lehmbraun oder mit einem solchen Übergang versehen. – Jedes Teil des Flugapparates und seiner Steuerung verdienen höchste Bewunderung, weil die Vögel Tausende von Kilometern unter Umständen ununterbrochenen Fluges während ihrer Wanderungen zurücklegen können. Die Strecke von Alaska über Eurasien nach Ostafrika ist 14.000 km lang.

Die schwarzen Handschwingen sowie die Armschwingen und Steuerfedern haben im frischen Zustand kontrastierende beigefarbene Endsäume. Das schwarze Feld der St1 verschmälert sich bei den übrigen Steuerfedern zu einem schmalen gleichmäßigen, zur Basis hin geschwungenen Endband. Ähnlich gefärbte, aber kürzere, schmalere und zugespitzte Steuerfedern findet man bei dem Wiesen bewohnenden Braunkehlchen (s. dort), bei dem die Schäfte meist durchgehend dunkel sind und die beiden mittleren Steuerfedern fast ohne Weiß an der Basis.

Der Flügel des Langstreckenziehers wirkt spitz. H8 ist im Flügelverband am längsten. Mit diesem Flügel ziehen die Vögel von Grönland in 30 Stunden nonstop 2400 km weit über den Atlantik Richtung Afrika.

Haussperling

Passer domesticus

Der Haussperling ist seit alters her in allen bewohnten Siedlungen als Standvogel verbreitet, selbst in den Innenstädten. Er hat aber regional sogar auf dem Land abgenommen. – Die längste **Handschwinge** ist bei den Einzelfedern H6 mit 58 bis 72 mm (Mittel 66 mm, n = 93), H7 bis 9 nehmen aber nur schwach an Länge ab; H10 ist nur wenig mehr als 10 mm lang, bei Jungvögeln länger als bei Altvögeln. H6 bis 8 haben eine Außenfahnenverengung, eine schwache Verengung der Innenfahne ist bei H6 bis 9 zu erkennen. Die Handschwingen sind beim Altvogel unscheinbar dunkel graubraun mit schwarz abgesetzten Schäften. Wie beim Feldsperling findet sich im basalen Viertel der Außenfahne bei H1 bis 8 eine fahl ockerfarbene Aufhellung. Die Innenfahnen sind vor allem basal und zum Innenrand hin schwach aufgehellt. Die **Armschwingen** sind den inneren Handschwingen ähnlich, haben aber breitere matt bräunliche Außensäume. Die Schirmfedern tragen breite braune oder hellbraune Außen- und Endsäume. A7 kann wenige Millimeter länger, beim Jungvogel aber kürzer sein als A6. Die Großen Oberen Armdecken haben beim ausgefärbten Männchen einen warmbraunen Außensaum, der sich zur Federspitze hin zu Ocker aufhellt. Der Federkern ist dunkelgrau, zur Federbasis hin heller. Die Mittleren Oberen Armdecken enden in einem breiten weißlichen Saum, der einen weißen Flügelstreif in Schulternähe bildet. Beim **Weibchen** sind die Farbkontraste und die Farbsättigung geringer. Der Schwanz ist fast gerade abgeschnitten, nur St1 ist wenige Millimeter kürzer. Die **Steuerfedern** sind bei Altvögeln schwärzlich graubraun mit nur schwacher Aufhellung zur Basis hin. Die längsten messen im Mittel 63 mm (49 bis 70 mm, n = 372), wobei sie bei den Männchen etwas größer sind als bei den Weibchen. Sie sind im frischen Zustand außen beim Weibchen lehmfarben, beim Männchen rotbraun gesäumt, St1 an beiden Fahnen. St6 ist in der Spitzenhälfte häufig etwas nach außen gebogen. Die Unterschwanzdecken haben ein hell graubraunes Zentrum mit einem fein abgesetzten dunklen Schaft und breiten hellbeigen Innen- und Außensäumen. Das Gefieder des **Jungvogels** ist in beiden Geschlechtern fast farb- und kontrastlos beigegrau bis matt sandfarben. Das helle Feld an der Außenfahnenbasis der Handschwingen ebenso wie die Säume der Großen Oberen Armdecken sind nur angedeutet. Allein die Endsäume der Mittleren Oberen Armdecken heben sich hell ab. In allen Schwingen außer H8 und 9 fallen die schwarzbraunen Schäfte gegenüber den sandfarbenen Fahnen auf. Die längste Handschwinge ist 58 bis 65 mm lang (Mittel 63 mm, 14 Werte). Die Schirmfedern sind außen und innen breit blassbräunlich gesäumt. Besonders die Steuerfedern wirken durchscheinend (Länge der längsten 49 bis 62 mm, Mittel 54 mm, n = 54; durchschnittlich 6 mm kürzer als beim Altvogel). – Die Vollmauser der Altvögel findet im Sommer nach dem Ende der Brutzeit statt. Auch die Jungvögel unterziehen sich im ersten Sommer einer Vollmauser. Die schwache Querbänderung der Steuerfedern auf der Tafel geht wohl auf tageszeitliche Wachstumsrhythmen zurück.

Die Federn des Haussperlings stammen von einem alten Weibchen, nur eine zweite A7, eine USD und eine weiße Handschwinge sind von einem alten Männchen, eine St von einem Jungvogel. Weiße Einzelfedern oder Federpartien treten gelegentlich in Stadtpopulationen auf.

Der Flügel ist rund geschnitten, wie bei einem Standvogel zu erwarten. Der kastanienbraune vordere Armflügel kennzeichnet das Männchen.

Feldsperling

Passer montanus

Der Feldsperling ist ein kontinentweit verbreiteter Jahresvogel und Teilzieher, dessen Bestände schon vor längerer Zeit besorgniserregend abgenommen haben. – Unter den **Handschwingen** haben H6 bis 8 eine Außenfahnenverengung, H6 bis 9 eine schwache der Innenfahne. H6 ist als Einzelfeder mit 50 bis 65 mm (Mittel 60 mm, n = 66) am längsten, die folgenden nehmen um je 1 mm ab. H10 ist sehr klein, bei Jungvögeln aber länger als bei Altvögeln. Das Großgefieder ist dunkelgraubraun, die Schäfte sind wenigstens in der basalen Hälfte der Fahnen schwärzlich abgesetzt. Bei den inneren Handschwingen bis H7 fällt im basalen Drittel der Außenfahne ein hellbräunliches Feld auf, das erst bei H8 ausklingt. Im geschlossenen Flügel entsteht daraus vor den dunklen Handdecken ein heller Fleck. Hand- und **Armschwingen** sind mit fahlen Säumen an den Außenfahnen versehen, zunehmend bei A4 bis 8, ebenso mit hellen Spitzensäumen. Die Innenfahnen der Handschwingen und der Armschwingen A1 bis 5 (6) haben helle Säume, die vor der Federspitze enden, bei den Handschwingen dort, wo die Verengung der Spitze beginnt. Diese Säume sind breiter und klarer abgegrenzt als beim Haussperling. Die Armschwingen des Feldsperlings sind an ihrer Spitze minimal eingebuchtet, sodass sie gerade abgeschnitten wirken. Die weißlichen Spitzenflecke der Großen Oberen Armdecken und die weißen, 1 bis 2 mm breiten Endsäume der Mittleren Oberen Armdecken erzeugen zwei schmale Flügelbinden. Die Großen Oberen Armdecken sind in ihren Innenfahnen bräunlich aufgehellt. Die **Steuerfedern** sind untereinander fast gleich lang, meist ist St4 die längste (47 bis 65 mm, im Mittel 59 mm bei Altvögeln, n = 226), während St1 und 6 um einige Millimeter kürzer sind. Sie sind unauffällig dunkel, der Schwanz ist in der Mitte ein wenig eingebuchtet. Die Spitzen sind gerundet. Die Oberschwanzdecken sind einheitlich graubraun, die Unterschwanzdecken heller mit dunklem Schaft, die mittleren mit breitem beigem Saum.

Jugendkleid: Das erste vollständige Federkleid ist weniger stark pigmentiert, die Federn sind durchweg kleiner, hell und fahl gefärbt. Die Außensäume der Armschwingen sind breit und fahlbräunlich. Die Innenfelder sind dagegen lebhaft hellbeige, sie erreichen an der Federbasis den dunklen Schaft. Die Großen Oberen Armdecken sind beidseitig breit fahlbräunlich gesäumt, der Saum geht am Ende in einen heller getönten Spitzenfleck über, woraus sich eine Flügelbinde ergibt. Die Mittleren Oberen Armdecken erzeugen mit ihren weißlichen Endsäumen ebenfalls eine schmale Flügelbinde. Beide Binden sind weniger kontrastreich als beim Altvogel. H10 ist länger als beim Altvogel, die längsten Steuerfedern sind im Mittel 6 mm kürzer als beim Altvogel. – Die Vollmauser der Jungvögel beginnt kurz nach ihrem Ausfliegen ab Ende Juni, die der Altvögel im Juli. Nach dem Ende der Jugendmauser im Sommer oder Herbst kann man die Jungvögel nicht mehr von den Altvögeln unterscheiden. Anders als beim Haussperling stimmen die beiden Geschlechter in ihren Kleidern beim Feldsperling überein.

Beim Feldsperling sind die Federn meist etwas kleiner und heller als beim Haussperling. Das gilt noch mehr für die Federn des Jungvogels, hier für die St1. Der Vergleich der beiden Flügel lässt erkennen, dass die Mittleren Oberen Flügeldecken des Arms beim Feldsperling schwächer gesäumt sind als beim Haussperling. Wie bei allen Sperlingen wird das Jugendkleid schon im ersten Jahr vollständig gemausert.

Feldsperling

Der Flügel ist ähnlich gebaut wie beim Haussperling. Er hat eine runde Form, wobei die längste einzelne Handschwinge H6 ziemlich weit innen sitzt. Feldsperlinge sind nicht ganz so standorttreu wie Haussperlinge.

Heckenbraunelle

Prunella modularis

Insgesamt wirkt das Großgefieder der Heckenbraunelle dunkel graubräunlich im Vergleich etwa zu den Sperlingen. Ihm fehlen kennzeichnende Muster, die Schwingen und Steuerfedern sind weitgehend „anonym". Von den **Handschwingen** sind H6 und 7 die längsten und beide fast gleich lang (Maße der jeweils längsten 56 bis 70 mm, Mittel 61 mm, n = 80). H10 erreicht immerhin etwa 16 mm Länge und überragt die äußerste Handdecke HD9 deutlich. H5 bis 8 sind an den Innenfahnenspitzen verengt, H6 bis 8 an den Außenfahnen. Bei allen Schwingen hat die Innenfahne einen schwach aufgehellten, etwa 2 mm breiten Saum. Ebenso hebt sich sowohl bei den Hand- als auch bei den Armschwingen der Schaft dunkel gegenüber den matt graubraunen Fahnen ab. Bei den **Armschwingen**, von A1 aus bis A6 zunehmend, und bei den Schirmfedern bildet sich ein mehr oder weniger deutlicher brauner Saum an der Außenfahne heraus, während der helle Saum der Innenfahne abnimmt. Bei den Schirmfedern A7 bis 9 kommt ein Saum an der Innenfahne dazu, sodass nur ein breites dunkles Feld beidseitig des Schaftes bestehen bleibt. Ähnlich sind die Großen Oberen Armdecken gefärbt, die auch aus einem anderen Grund Aufmerksamkeit verdienen. Sie weisen an der Außenfahne und bei mehreren inneren Decken ebenso an der Innenfahne einen hellen Spitzenfleck auf – ein hilfreiches Artkennzeichen. Bei Altvögeln sind diese Spitzenflecke verlaufend, bei Jungvögeln klar abgesetzt. Wenn man in der Serie dieser Decken eine Mausergrenze erkennt, kann das ein Anzeichen für einen Jungvogel sein. Die hellen Flecke an den Spitzen der Großen Oberen Armdecken ebenso wie an den Schirmfedern können im Laufe des Sommers abgenutzt werden. Die Armschwingen einschließlich der A7 zeichnen sich dadurch aus, dass ihre Spitze schwach zweispitzig ist, das heißt, der Rand ist am Schaft etwas eingezogen. Die **Steuerfedern** sind denkbar unscheinbar, dunkelgraubraun und ohne besondere Aufhellungen, allenfalls an den Außenfahnen mit basalen rotbraunen Säumen versehen. Der dunkle Schaft ist nur in der Basis von St1 bis 4 farblich etwas abgehoben. Die längsten Steuerfedern messen durchschnittlich etwa 63 mm und variieren zwischen 56 und 71 mm (n = 570). Sie sind sonst untereinander etwa gleich lang, nur St1 und 6 sind meist um 1 bis 2 mm kürzer. Die äußeren Steuerfedern sind oft ein wenig nach außen gebogen, auch sind hier die Außenfahnen deutlich verschmälert. Während die Oberschwanzdecken neutral und einheitlich graubraun sind, zeichnen sich die Unterschwanzdecken durch breite rahmfarbene Säume an Innen- und Außenfahne aus. Das verbleibende hellbraune Mittelfeld ist zur Federspitze hin pfeilförmig ausgezogen. Einzelne gefundene Schwingen und Steuerfedern wird man nicht leicht von Sperlings- und Rotkehlchenfedern unterscheiden können. Bei Rupfungen achte man auf die gesäumten Unterschwanzdecken und die Großen Oberen Armdecken, deren Spitzenflecke aber ganz unterschiedlich ausgeprägt sein können (siehe Text oben und Flügel auf der Tafel). Die braunen Rückendecken haben breite dunkle Schaftstriche und erinnern an Sperlinge.

Das Großgefieder der Heckenbraunelle ist unscheinbar bis auf die Schirmfedern, die beidseitig braun gesäumt sind. Solche Säume findet man auch an den Großen Oberen Armdecken, hier zusätzlich auch einen hellen Spitzenfleck. Man achte auch auf die hell gesäumten Unterschwanzdecken USD.

100 %

juv. 100 %

Der Flügel ist recht rund geschnitten. Er weist entsprechende Merkmale an den Verengungen und der relativen Länge der Handschwingen auf. Die Ausprägung der hellen Spitzenflecke an den Armdecken spricht für einen Jungvogel.

Wiesenschafstelze

Motacilla flava

Wiesenschafstelzen sind zur Brutzeit an Feuchtwiesen gebunden und daher mit vielen Mitbewohnern im Bestand zurückgegangen und weiterhin gefährdet. Die früheren Schafstelzen sind in jüngerer Vergangenheit in mehrere Arten aufgeteilt worden. In Mitteleuropa dominiert als Brutvogel die Wiesenschafstelze. Bei den **Handschwingen** der Wiesenschafstelze tragen H6 bis 8 eine Verengung der Außenfahne; eine Verengung an den Innenfahnen von H7 bis 9 ist schwach erkennbar. Die längsten einzelnen Handschwingen sind H7 und 8 (größte Länge 62 bis 75 mm; Mittel 68 mm, n = 64), H6 und 9 sind einige Millimeter kürzer. H10 ist mit 7 mm Länge winzig, selbst deutlich kleiner und schmaler als die äußerste Handdecke. Die inneren Handschwingen 1 bis 6 (7) haben in der Basishälfte der Innenfahnen ein helles Feld, das aber den Schaft nicht erreicht. Bei den graubraunen **Armschwingen** ist das weiße Innensaumfeld randlich verschwommen, das gilt aber nicht in allen Kleidern der Schafstelzen. Das Federende ist zweispitzig, die Spitze der Innenfahne überragt die der Außenfahne. Die Außenfahnen sind gelblich gesäumt. Diese Säume sind bei den Schirmfedern noch breiter und heben sich besser ab, weil die Fahnen besonders in der Spitzenhälfte schwarzbraun sind und basal nur wenig grau aufgehellt. Die Großen Oberen Armdecken haben ebenfalls gelbliche Endsäume, die sich ein Stück weit die Außenfahnen entlangziehen. Die Mittleren Oberen Armdecken haben scharf abgegrenzte weißliche Endsäume. Auf diese Weise entstehen die beiden Säume im kompletten Flügel. Bei den **Steuerfedern** sind die inneren vier jeder Seite schwarz bis schwarzbraun wie bei der Bachstelze, aber bedeutend kürzer. Die längsten Steuerfedern erreichen durchschnittlich 76 mm und variieren zwischen 68 und 83 mm (n = 198). Sie sind gerade, in der Mitte der Innenfahnen etwas bauchig und an den Spitzen abgerundet. Die beiden äußeren Steuerfedern sind nur basal dunkelbraun, im größten Teil der Außenfahne und in einem ausgedehnten, schräg abgeschnittenen Innenfahnenfeld jedoch weiß, sodass beim Flug des Vogels weiße Schwanzkanten sichtbar werden. Der Schaft ist in seiner Farbgebung an die Fahnen angepasst, kann aber bei St5 ein gutes Stück weit schwarz in den weißen Fahnenbereich hineinlaufen. Die Oberschwanzdecken sind im Kern olivgrau, haben aber breite gelbe Außenfahnensäume. Die Unterschwanzdecken sind beim alten Männchen leuchtend gelb, beim Weibchen blassgelb. – Die Vollmauser der Altvögel findet im Spätsommer noch im Brutgebiet statt, bevor sie in den Süden wegziehen. – Über Unterschiede im Großgefieder zwischen den verschiedenen Schafstelzenarten ist nichts bekannt. Die Steuerfedern sind kürzer als bei Bach- und Gebirgsstelze, in ihrem Färbungsmuster erinnern sie aber an Pieper und andere Arten mit weißen Schwanzkanten. Die Federn der Zitronenstelze (*Motacilla citreola*, nicht behandelt) sind denen der Schafstelze sehr ähnlich.

Im Großgefieder ist in stelzenüblicher Manier die Schirmfeder A7 Sch stark verlängert. Die beiden äußeren Steuerfedern St5 und 6 bilden die auffallende weiße Schwanzkante. Dem Gefieder kann man nicht ansehen, zu welcher Semispezies aus dem früheren Komplex „Schafstelze“ es gehört. Dazu muss man den ganzen Vogel, möglichst ein Männchen im Prachtkleid, in der Hand oder vor Augen haben.

Die Flügel der Fernwanderer sind spitz. Die lange Schirmfeder A7 vermag den geschlossenen Flügel weitgehend abzudecken.

Gebirgsstelze

Motacilla cinerea

Die Gebirgsstelze ist ein Sommer- oder Jahresvogel, der in Mitteleuropa in neuerer Zeit verstärkt zu überwintern versucht, doch sind die Überwinterer in Kältewintern gefährdet. Die Gebirgsstelze ist anders als die Bachstelze ausgeprägt an das Wasser gebunden, vor allem an schnell fließende Bäche und Flüsse. Bei den einzelnen **Handschwingen** ist zwar H7 mit 65 bis 76 mm (Mittel 72 mm, n = 62) die längste, doch stehen ihr H8 und 9 kaum nach. H10 ist winzig und sehr dünn. H6 bis 8 sind in den Außenfahnen verengt, H7 bis 9 in den Innenfahnen. Die äußeren Handschwingen sind dunkel graubraun. Bei H6 beginnend bildet sich nach innen hin in der Basalhälfte der Innenfahne ein helles Feld. Dieses ist für den äußeren Teil des weißen Flügelbandes des fliegenden Vogels verantwortlich. Bei den **Armschwingen** setzt es sich fort und gewinnt an Größe, Randschärfe und Kontrast. Es greift ab (A2) A3 auf die Außenfahne über und löscht bei A5 bis 7 das noch verbliebene Pigment am Schaft. Am stärksten ist es in A7 entwickelt. Diese überragt als längste Schirmfeder ihre Nachbarn um mehr als 15 mm. Sie erreicht im geschlossenen Flügel die Flügelspitze. In ihrer Form ist sie in typischer Weise langgezogen keilförmig. Bei allen Schirmfedern ist das verbleibende dunkle Feld schwarzbraun und nicht graubraun wie bei den regulären Armschwingen. Dieses dunkle Feld ist bei den Schirmfedern mit breiten gelblichen Außensäumen versehen. Die Armschwingen 1 bis 6 weisen an ihrer Spitze meist eine schwache Einbuchtung am Schaft auf. Die hellen Fenster der Schwingen erzeugen im Flug, besonders im Gegenlicht von der Unterseite, das helle Flügelband. Die **Steuerfedern** sind ungewöhnlich lang und schmal. Sie sind meist länger und stets viel schmaler als bei Bach- und viel länger als bei Schafstelzen. Bei einer Breite von 7 bis 8 mm erreichen St4 bis 6 eine Länge von etwa 100 mm, die längsten variieren zwischen 93 und 116 mm (Mittel 103 mm, n = 248). Die drei inneren, oft etwas kürzeren Steuerfedern sind in ihrem Spitzenteil mit nur 6 bis 7 mm noch schmaler. Im abgenutzten Zustand im Juli sind die Spitzen häufig abgerieben oder abgebrochen und dadurch zusätzlich verkürzt. Während die inneren drei Steuerfedern fast durchgehend schwarzoliv sind (St1 mit etwas hellerer und breiter gesäumter Außenfahne), setzen sich die äußeren drei mit viel leuchtendem Weiß ab. Nur St4 und 5 erhalten sich noch etwas Pigment im größeren basalen Teil der Außenfahne sowie im Schaft. Die Basis der Außenfahne ist grau mit einem blassgelben Saum. St6 ist so gut wie ganz weiß. Die mittleren Oberschwanzdecken sind graugrün, die seitlichen dagegen leuchtend gelb oder blassgelb wie die Unterschwanzdecken. – Die Vollmauser der Altvögel findet in der Zeit von Juli bis Oktober statt. Im Frühjahr findet eine zusätzliche Teilmauser statt; dabei sind häufig Schirmfedern und mittlere Steuerfedern eingeschlossen.

Das im Flug auffallende Flügelband der Gebirgsstelze geht auf das weiße Feld in den Innenfahnen der inneren sechs Hand- und der Armschwingen zurück. Von den sehr langen und schmalen Steuerfedern sind die äußeren drei fast ganz weiß. Alle Kleider der Gebirgsstelze haben einen gelblichen Unterschwanz. Bei St5 gibt es auch etwas Gelb an der Basis der Außenfahne. Man beachte auch die Verteilung des Pigments auf den Schäften der Steuerfedern.

Der Handflügel ist recht spitz geschnitten. H7 bis 9 sind auch im kompletten Flügel am längsten, H10 winzig.

Bachstelze

Motacilla alba

Bachstelzen sind Insektenfresser, die nur gelegentlich hier zu überwintern versuchen. Sie wandern sonst als Kurzstreckenzieher nach West- und Südeuropa, teils bis Nordafrika, und kehren schon im März zurück. Bei uns bewohnen sie die offene Kulturlandschaft, vielfach auch inmitten von Ortschaften. Bei den **Handschwingen** haben H6 bis 8 eine Verengung der Außenfahne. Eine Verengung der Innenfahne ist nur bei H8 und 9 schwach ausgebildet. H6 bis 9 sind als Einzelfedern beinahe gleich lang. Die längste Handschwinge erreicht 65 bis 82 mm, im Mittel 75 mm (n = 105). H10 ist mit etwa 7 mm Länge winzig. Die Handschwingen sind dunkelgrau, aber so durchscheinend, dass sich die schwarzen Schäfte von den Fahnen abheben. Damit kontrastiert ein klar abgesetztes weißes Feld, das den Rand der Innenfahne basal begleitet, aber nicht den Schaft erreicht. Es fehlt nur bei H8 und 9 oder ist hier schwach ausgebildet. Die **Armschwingen** setzen das Hell-Dunkel-Muster der Handschwingen fort. A1 bis 6 enden in je zwei gerundeten Spitzen, wobei die der Innenfahne die Außenfahne etwas überragt. Hellgraue Säume der Außenfahnen verstärken sich zur A6 hin. Die in der Spitzenhälfte schwarze längste Schirmfeder A7 überragt ihre Nachbarn um mehr als 1 cm. Bei den Schirmfedern sind die hellen Außensäume noch breiter, doch sind die Innenfahnen in der basalen Federhälfte grau. Alle drei Schirmfedern sind schon beim Jungvogel im Kern dunkler als die anderen Armschwingen. Die Großen und Mittleren Oberen Armdecken sind außen und an der Spitze weißlich gesäumt und bilden zwei weiße Flügelbinden. Die **Steuerfedern** sind lang, gerade und schlank, die Innenfahnen in der Mitte etwas bauchig. Die Enden sind im frischen Zustand abgerundet. Die mittleren Federn sind meist etwas kürzer als die äußeren. Die längsten Steuerfedern sind durchschnittlich 92 mm lang, sie variieren zwischen 71 und 102 mm (n = 530). Die inneren vier Steuerfedern sind schwarz. Die Schäfte heben sich nur durch ihren Glanz etwas ab, auch auf der Unterseite sind sie farblich völlig angepasst. Die beiden äußeren Steuerfedern haben weiße Außenfahnen und ausgedehnte weiße Felder in den Innenfahnen, derart, dass sich ein weißes Diagonalfeld von der Spitze her bildet. Sie erzeugen die hellen Schwanzkanten im geschlossenen wie im offenen Schwanz des Vogels, die durch ständiges Schwanzwippen noch mehr Geltung bekommen. An der Basis bleibt innen wie außen in variablem Ausmaß ein schwarzes Feld, das sich ein Stück weit den Innensaum entlangziehen kann, bei St5 meist stärker als bei St6. Die Oberschwanzdecken sind schwarzbraun, die äußeren mit breitem weißem Außensaum. Die Unterschwanzdecken sind reinweiß mit dunkelgrauer Dunenbasis. – Die Vollmauser der Altvögel findet im Herbst statt. Im Frühjahr werden noch einmal Partien des Kleingefieders, eine oder mehrere Schirmfedern und zwei Paare, selten alle Steuerfedern ausgetauscht. Die Schirmfeder A7 sowie die mittleren Steuerfedern neigen wegen ihrer exponierten Lage besonders stark zur Abnutzung, sodass helle Säume im Lauf der Tragzeit der Federn ganz verschwinden können.

Bei der Bachstelze fehlt das klar abgegrenzte Flügelband der Gebirgsstelze. Die dunkle Schirmfeder A7 ist im frischen Zustand in der Außenfahne breit hell gesäumt, bei Jungvögeln hellgrau.

Der Flügel des Kurzstreckenziehers kann als spitz gelten. H6 bis 9 sind auch im kompletten Flügel lang.

Wiesenpieper

Anthus pratensis

Der Wiesenpieper ist wie andere Feuchtwiesenbewohner bei uns bestandsgefährdet und in vielen früheren Vorkommensgebieten bereits ausgestorben. – Bei den einzelnen **Handschwingen** ist H6 mit 63 bis 76 mm (Mittel 69 mm, n = 119) die längste. Die winzige H10 ist nur etwa 8 mm lang. Der Längenunterschied zwischen H6 und H5 kann 8 mm betragen. Die Federn sind dunkelgraubraun mit nur schwacher Aufhellung der Innenfahne, doch hebt sich der schwarzbraune, glänzende Schaft ein wenig von den Fahnen ab. H6 bis 8 sind an den Außenfahnen verengt. Diese haben schmale helle Säume. H1 bis H4 sind schwach zweispitzig. Die **Armschwingen** sind zur Innenfahnenbasis hin ebenfalls nur schwach aufgehellt. Sie haben mattgelbliche Außenfahnensäume, die sich im inneren Armflügel verstärken. Bei den drei Schirmfedern sind sie in der Spitzenhälfte der Außenfahne mehrere Millimeter breit ausgeprägt. Auch die Großen Oberen Armdecken haben mattgelbliche helle Säume, die am Schaft unterbrochen sind. Die Schirmfeder A7 überragt ihre Nachbarin A6 um 5 bis 8 mm. Die Mittleren Oberen Armdecken weisen matt gelblich gefärbte Endsäume von etwa 1 mm Breite auf, die in der Mitte ebenfalls durch einen dunklen Schaftstrich unterbrochen sind. Sie bilden im kompletten Flügel einen vorderen Flügelstreif mit dunklen Federzentren. Die **Steuerfedern** sind denjenigen des Baumpiepers sehr ähnlich. St1 ist kürzer als ihre Nachbarn, sodass der Schwanz etwas eingebuchtet ist. St6 ist meist am längsten. Sie misst durchschnittlich 64 mm bei einer Streuung von 57 bis 71 mm (n = 231). Der weiße Keilfleck auf der Innenfahne von St6 erfasst zwei Drittel bis drei Viertel der Fahnenlänge, auf der Außenfahne reicht das Weiß noch weiter. Der Schaft läuft jedoch meist dunkel durch das weiße Feld und die Außenfahne bildet einen schmalen graubraunen Streifen vor der Spitze. Bei St5 ist das weiße Spitzenfeld klein, bei St4 fehlt es meistens. Die Unterschwanzdecken sind weißlich oder schwach gelblich getönt. Brust und Flanken sind auf gelblichem Untergrund kräftig dunkel gestrichelt. – Die Altvögel erneuern in der Vollmauser nach der Brutzeit zwischen Juli und Oktober ihr gesamtes Gefieder. Die Schwingenmauser verläuft schnell und bildet große Mauserlücken, die die Vögel nahezu flugunfähig machen können. – Bei den Steuerfedern wie bei den Schwingen gibt es große Übereinstimmungen mit dem Baumpieper. Im kompletten Flügel ist H6 fast gleich lang wie H7, beim Baumpieper aber 2,5 bis 5 mm kürzer. Bei den Einzelfedern sind die Relationen verschoben. Falls man den Fuß zu Gesicht bekommt: Die Hinterkralle des Wiesenpiepers ist sehr lang, was auch draußen besonders auffällt, wenn der Vogel auf einem dünnen Zweig oder Draht steht. – Die Verlängerung der Schirmfeder A7 ist bei Baum- und Wiesenpieper besonders ausgeprägt und auch bei dem fliegenden Vogel sichtbar. Noch stärker ist diese Verlängerung bei den Stelzen entwickelt (siehe Schafstelze, Bachstelze und Gebirgsstelze, in diesem Buch). Man findet das Merkmal auch bei den Lerchen. Die Funktion dieser Verlängerung ist nicht klar, doch decken die Schirmfedern den geschlossenen Flügel ab.

Die Federn des Wiesenpiepers sind denjenigen des Baumpiepers sehr ähnlich. Rupfungen sind nicht leicht zu unterscheiden, doch sind beim Wiesenpieper die weißen Schwanzkanten kontrastreicher entwickelt als beim Baumpieper. St5 hat mehr Weiß.

Der Wiesenpieper ist ein Kurzstreckenzieher, der bei uns in klimamilden Gebieten überwintert. Der Handflügel ist mäßig spitz geformt. Im Flügelverband sind H7 bis 9 etwa gleich lang, H6 ist wenig kürzer.

Baumpieper

Anthus trivialis

Der Baumpieper ist heute in vielen Regionen, in denen er früher häufig war, als Brutvogel selten geworden oder sogar ganz verschwunden. Bestimmend für die Existenz der Population sind die offenen Lebensräume an Waldrändern und auf Heiden und Mooren. – H6 bis 9 sind annähernd gleichlang, die **Handschwinge** H7 als längste überragt mit 66 bis 79 mm (Mittel 74 mm, n = 61) ihre Nachbarn nur wenig. Im vollständigen Flügel ist H5 um 2,5 bis 5,0 mm kürzer als H6. H6 bis 8 sind an den Außenfahnenspitzen verengt. H1 und 2 sowie A1 bis 6 sind gerundet zweispitzig, das heißt, die Spitze ist am Schaft etwas eingezogen.

Hand- und **Armschwingen** sind dunkel graubraun, die Innenfahnen nur schwach und verlaufend aufgehellt. Auffallend sind die breiten, verlaufenden, mattgelblichen Säume an den Außenfahnen der drei Schirmfedern. Solche besser abgegrenzten Säume finden sich auch an den Großen Oberen Armdecken, an den Mittleren sind sie weißlich und am Schaft dunkel unterbrochen. Sie bilden einen vorderen Flügelstreif, ähnlich wie bei den anderen Piepern. Sie können sich aber im Laufe des Sommers ein Stück weit abnutzen.

Die mittlere **Steuerfeder** weist ebenfalls eine graubräunliche Färbung mit breiten hellen Außensäumen an beiden Fahnen auf. Die übrigen Steuerfedern sind dunkelbraun. Die längste Steuerfeder, meist St5, misst durchschnittlich 67 mm und variiert zwischen 60 und 74 mm (n = 161). Die beiden Außensteuerfedern 5 und 6 bilden einen weißen Randsaum im gespreizten Schwanz. Bei St6 setzt der weiße Anteil in der Außenfahne etwa in der Federmitte an und erreicht variabel etwa bei drei Vierteln der Fahnenlänge den Keil der Innenfahne, um von hier bis zur Federspitze durchzulaufen. Das entstehende helle Feld ist oft leicht gelblich oder bräunlich getönt. Das ist bei der Außenfahne noch stärker ausgeprägt als bei der Innenfahne. Der Schaft zieht sich dunkel oder hellbraun pigmentiert durch den Keilfleck bis zur Federspitze. Bei St5 ist das helle Feld viel kleiner und auf die Innenfahne beschränkt, es fehlt manchmal ganz. Bei St4 kann es punktförmig auf der Innenfahnenspitze vorhanden sein. Im geschlossenen Schwanz sind die Keilflecke nicht sichtbar, beim Landen und im Flug werden sie jedoch beidseitig als weiße Schwanzkante wahrnehmbar. Die Oberschwanzdecken sind graubraun, die Unterschwanzdecken hell rahmfarben mit schwachem oder fehlendem Schaftstrich. Beim **Jungvogel** sind die Steuerfedern zugespitzt, beim Altvogel in den Spitzen abgerieben. – Baum- und Wiesenpieper sind an den Steuerfedern nicht unterscheidbar, jedoch an der Schwingenformel im kompletten Flügel. Die Vollmauser nach der Brutzeit beginnt im Juni/Juli, bei den Männchen vor den Weibchen, wird aber mit dem Wegzug unterbrochen. Die Dauer der Handschwingenmauser beläuft sich auf insgesamt nur 35 bis 50 Tage.

Im Gegensatz zum Bergpieper (nicht in diesem Buch) sind beim Baumieper die Säume der Schirmfedern, der oberen Flügeldecken und der mittleren Steuerfedern mattgelb. Wie bei anderen Piepern bilden die beiden Außensteuerfedern St5 und 6 im Flug eine weiße Schwanzkante. Man beachte den in St6 dunklen Schaft. Helle Schwanzkanten gibt es sonst auch bei anderen Piepern, Stelzen und Lerchen sowie bei Buchfinken und Kohlmeisen. Diese Schwanzkanten sind im zusammmengefalteten Schwanz verborgen, fallen aber im Flug und besonders beim Landen im gespreizten Schwanz auf.

Der Flügel des Langstreckenziehers ist recht spitz geschnitten. Die Fahnenverengungen an H6 bis H9 sind jedoch deutlich. H10 ist winzig und kürzer sowie schmaler als HD9.

Buchfink

Fringilla coelebs

Der Buchfink gilt als der häufigste Vogel in Mitteleuropa. – Bei den einzelnen **Handschwingen** sind die äußeren H6 bis 9 etwa gleich lang. Die längste Handschwinge misst 65 bis 84 mm, im Mittel 76 mm (n = 254). H(5) 6 bis 8 haben eine Außenfahnenverengung. Bei den inneren sechs Handschwingen ist die Innenfahne größtenteils dunkel, doch beginnt am Innensaum fast an der Spitze ein helles Feld, das zur Basis hin breiter wird und beinahe den dunklen Schaft erreicht. Bei denselben Schwingen setzt sich an der Außenfahne im basalen Viertel ein etwa 1 cm langes weißes Feld ab. Dieses Außenfahnenfeld liegt im kompletten Flügel weitgehend unter den Handdecken, sodass im Flugbild nur ein schmaler weißer Saum davon sichtbar wird. Bei H7 bis 9 ist die Außenfahne durchgehend dunkel, trägt aber einen feinen gelblichen Außensaum. Bei den **Armschwingen** A1 bis 6 trägt das basale Drittel der Außenfahne wieder das weißliche Feld, der Rest ist dunkelgraubraun mit einem zunehmend breiten hellen Außensaum. Die Innenfahne hat ebenfalls ein schräg angeschnittenes weißes Feld, das erst kurz vor der Spule grau wird. Der Schaft ist durchgehend schwarz bis zur Spule. Den Schirmfedern fehlen meist die weißen Felder oder diese sind nur in Andeutungen vorhanden. Ansonsten sind sie nur basal etwas aufgehellt, die Außensäume sind zwar breit, aber wenig kontrastreich. Im Armflügel bilden die Decken zwei helle Säume: Die Kleinen und Mittleren Oberen Armdecken erzeugen mit breiten weißlichen Enden das „Schulterstück" des Vogels, die Endsäume der Großen Oberen Armdecken bilden zusammen mit den Armschwingen-Feldern einen schmaleren gelblichen Saum, der eine weitere Flügelbinde erzeugt. Der Schwanz ist nur wenig eingebuchtet. Die längste **Steuerfeder** (meist St5) ist bei einer Durchschnittslänge von 71,5 mm (60 bis 81 mm, n = 875) beim alten Männchen ungefähr 6 mm länger als die kürzeste St1. Die Steuerfedern sind beim älteren Vogel in der Tendenz ebenfalls um 6 mm länger als beim dies- oder vorjährigen Individuum, beim Männchen in den Mittelwerten etwa 5 mm länger als beim Weibchen. Sie sind in der Grundfärbung schwarz, nur St1 ist düster graublau mit breiten hellen Säumen. St5 weist im Spitzendrittel der Innenfahne ein keilförmiges weißes Feld auf. Die Außenfahne ist bis auf einen sehr schmalen grünlichen Saum schwarz. Bei St6 erreicht der weiße Keilfleck von der Spitze her die Mitte der Innenfahne und greift hier ein Stück weit auf die Außenfahne über. Diese ist zudem im Spitzendrittel dunkel. Der Schaft ist durchgehend schwarz. Die Oberschwanzdecken sind beim Männchen graublau mit bräunlichen Säumen, die Unterschwanzdecken blassrosa. – Die Vollmauser der alten Männchen setzt gegen Mitte Juli ein. Zu derselben Zeit mausern die Jungvögel, bleiben aber an stehen gebliebenen jugendlichen Flügeldecken erkennbar. Nach der Mauser tragen die Federn beim Männchen im Herbst und Winter beigefarbene Säume im Kleingefieder, die zum Frühjahr hin abbrechen. Dann entsteht das Prachtkleid des Männchens, das oben im Foto gezeigt wird.

Federn und Rupfungen des Buchfinken sind zu allen Jahreszeiten häufig zu finden – gemäß der Häufigkeit des Vogels. Typisch ist die weiße Schwanzkante, die von St5 und 6 gebildet wird. Auch die inneren Hand- und die Armschwingen sind anhand des hellen Feldes in der Außenfahne gut zu erkennen. Die mittlere St1 und die Schirmfeder A7 sind hier beide stark abgenutzt, bei A7 ist sogar die Federspitze abgebrochen.

Der Flügel ist nicht sonderlich spitz geformt. H6 bis 8 sind am längsten.

Bergfink

Fringilla montifringilla

Der Bergfink ist hierzulande ein alljährlicher und häufiger Wintergast und Durchzügler aus dem Norden. Er bevorzugt Buchenwälder, wo er sich von Bucheckern ernährt und manchmal in riesigen Scharen auftritt. – Unter den **Handschwingen** sind H6 bis 9 als Einzelfedern etwa gleich lang, die längste misst 71 bis 86 mm (Mittel 78 mm, n = 82). H10 ist spitz, klein und unter HD9 verborgen. H6 bis 8 weisen eine Verengung der Außenfahne auf. Alle Handschwingen sind fein hell gesäumt, doch werden die Säume bei den inneren breiter. Die Innenfahnen der Handschwingen 1 bis 6 haben ein breites weißes Randfeld, das zur Spitze und zur Basis der Feder hin schmaler wird und ausläuft. Ähnlich wie beim Buchfinken tragen auch beim Bergfinken die Handschwingen 1 bis 6 an der Außenfahne eine weiße Markierung von etwa 1 cm Länge, die etwa 1 cm über der dunigen Fahnenbasis beginnt. Den Handschwingen 7 bis 9 fehlt dieses Feld. Es setzt sich bei den **Armschwingen** bis hin zu den Schirmfedern fort und wird dort breiter, dreieckig und leicht rahmfarben oder grau getönt. Die äußeren fünf oder sechs Armschwingen sind an ihrer Spitze etwas eingebuchtet: Die Innenfahne überragt jedoch die Außenfahne kaum. Ein heller Saum im Spitzendrittel der Außenfahne verbreitert sich nach innen hin von Feder zu Feder und gewinnt an Farbkraft. Bei den Schirmfedern ist er etwa 3 mm breit und mattorange. Er erreicht sowohl die Federspitze als auch das basisnahe Außenfahnenfeld. Auch die Endsäume der Großen Oberen Armdecken sind bei den äußeren Federn schmal, hell und werden nach innen hin breiter und mattorange. Bei **Jungvögeln** kann hier allerdings bis ins Folgejahr eine Mausergrenze nach 1 bis 4 äußeren Armdecken auftreten. Die äußeren sind schmal weißlich gesäumt, die inneren breit und farbig. Die längste **Steuerfeder**, meist St6, hat eine Länge von durchschnittlich 68 mm (58 bis 75 mm, n = 510), bei den Weibchen ist sie kürzer als bei den Männchen. Im Zusammenhang mit der Schwanzgabelung ist das innere Paar im Durchschnitt etwa 10 mm kürzer als das äußerste. St6 ist am Ende deutlich nach außen gebogen, St5 weniger. Die Steuerfedern sind beim Männchen schwarz, nur an der Basis der Innenfahne ein wenig grau aufgehellt. Alle sind ringsum fein hell gesäumt. Die Innenfahnen sind am Ende abgeschrägt, was besonders bei den Jungvögeln auffällt. Bei diesen sind alle Steuerfedern überdies zugespitzt, bei Altvögeln in der Spitze eher gerundet. Bei St6 bleiben von dem weißen Keilfleck, der für einige Finkenvögel typisch ist, nur ein Rudiment in der Außenfahne und ein verwischtes Feld in der Mitte der Innenfahne. Der große helle Keilfleck in der Innenfahne ist bis auf einen lichten Innenfahnensaum regelrecht dunkelgrau schattiert. Das für den Bergfinken in allen Kleidern typische weiße Bürzelfeld wird von den mittleren Decken des Hinterrückens gebildet. Die relativ schlichten Oberschwanzdecken können dazu nichts beitragen. Möglicherweise ist der weiße Bürzel als Signal so wirkungsvoll, dass es keinen Bedarf nach einer ursprünglichen weißen Schwanzkante oder einem farbigen Oberschwanz mehr gab. Man könnte an einen Austausch der Signale denken.

Die Färbungsmuster beim Bergfinken sind ähnlich wie beim Buchfinken, doch ist der Keilfleck in St6 grau schattiert, die Oberschwanzdecken OSD anders gefärbt, beim Buchfinken graugrünlich, beim Bergfinken mit dunklem Zentrum hellgraubraun gesäumt. Auch die Schirmfeder A7 ist kontrastreicher.

Bergfink

Die Handschwingen zeigen ein recht spitzes Flügelprofil. Das Schulterfeld und der Armflügelstreif sind beim Bergfinken farbkräftig, beim Buchfinken fast weiß.

Kernbeißer

Coccothraustes coccothraustes

Kernbeißer sind Standvögel und Teilzieher. Die Vögel finden sich regelmäßig an Futterstellen ein und können dort sehr dominant auftreten. – Die **Handschwingen** H6 bis 8 sind an ihren Außenfahnen verengt, H7 bis 9 an den Innenfahnen. H10 ist winzig, kürzer und schmaler als HD9. Die längste Handschwinge misst 79 bis 94 mm (Mittel 88 mm, n = 85). Die Handschwingen sind in ihrer Grundfarbe schwarz. Sie tragen aber in der Mitte ihrer Innenfahne ein weißes Feld, das am Schaft fußt und sich jeweils am Innenfahnensaum ein Stück aufweitet. Dieses Feld wird bei den äußeren Handschwingen zur Flügelspitze hin kleiner, ist aber auch bei H9 noch vorhanden. Es erzeugt ein weißes Flügelband, das sich durch den gestreckten Flügel bis zur A6 zieht. Die inneren fünf Handschwingen zeichnen sich zusätzlich durch besondere **Ornamente** aus. Das Ende ihrer Außenfahne ist verlängert, blau schimmernd gefärbt und nach außen zu einer Spitze gekrümmt, dies am stärksten bei den alten Männchen, weniger stark bei den Weibchen und den Jungvögeln. H6 und 7 haben noch blaue Spitzen, aber keine lockenartige Form mehr. Jungvögel und Altvögel kann man an der Innenfahnenspitze der inneren Handschwingen (Beispiel H4) unterscheiden: Bei den Jungen ist sie nur schwach eingebuchtet, bei den Altvögeln tief. Das weiße Feld in der Innenfahne setzt sich bei den **Armschwingen** 1 bis 6 kleiner werdend fort. Nur die Schirmfedern sind beim Männchen schwarz, A8 und 9 mit schwarzbraunem Feld an der Außenfahne; bei den **Weibchen** sind sie dunkelgrau mit breitem graubraunem Saum auf der Außenfahne. Auch A1 bis 6 haben beim Weibchen einen breiten grauen Saum in der äußeren Hälfte der Außenfahne. Diesen haben auch die äußeren Großen Oberen Armdecken, beim Männchen sind sie schwarz. Die mittleren Großen Oberen Armdecken haben eine helle Außenfahne, die inneren sind braun mit dunkler Basis. Die Mittleren Oberen Armdecken sind in ihrer Spitzenhälfte leuchtend weiß oder hellbraun und bilden zusammen mit den GOAD ein weiß-hellbraunes Armflügelfeld. Beim Männchen sind die Außenfahnen von A1 bis 6 nicht grau, sondern schwarz mit violettem Metallglanz. Sie sind am Ende verbreitert, tragen noch blauen Glanz an der Spitze und entsprechen in der Form den Ornamenten der inneren Handschwingen. Die **Steuerfedern** sind mit einem Maximalwert bei St5 oder 6 von durchschnittlich 62 mm (53 bis 67 mm, n = 379) recht kurz. Der Schwanz ist schwach eingebuchtet. Dafür ist vor allem St1 verantwortlich, die 3 bis 8 mm kürzer ist als die längste (St5 oder 6). St1 hat eine hellbraune Außenfahne, eine dunkelbraune bis schwärzliche Innenfahne und ist an der Spitze weißlich aufgehellt. St2 bis 5 dagegen sind schwarzbraun und tragen auf der Innenfahne an ihrer Spitze ein weißes Feld, das sich von St2 bis 6 vergrößert und bei St6 etwa ein Drittel der Fahnenlänge einnimmt. Die Oberschwanzdecken sind grauoliv oder bräunlich, die Unterschwanzdecken leuchtend weiß.

Die Federn des Kernbeißers stammen von einem alten Männchen. Die Schwingen tragen bis in die Hand hinein weiße Muster, die sich im Flug zu einem hellen Band zusammenfügen. Auffallend sind auch die am Ende aufgebogenen und stahlblau gefärbten inneren Handschwingen sowie die Färbungsmuster der Steuerfedern. Zwischen GOAD3 und GOAD7 besteht eine Mausergrenze. GOAD3 ist vor der Mauser, GOAD7 ist vermausert.

Der Flügel des Kernbeißers wirkt im Flug rund. Die äußeren Handschwingen sind jedoch zugespitzt.

Gimpel

Pyrrhula pyrrhula

Gimpel sind Jahresvögel und Teilzieher, die sich im Winter häufig als Nahrungsgäste an Futterstellen einfinden, im Sommer aber meist aus den Gärten verschwinden. – Die Schwingen des Gimpels sind zart gebaut und wirken durchscheinend. H5 bis 8 verfügen über eine Außenfahnenverengung, dazu H(5) 6 bis 9 über eine Verengung der Innenfahne. H9 und H1 bis 4 sind dann etwas kürzer als die oben genannten. Die längste **Handschwinge** hat eine Länge von 71 bis 87 mm, im Mittel 77 mm (n = 80). H10 ist winzig und versteckt sich mit einer Länge von etwa 7 mm noch unter der kleinen HD9 mit 11 mm. Die Handschwingen sind dunkel- bis schwarzgrau mit schwacher, nicht klar abgegrenzter Aufhellung der Innenfahne, besonders zur Basis hin. Der Schaft hebt sich durch schwarzen Glanz etwas von den Fahnen ab. H9 hat einen feinen hellen Außensaum. Die randständige Aufhellung der Innenfahne ist bei den **Armschwingen** ein wenig heller und besser abgegrenzt. Nur die drei Schirmfedern sind in der Spitzenhälfte tiefschwarz mit blauem Glanz, in der Basis grau. Die kleine Schirmfeder A9 zeigt auf der hellen Außenfahne eine rosa oder rötliche Tönung (noch nicht bei Jungvögeln vor der Jugendteilmauser). Bei den **Jungvögeln** vor der ersten Kleingefiedermauser im Herbst des ersten Jahres sind die äußeren Großen Oberen Armdecken und auch die kleine Karpaldecke sämtlich schmal und meist beigefarben gesäumt. Die inneren werden noch im ersten Herbst durch Nachfolger mit breiten hellgrauen Endsäumen ersetzt. Später sind die Decken alle einheitlich und bilden bei Altvögeln die komplette weißlich wirkende Flügelbinde des fliegenden Gimpels. Man kann die Mausergrenze unter günstigen Bedingungen mit dem Fernglas auch im Freien beobachten, sonst nur, wenn man Vogel oder Federn in der Hand hat. Der Schwanz ist recht gerade abgeschnitten. Die längsten **Steuerfedern** erreichen eine Durchschnittslänge von etwa 70 mm, sie variieren zwischen etwa 61 und 81 mm (n = 877). Ihre Färbung ist tiefschwarz mit etwas bläulichem Glanz an der Spitze und auf den Außenfahnen, besonders bei St1. Blauschwarz schimmern auch die Oberschwanzdecken. Der weiße Bürzel wird also nicht von ihnen, sondern von den Deckfedern des Hinterrückens gebildet. Die Unterschwanzdecken sind weiß, nur der dunige Basalteil ist dunkelgrau. Bei manchen Individuen, in zwei untersuchten Populationen bei 23 %, ist auf der Innenfahne der Außensteuerfeder St6 nahe dem Schaft ein hellgrauer oder weißlicher Längsfleck zu erkennen, der das Rudiment eines weißen Keilflecks darstellen dürfte. Vermutlich hat es bei den Vorfahren des Gimpels eine finkentypische weiße Schwanzkante gegeben, die dann gegen einen weißen Bürzel ausgetauscht worden ist. Nach Befunden an beringten Vögeln kann dieses Merkmal mit einer Mauser verschwinden. Das spricht auch für die Deutung, dass es sich um ein Rudiment handelt. Leider kann man dieses Merkmal beim lebenden Vogel im Freiland kaum wahrnehmen, wohl aber in einer Rupfung oder bei einem für die Beringung gefangenen Vogel in der Hand.

Die Federn des Gimpels stammen von einem vorjährigen Weibchen. Zwischen den Großen Oberen Armdecken 4 und 5 besteht eine Mausergrenze. Die zusätzliche St6 zeigt einen rudimentären Keilfleck. Die Oberschwanzdecken OSD sind nicht weiß wie die Decken des Hinterrückens, sondern tiefschwarz wie die mittleren Steuerfedern. Sie fallen durch ihre lange schlanke Form auf.

Der Flügel ist rund geschnitten, sodass die einzelnen Handschwingen 5 bis 8 etwa die gleiche Länge haben. In den GOAD ist eine Mausergrenze zu erkennen, der Vogel stammt aus dem Ende des ersten Kalenderjahrs.

Fichtenkreuzschnabel

Loxia curvirostra

Fichtenkreuzschnäbel sind weitgehend an Fichtenbestände gebunden, wo sie sehr früh im Jahr brüten können und in den Zapfen ihre Hauptnahrung finden. Hin und wieder treten sie invasionsartig auf. Die Teilpopulationen fluktuieren regional und die Vögel sind nirgends auf Dauer sehr häufig. – Das Großgefieder des Fichtenkreuzschnabels ist schmucklos: Die Federn sind fast durchgehend braunschwarz. Die nebeneinander gelegten **Handschwingen** H6 bis 9 sind ungefähr gleich lang, wobei H7 und 8 ihre Nachbarn um etwa 3 mm überragen Die Maße der längsten Handschwinge schwanken zwischen 77 und 89 mm (Mittel 83 mm, n = 77). H10 ist mit 10 mm kürzer als die Handdecke 9. H6 bis 8 haben Außenfahnenverengungen aufzuweisen, während H(6) 7 bis 9 an der Innenfahne verengt sind. Alle Handschwingen wirken fast schwarz, aber etwas durchscheinend, die Innenfahnen lassen kaum eine Aufhellung erkennen. Die Außenfahnen tragen schwache helle Säume. Bei den **Armschwingen** einschließlich der Schirmfedern ist die basale Hälfte der Innenfahnen minimal aufgehellt, sodass die schwarzbraunen Schäfte etwas mehr hervorstechen als bei den Handschwingen. Die Schirmfedern sind mitunter an der Innenfahnenspitze ein wenig aufgehellt. Die längste Schirmfeder A7 ist nicht länger als A6, sondern um einen Millimeterbetrag kürzer. Sämtliche obere Flügeldecken sind bei Altvögeln ohne Säume. Die **Steuerfedern** sind ebenfalls schmucklos und entsprechen in ihrer Färbung den Handschwingen, sodass auch hier die Schäfte in den dunklen Fahnen nur schwach zu erkennen sind. Allein die Spulen sind hell. Die Federn sind kurz und breit. Sie erreichen in der längsten St5 im Mittel eine maximale Länge von etwa 65 mm, sie variieren zwischen etwa 57 und 72 mm (n = 159). Sie sind zugespitzt, besonders bei Jungvögeln, bei denen sie anfänglich helle Endsäume tragen. Durch Abnutzung gehen auch die sehr feinen rötlichen Außensäume der Männchen und die grünlichen der Weibchen verloren. Die äußeren Steuerfedern können im Spitzenbereich etwas nach außen gebogen sein. Der Schwanz ist stark gegabelt, bei Männchen in der Tendenz stärker als bei Weibchen, bei Jungvögeln stärker als bei Altvögeln. Die Tiefe der Gabelung variiert zwischen 5 und 10 mm. Die Oberschwanzdecken sind dunkelgrau, die Unterschwanzdecken bei Jungvögeln hellgrau, teils mit dunklen, zugespitzten Zentren und breiten hellen Säumen. Das **Körpergefieder** ist bei ausgefärbten Männchen ziegelrot, bei manchen grünlich-gelblich, bei Weibchen grünlich. Junge und alte Männchen, die vor dem Juli mausern, werden mehr oder weniger gelblich, nachher mausernde rötlich, was durch den Anteil frischer Fichtensamen in der Nahrung bewirkt wird.

Die Einzelfedern des Fichtenkreuzschnabels stammen von einem weiblichen Vogel. Während das Männchen im Alterskleid rotes Kleingefieder hat, ist das Großgefieder in allen Kleidern schlicht. Das Fehlen farbiger oder weißer Felder in Hand- und Armschwingen sowie in den Steuerfedern kann man sogar als Bestimmungsmerkmal auffassen. Die Unterschwanzdecken USD sind breit hell gesäumt. Deswegen lohnt es sich bei einer Rupfung, besonders auf die Unterschwanzdecken zu achten. Die Farblosigkeit des Flügels fällt in der Tafel besonders auf.

Der Flügel ist recht spitz geschnitten. Abgesehen von den feinen hellen Außensäumen sind die Schwingen frei von äußerlichen Mustern.

Grünfink

Carduelis chloris

Grünfinken sind verbreitete Jahresvögel und Teilzieher. – Im Groß- und Kleingefieder gibt es deutliche Unterschiede zwischen den Geschlechtern. Bei beiden sind die Außenfahnen der **Handschwingen** 6 bis 8 verengt, die Innenfahnen von H6 bis 9. Die längste Handschwinge misst 70 bis 81 mm (Mittel 75 mm, n = 135). Hier wird zuerst das Gefieder des **Männchens** beschrieben, dann die Abweichungen beim Weibchen (s. Abschnitt rechts). Die Handschwingen sind dreifarbig. Die Innenfahnen sind von der Spitze her schwarz (mit hellem Endsaum). Etwa bei einem Drittel der Länge beginnt am Saum der Innenfahne ein breiter werdendes weißes Feld, das sich an der Fahnenbasis bis zum Schaft ausdehnt. Die Außenfahne ist gelb, mit Ausnahme der verengten Spitzenteile der Handschwingen. Die unteren Handdecken sind grau, die unteren Armdecken weiß oder gelblich mit grauer Basis. Die **Armschwingen** sind dunkelgrau mit breiten grauen Außen- und Endsäumen, die zu den Schirmfedern hin immer mehr um sich greifen. Die schwarzen Schäfte der Armschwingen treten von außen nach innen hin immer mehr hervor. Auch die Großen Oberen Armdecken verlieren von außen her einen matten Grünanteil und gewinnen zum Schirm hin immer mehr Grau. Dagegen setzen sich die Kleinen Oberen Armdecken leuchtend grün ab. Die **Steuerfedern** sind durch die deutliche Gabelung des Schwanzes gestuft. Die mittlere Steuerfeder ist die kürzeste, aber auch die breiteste. Die längste St6 misst bei Männchen und Weibchen im Mittel 62 mm (Streuung 53 bis 69 mm, n = 1309). Die Tiefe der Gabelung macht 6 bis 9 mm aus. Bei Jungvögeln, auch den vorjährigen bis zur Mauser, sind die Steuerfedern schmaler als bei Alten und am Ende zugespitzt, meist stärker abgenutzt. St1 der Männchen ist schwärzlich, die Außenfahne mit einem matt graugrünen breiten Saum versehen. Bei St2 ist die Innenfahne ebenso dunkel, aber die äußere Basishälfte der Außenfahne gelb. Das Gelb erfasst bei St3 bis 6 auch die Innenfahne bis zum Schaft, nur das Spitzendrittel und der gesamte Schaft bleiben schwarz; der Übergang vom Schwarz zum Gelb in der Fahne ist weich. Auch an der Basis der Innenfahne bleibt oft ein kleines graues Feld erhalten. St6 ist schmaler als die anderen und in der Spitze leicht nach außen gebogen. Junge Männchen haben weniger Gelb im Schwanz als alte. Die Oberschwanzdecken der Alten sind graugrün, die Unterschwanzdecken bis auf die graue Basis gelb mit einer schmutzig wirkenden grauen Verdunkelung an der Spitze. Beim **Weibchen** beschränkt sich der gelbe Handflügelspiegel auf die Handschwingen 6 bis 8 und erreicht hier nicht den Schaft. Bei den Steuerfedern ist der Gelbanteil viel geringer, oft auch blasser als beim Männchen. St2 ist dunkel wie St1, St3 hat nur einen gelben Außenfahnensaum. Gelbe Felder in den Außenfahnen der Handschwingen findet man sonst auch beim Stieglitz und beim Erlenzeisig (beide in diesem Buch, hier lohnt sich also ein Vergleich). Im zusammengefalteten Flügel ändern sich die Verhältnisse und geben andere Bilder ab.

Beim Grünfinken-Männchen gibt es gelbe Felder in den äußeren Steuerfedern, beim Weibchen in schwächerer Ausprägung. Kennzeichnend sind auch die gelben Felder in den Außenfahnen der Handschwingen, die in allen Kleidern ein gelbes Flügelfeld bilden und auch beim fliegenden Vogel zu erkennen sind. Die einzelne gefundene Handschwinge ist damit dreifarbig, in schwächerer Form die Armschwingen.

Grünfink

Der Flügel ist mäßig spitz geschnitten. Weibchen haben im Handflügel weniger Gelb.

Bluthänfling

Linaria cannabina

Der Bluthänfling war ursprünglich in Mitteleuropa ein weitverbreiteter und häufiger Teilzieher, hat aber in vielen Regionen abgenommen und fehlt heute in vielen Gärten, in denen er früher gebrütet hat. – Das Prachtkleid alter Männchen kommt im Frühjahr durch Abnutzung von hellen Federsäumen zustande. Die Außenfahnen der **Handschwingen** H6 bis 8 sind verengt. Die äußerste Handschwinge H10 ist mit etwa 7 mm sehr kurz. Die längste Handschwinge H6 oder 7 erreicht 63 bis 75 mm, im Mittel 69 mm (n = 106). Die inneren Handschwingen H1 bis 5 (6) zeichnen sich durch weiße Außensäume aus, die nach außen im Flügel kürzer werden. Alle Handschwingen haben außerdem helle Innensäume. Bei den **Armschwingen** A1 bis 6 ist das weiße Innenfahnenfeld beim Männchen breiter als dasjenige der inneren Handschwingen. Dagegen sind bei den Schirmfedern die Innenfahnen unauffällig graubraun. Hier sind die schwarzen Schäfte stärker kontrastiert. An den Außenfahnen gibt es bei den Armschwingen bräunliche Säume, die sich zu den Schirmfedern hin verbreitern. Die größte Schirmfeder A7 ist gegenüber ihrer Nachbarin A6 nicht verlängert, durch Abnutzung eher kürzer. Die Außenfahne ist braun, was ebenso für die inneren Großen Oberen Armdecken gilt. Diesen fehlt in den Alterskleidern ein klarer, heller Endsaum; bei Jungvögeln ist er deutlich. Die Mittleren Oberen Armdecken sind beim Männchen warm rotbraun, beim Weibchen graubraun. Beim **Weibchen** sind auch die Innensäume von Hand- und Armschwingen schmaler und weniger klar abgegrenzt. Bei **Jungvögeln** tragen die Schirmfedern breite hellbraune Spitzensäume. Jungvögel kann man in vielen Fällen nach der Jugendteilmauser noch an Mausergrenzen in den Großen Oberen Armdecken, bei der Alula, den Schirmfedern und den Steuerfedern bestimmen. Die Geschlechter unterscheiden sich sogar schon vor der Jugendmauser an den weißen Außensäumen der inneren Handschwingen. Sie reichen bei den Männchen fast bis an den Schaft heran, bei den Weibchen sind sie nur halb so breit. Die **Steuerfedern** sind schmal und zugespitzt, im frischen Zustand am Ende gerundet. Die längsten erreichen 60 mm, sie variieren zwischen 54 und 66 mm (n = 691). Der Schwanz ist tief gegabelt, was sich aus einem Längenunterschied von 7 bis 10 mm zwischen St1 und St5/6 ergibt. Die äußeren Steuerfedern sind in der Spitze oft etwas nach außen gebogen. Sie sind im Kern einschließlich der Schäfte schwarzbraun, fallen aber durch weiße Säume an beiden Fahnen auf. Der weiße Innensaum nimmt von St2 bis 6 auf die halbe Breite der Innenfahne zu. Beim Weibchen sind die Steuerfedern in ihrer Kernfärbung eher dunkelbraun als schwarz, die Säume schmaler. Die Oberschwanzdecken sind in beiden Geschlechtern mit spitz zulaufendem grauschwarzem Kern und breiten weißen Säumen ausgestattet. Die Unterschwanzdecken sind weißlich, die inneren haben einen dunklen Schaftstrich. – Als Bluthänflinge noch häufig waren, sah man sie regelmäßig an Straßenrändern Magensteinchen aufnehmen, wobei manche zu Verkehrsopfern wurden.

Beim Bluthänfling fällt besonders die kontrastreiche Zeichnung der Innen- und Außenfahnen in den äußeren Steuerfedern St5 und 6 auf. Das findet man sonst in ähnlicher Form nur bei der Beutelmeise, die aber wegen ihrer Seltenheit in diesem Buch nicht vorgestellt wird. Die Federn stammen von einem alten Männchen. A7 Sch zeigt Abnutzungserscheinungen und ist ausgebleicht.

Der Flügel ist recht spitz geformt. Die äußeren Handschwingen sind alle etwa gleich lang, nur H10 ist sehr kurz und im kompletten Flügel nicht sichtbar.

Stieglitz

Spinus carduelis

Stieglitze sind in Mitteleuropa Kurzstreckenzieher oder Teilzieher; sie sind auch im Winter bei uns anzutreffen, flüchten aber in Kältewintern. Der Stieglitz ist einer der Vögel mit dem buntesten und kontrastreichsten Gefieder, was bei ihm nicht nur für das Kleingefieder, sondern auch für die Schwingen und Steuerfedern zutrifft. Bei den einzelnen **Handschwingen** ist H7 die längste mit 62 bis 74 mm, im Mittel 69 mm (n = 87). H6 bis 9 sind jedoch annähernd gleich lang, H10 ist winzig. Im kompletten Flügel auf der Tafel sieht man, wie lang H9 ist und dass damit die Flügelspitze nach vorn verlagert ist. Eine schwache Außenfahnenverengung ist bei H6 bis 8 zu erkennen. Die Handschwingen sind dreifarbig. Die zwei basalen Drittel der Außenfahne sind leuchtend gelb, was gemeinsam mit dem entsprechenden Muster der Armschwingen im gestreckten wie im zusammengelegten Flügel einen breiten gelben Flügelstreif ergibt. In H8 ist das gelbe Feld kürzer und schwächer, in H9 fehlt es ganz. Hinzu kommen ein breiter heller Saum der Innenfahne, der etwa bei zwei Dritteln der Federlänge beginnend an der Basis den durchgehend schwarzen Schaft erreicht. Bei den vier inneren Handschwingen findet sich eine weiße Federspitze am Ende des Schaftes. Diese kann aber zur Brutzeit schon der Abnutzung zum Opfer gefallen sein. Die **Armschwingen** setzen das dreifarbige Muster der Handschwingen fort. Das gelbe Außenfahnenfeld wird aber nach innen zu im Flügel kürzer und farbschwächer, bei den Schirmfedern 8 und 9 wird es grau. Das weiße Innenfahnenfeld nimmt mehr als die basale Hälfte der Fahne ein und ist klar abgegrenzt, wird aber in den Schirmfedern zunehmend grau. Die weiße Spitze ist bei den Armschwingen ebenfalls vorhanden, kann aber leicht abgenutzt werden, besonders bei den Schirmfedern. Bei alten Männchen ist die Innenfahne der Großen Oberen Armdecke 8 gelb, bei Weibchen weißlich-beige. Die **Steuerfedern** sind mit etwa 55 mm maximaler Länge recht kurz (Variation 46 bis 61 mm, n = 531). Die mittleren Steuerfedern sind zudem noch um 3 bis 9 mm kürzer als die äußeren, sodass der Schwanz gegabelt ist. St6 ist kaum nach außen gebogen. Die Steuerfedern sind schwarz mit aufgehellter Basis an der Innen- und Außenfahne. Sie haben eine weiße oder bräunliche Spitze, die manchmal noch mit einem schwarzen Punkt endet. Bei den äußeren Steuerfedern kann die helle Spitze ganz fehlen. Sie kann im Sommer auch bei den inneren Steuerfedern weitgehend abgerieben sein, sodass an jeder Feder eine Lücke entsteht. Bei St6 kommt ein meist ovales weißes Feld nahe der Federspitze hinzu, das als Fenster entwickelt ist oder die ganze Breite der Innenfahne einnimmt. In kleinerer Form ist es oft bei St5 vorhanden, seltener bei St4. Die Unterschwanzdecken sind weiß mit grauer Dunenbasis. Die Oberschwanzdecken sind schwarz mit sehr breiten weißen Säumen, die zum weißen Bürzel im Flugbild beitragen. Bei Federfunden, besonders bei Handschwingen, lohnt es sich, wegen der gelben Felder in den Außenfahnen den Grünfinken und den Erlenzeisig zu vergleichen.

Beim Stieglitz – auf der Tafel Federn eines jungen Weibchens – weisen die äußeren Steuerfedern weiße Fenster auf, die an die Rauchschwalbe erinnern. Wie beim Grünfinken treten in den Außenfahnen der Schwingen basal gelbe Streifen auf, die jedoch auch die Armschwingen erreichen. Die weißen Spitzenflecke, besonders in den Schirmfedern und St1, neigen zur Abnutzung.

juv. ♀ 100 %

ad. 100 %

Der Flügel ist relativ spitz geschnitten, obwohl der Vogel nur ein Kurzstreckenzieher ist. Die weißen Spitzenflecke (siehe Einzelfedern) sind bereits abgenutzt.

Girlitz

Serinus serinus

Girlitze brüten in parkartigen Baumbeständen, die Nester stehen hoch in Nadelbäumen. In klimamilden Gebieten harren sie auch in Mitteleuropa im Winter aus. Die längste **Handschwinge** bei den Einzelfedern ist H6 mit 54 bis 66 mm (Mittel 62 mm, n = 61). H7 bis 9 nehmen jeweils um etwa 1 mm ab, was aber im kompletten Flügel nicht zutrifft. H6 bis 8 sind an den Außenfahnen verengt. Eine Verengung der Innenfahne ist bei H6 bis 9 angedeutet. H10 ist bei 7 mm Länge extrem schmal und klein; sie ist kürzer als die äußerste Handdecke H9. Die Handschwingen sind dunkel graubraun mit cremefarbenen Säumen an den Innenfahnen. Das setzt sich bei den **Armschwingen** fort. Sie sind an der Spitze hell gesäumt und schwach eingebuchtet. Die inneren Armschwingen und die Schirmfedern haben in der Mitte ausgebuchtete Außenfahnen, die Schirmfedern wirken geradezu keilförmig. Bei den inneren Armschwingen fallen auch die schwarzbraunen Schäfte stärker auf. Bei den Schirmfedern ist das nicht der Fall, hier sind die Innenfahnen grau. Bei den Jungvögeln sind die Schirmfedern an Außenfahne und Spitze breit und hellbräunlich gesäumt. Die Großen Oberen Armdecken haben blass ockerfarbene Spitzensäume. Die Endsäume der Mittleren Oberen Armdecken sind bei Jungvögeln und bei Weibchen ocker oder weißlich, bei alten Männchen hellgelb. In allen Kleidern bilden sie die vordere von zwei hellen Flügelbinden. Die zweite wird von den Spitzensäumen der Großen Oberen Armdecken gebildet. Der Schwanz des Girlitzes ist tief gegabelt, sodass die äußerste, längste **Steuerfeder** St6 die innerste um 5 bis 12 mm an Länge übertrifft. Dabei erreicht die längste Steuerfeder im Mittel 53 mm (46 bis 58 mm, n = 135). Die Steuerfedern sind schmal, sie wirken geradezu grazil. Die beiden äußeren Federn sind im Spitzenteil mehr oder weniger nach außen gebogen. Sie sind schwarzbraun und haben einen weißlichen Saum an der Innenfahne sowie gelblich-grünliche Außensäume, bei den Männchen lebhafter gefärbt als bei den Weibchen. Nur bei St6 ist der Außensaum weißlich. Diese Außensäume nutzen sich im Laufe der Zeit ab. Die Federn sind durch Abschrägung der Innenfahnen zugespitzt. Die Oberschwanzdecken sind grünlich grau mit dunklen, verlaufenden Schaftstrichen. Die Unterschwanzdecken sind gelblich weiß mit einem kleinen, zugespitzten grauen Federzentrum bei den mittleren. – Im Vergleich zu den anderen kleinen Finkenvögeln sind die Schwingen wie die Steuerfedern geradezu schmucklos. Der Birkenzeisig hat kein Gelb im Körpergefieder, jedoch in den Flügeldecken, den Schirmfedern und den mittleren Steuerfedern klar abgesetzte helle Säume. Der ebenfalls kleine Erlenzeisig wartet mit leuchtend oder mindestens matt gelben Feldern in den Schwingen und den Steuerfedern auf (s. dort).

Die Girlitzfedern stammen von einem alten Männchen. Beim jungen Girlitz ist die Schirmfeder (Sch jung) breit hell gesäumt. Die Unterschwanzdecke USD trägt einen breiten zentralen Schaftstrich. Der Schwanz ist gegabelt. Die ausgeprägte Strichelung der Flanken und des Rückens sowohl bei Altvögeln beider Geschlechter als auch bei Jungvögeln kann in der Tafel nicht gezeigt werden, sollte aber im Kleingefieder bei einer Rupfung auffallen. Brust und oberer Bauch des alten Männchens sind leuchtend gelb, die Flanken gestrichelt.

Die Teilpopulationen, die sich nordwärts ausgebreitet haben und zu ausgeprägten Zugvögeln geworden sind, haben spitzere Flügel entwickelt als die südlichen. In einem kompletten Flügel aus Portugal ist H8 am längsten, in demselben ist aber H6 die längste Einzelfeder.

Erlenzeisig

Carduelis spinus

Erlenzeisige brüten vor allem in Nadelwäldern im Norden und Osten Europas, in geringerer Zahl auch bei uns im Gebirge und Mittelgebirge. Sie treten im Winter scharenweise bei uns auf. – Die **Handschwinge** H9 ist selbst als Einzelfeder nur wenig kürzer als H7 und 8. H10 ist winzig; sie liegt unter der HD9 verborgen. Die längste einzelne Handschwinge (H7/8) erreicht im Mittel 62 mm bei einer Streuung von 57 bis 68 mm (n = 85). Die Handschwingen (6) 7 und 8 sind an der Spitze der Außenfahne schwach verengt, entsprechend auch innen an H7 bis 9. In beiden Geschlechtern haben die inneren Handschwingen einen breiten hellgelben Innenfahnensaum, der an der Federbasis fast den dunkel abgesetzten Schaft erreicht. Auf der Außenfahne erstreckt sich im unteren Federdrittel ein gelbes Feld bis zum Schaft. Bei den äußeren Handschwingen (6) 7 bis 9 fehlt es, hier bleibt nur das Innenfahnenfeld, das aber bei H8 und 9 schmaler und grauer wird. Die **Armschwingen** setzen das Muster der inneren Handschwingen mit gelben Basisfeldern in der Innen- und Außenfahne fort. Ein schmaler heller Außensaum am dunklen Teil der Außenfahne wird zu den Schirmfedern hin immer breiter. Hier verengt sich die Außenfahne im Spitzenteil. Die Schirmfedern werden nach innen zu dunkler. Die GOAD haben besonders ab der 3. bis 8. ausgedehnte gelbe End- und weißliche Innensäume. Zusammen mit den MOAD bilden sie eine zweifache Flügelbinde. Bei dem größten Teil (87 %) der diesjährigen und vorjährigen Jungvögel tritt in den Großen und Mittleren Decken eine Mausergrenze auf: Die äußeren unvermauserten Federn haben schmale gelblich-weiße Säume und eine dunkelbraune Grundfärbung, vermauserte haben grüngelbe Säume und eine schwarze Grundfärbung. Die **Steuerfedern** 2 bis (5) 6 haben auf Innen- und Außenfahne meist viel leuchtendes Gelb, das nur durch den dünnen schwarzen Schaft aufgeteilt ist. Das Spitzendrittel ist ebenfalls schwarz abgesetzt. Bei der Außensteuerfeder zieht sich dieses Schwarz allerdings auf der Außenfahne weit den Schaft entlang und lässt oft nur die gelbe Basis frei. Bei St1 ist das Gelb weitgehend durch eine graue oder schwarze Schattierung abgedeckt. Beim Weibchen fehlt hier das Gelb oft fast völlig, ebenso in der Außenfahne von St6. Bei St2 bis 4 ist zwar die Basis gelb, aber verlaufend abgegrenzt. Der Schwanz ist gleichmäßig und tief gegabelt, sodass die äußere Steuerfeder um fast 1 cm länger ist als die innerste. Die äußeren Steuerfedern sind in ihrem Spitzendrittel leicht nach außen gebogen. Die längsten Steuerfedern messen 42 bis 52 mm, im Mittel 49 mm (n = 373). Die Oberschwanzdecken sind einheitlich graugrün mit schwachen Endsäumen. Die Unterschwanzdecken haben breite, zum Federende hin spitz auslaufende dunkle Schaftstriche und beiderseits sehr breite gelbe oder weißliche Randsäume. – Die Bürzelfedern sind beim Männchen reingelb, beim Weibchen mit dunklen Schaftstrichen versehen. Von den farbigen Feldern ist viel weniger sichtbar, wenn der Flügel und der Schwanz zusammengefaltet sind. Auch vom Bürzel ist beim ruhenden Vogel weniger zu sehen.

Die meisten dargestellten Federn des Erlenzeisigs stammen von einem Männchen, für das die gelben Felder in den Schwingen und äußeren Steuerfedern bezeichnend sind. Ganz links sind zum Vergleich die schlichteren Steuerfedern eines Weibchens (rechte Seite) angefügt. Die Unterschwanzdecken sind breit weiß gesäumt.

Der Flügel ist recht spitz geschnitten. Wie beim Stieglitz erstrecken sich die gelben Felder der Außenfahnen bis in den Armflügel hinein.

Alpenbirkenzeisig

Acanthis cabaret

Der Alpenbirkenzeisig ist dem weiter nördlich verbreiteten Taigabirkenzeisig (*Acanthis flammea*) äußerst ähnlich und nahe mit ihm verwandt. Beide Formen werden heute vielfach als Unterarten einer Art aufgefasst, da ihre genetische Distanz gering ist. Der Alpenbirkenzeisig hat sich in jüngerer Vergangenheit im Flachland Mitteleuropas ausgebreitet und bewohnt regelmäßig, wenn auch in schwankenden Beständen, Gärten und Friedhöfe. – Die einzeln betrachteten **Handschwingen** 6 bis 9 sind etwa gleich lang; die längste erreicht 58 bis 70 mm, im Mittel 64 mm (n = 70); H10 als winziges Rudiment hat nur etwa 10 mm Länge. Sie wird von der zugehörigen Großen Handdecke verdeckt, die etwas größer ist. H6 bis 8 sind an den Außenfahnenspitzen verengt. Die Hand- wie die **Armschwingen** sind graubraun, nur die Schirmfedern gegen die Spitze hin dunkel graubraun. Alle Schwingen tragen an der Innenfahne eine unauffällige und verschwommene Aufhellung, die die Federspitze nicht erreicht, sondern ihre größte Breite und Helligkeit am Federgrund entwickelt. Sehr feine helle Säume finden sich an den Außenfahnen. Bei den inneren Armschwingen 5 und 6 und den drei Schirmfedern sind die Säume im Spitzendrittel bis zu 2 mm breit und mattweißlich, allerdings auch stark abnutzbar. Die Endsäume der Großen und Mittleren Oberen **Armdecken** sind klar abgegrenzt und schwach beige getönt (beim Taigabirkenzeisig weißlich, ein feldornithologisches Unterscheidungsmerkmal). Der Schwanz ist mit 7 bis 13 mm recht tief gegabelt. Die längsten, äußeren **Steuerfedern** sind 54 bis 67 mm lang, im Mittel 61 mm (n = 168). Sie haben weißliche Innen- und hellbeige Außensäume, was besonders bei den mittleren Steuerfedern sichtbar ist. Sie sind zum Federende hin zugespitzt. Die Spitzen der äußeren Steuerfedern können etwas nach außen gebogen sein. Bei allen Schwingen und Steuerfedern heben sich die dunkelbraunen Schäfte knapp von den Fahnen ab. Bevor die Mauser im Juni/Juli beginnt, können die Federn stark abgenutzt sein. Das betrifft besonders die Schirm- und die mittleren Steuerfedern, denen dann alle Säume fehlen können. Bei Jungvögeln sind sie frisch und zugespitzt, bei Altvögeln nach der Mauser abgerundet. Die mittleren Unterschwanzdecken weisen beim Alpenbirkenzeisig breite dunkle Schaftstriche auf. – Die Vollmauser der Altvögel findet ab Mitte Juli bis in den Oktober hinein statt, sie beginnt gewöhnlich bereits während der Jungenaufzucht. Nach der Mauser sind rote Partien an der Brust der alten Männchen mit breiten beigefarbenen Säumen abgedeckt, die erst im Lauf der Zeit abgerieben werden. - Die Endsäume der Großen Oberen Armdecken sind beim Alpenbirkenzeisig hellbräunlich getönt, beim Taigabirkenzeisig weißlich. Dies ist auch bei Beobachtungen draußen zu erkennen. Die mittleren Unterschwanzdecken tragen beim Alpenbirkenzeisig dunkle breite Schaftstriche. Beim Taigabirkenzeisig sind sie hell bräunlich. Taigabirkenzeisige treten gelegentlich in den Scharen überwinternder Birkenzeisige auf.

Die Birkenzeisigfedern stammen von einem Männchen der mitteleuropäischen Population *cabaret*, wie man an dem bräunlichen Endsaum der Großen Oberen Armdecke GOAD erkennt (bei *flammea* weißlich, unten angefügt). Der Schwanz ist deutlich gegabelt. Wie die bräunlichen Armdecken zeigen, geht der Flügel auch auf einen Alpenbirkenzeisig zurück.

Der Flügel der Birkenzeisige ist recht spitz geschnitten. Wie die bräunlich getönten Säume der Decken zeigen, stammt er von einem Alpenbirkenzeisig.

Grauammer

Emberiza calandra

Die nur lokal vorkommende Grauammer ist die größte der heimischen Ammernarten, was man auch den einzelnen Federn ansehen kann. Ihr Gefieder ist allgemein lerchenartig unscheinbar gefärbt und gemustert, mit Strichelung auf Ober- und Unterseite. Man könnte sie nach dem Federkleid geradezu als Lerchenammer bezeichnen. – Von den **Handschwingen** sind H6 bis 8 an der Außenfahne verengt. H6 ist mit 71 bis 93 mm (Mittel 83 mm, n = 64) knapp die längste, H7 und 8 sind nur wenig kürzer. Dagegen ist H10 mit gut 8 mm geradezu zwergenhaft, wie bei vielen anderen Singvögeln; sie ist kürzer als die benachbarte 9. Handdecke. Die äußeren Handschwingen verfügen über feine helle Außensäume, die in den verengten Spitzen fehlen. Nach innen zu werden diese breiter und grau. Die Grundfärbung der Handschwingen ist graubraun. Dies setzt sich bei den **Armschwingen** fort. Es gibt nur schwache und wenig kontrastierte Aufhellungen entlang der Innenfahnen. Im frischen Zustand sind die inneren Hand- und die Armschwingen außen farblos hell gesäumt. Erst bei den etwas dunkleren Schirmfedern und den innersten Armschwingen gewinnen die Außensäume eine fahl ockerfarbene Tönung. Die größte Schirmfeder A7 überragt als Einzelfeder ihre Nachbarin A6 um etwa 3 mm. Man kann eine kleine zusätzliche A10 finden. Von den **Steuerfedern** sind meist St4 und/oder 5 am längsten mit einem Mittelwert von etwa 79 mm und einem Streuungsbereich zwischen 62 und 90 mm (n = 197). Die innerste Steuerfeder ist 3 bis 5 mm kürzer als die längste, wodurch der Schwanz gebuchtet wirkt. Auch St6 ist bis zu 3 mm kürzer als die sich anschließenden Nachbarn. Der Schwanz der Jungvögel im ersten vollständigen Federkleid, der bald gemausert wird, ist deutlich kürzer (ein Wert, 62 mm). Die Steuerfedern im Kleid der Altvögel sind an den Innenfahnen abgeschrägt, St6 etwas nach außen gebogen. Im frischen Zustand haben sie umlaufende helle Säume, die an der Außenfahne dünner sind als an der Innenfahne. Am deutlichsten sind diese Säume an St6. Hier hebt sich ab der Mitte der Innenfahne nach außen hin ein breiter werdender Keilfleck heller braun vom Dunkelbraun der Federbasis ab. Es ist, als stamme die Grauammer von einem Vorfahren mit weißem Keilfleck ab und habe diesen mit etwas Pigment schattiert, ähnlich wie die Kappenammer und der Bergfink. Die Oberschwanzdecken sind graubraun, die Unterschwanzdecken ebenso, beide mit feinen dunklen Schaftstrichen, die letzteren aber mit breiten mattgelben Säumen. – Die Vollmauser der Altvögel beginnt im Hochsommer und erstreckt sich bis in den Herbst hinein. Bei dieser Art absolvieren auch die diesjährigen Jungvögel im ersten Herbst eine Vollmauser, ähnlich wie es die Lerchen, Stare, Bartmeisen und einige weitere Arten tun. Für die Ammern ist das eine Ausnahmeerscheinung.

Das Gefieder der Grauammer unterscheidet sich durch mehrere Merkmale von demjenigen anderer Ammernarten. Die längste Schirmfeder A7 überragt als Einzelfeder ihre Nachbarn, was bei den anderen Ammern nicht der Fall ist. Es gibt eine zusätzliche Armschwinge A10, die auch den anderen Arten fehlt. Junge Grauammern legen schon im ersten Kalenderjahr eine Vollmauser ab. Diese Merkmale sind mit dem insgesamt tarnfarbigen Kleid lerchenartig entwickelt. Anders als bei den Lerchen, fehlt dem Schwanz die auffallende weiße Schwanzkante fast ganz.

Der Flügel ist recht spitz geschnitten, obwohl die Vögel überwiegend Standvögel sind und nur in den nördlichen Teilen des Verbreitungsgebietes zur Winterflucht neigen.

Goldammer

Emberiza citrinella

War sie früher in halb offenen Landschaften in Ackergebieten mit Feldrainen und einzelnen Bäumen verbreitet, findet die Goldammer in den Agrarsteppen heute keinen Lebensraum und keine Nahrung mehr, auch kein Futter für die Nestlinge; sie ist in Mitteleuropa bereits teilweise ausgestorben. – Bei den **Handschwingen** tragen H(5) 6 bis 8 Außenfahnenverengungen. H6 (und 7) ist als Einzelfeder mit 67 bis 85 mm (Mittel 77 mm, n = 118) am längsten, im Flügelverband sind es allerdings H7 und 8. H10 ist mit einer Länge von höchstens 10 mm und einer Breite von 1 mm geradezu winzig, kleiner als die benachbarte äußerste Handdecke. Die äußeren Handschwingen tragen feine gelbliche Außensäume, bei den inneren Handschwingen werden sie graugelblich. An den Innenfahnen haben die Handschwingen zur Basis hin breite, recht klar abgesetzte weiße Randfelder. Die **Armschwingen** tragen ebenso klare weiße Innenfahnenfelder, die sich von der Federspitze her kommend allmählich auf die halbe Fahnenbreite ausdehnen und an der Fahnenbasis den Schaft erreichen. Nur bei den Schirmfedern sind sie durch Grau ersetzt. Die längste Schirmfeder A7 überragt ihre Nachbarin A6 um wenige Millimeter oder ist gleich lang. Die Schirmfedern sind im Spitzendrittel der Außenfahne und an der Spitze selbst breit mattorange gesäumt. Das Federzentrum ist schwarzbraun und zieht sich als Schaftstrich bis zum Federende. Auch die Mittleren und Großen Oberen Armdecken tragen beigefarbene bis bräunliche Außen- und Spitzensäume, aber schmaler und (beim Männchen) klarer abgesetzt. Die **Steuerfedern** sind schwarzbraun und an den Außenfahnen fein gelblich gesäumt. Am längsten unter ihnen sind meist St4 oder 5. Sie erreichen durchschnittlich 80 mm, variieren aber zwischen 69 und 91 mm Länge (n = 1032). St1 ist meist 5 bis 8 mm kürzer als die längste, sodass der Schwanz deutlich eingebuchtet ist. Die Innenfahnen sind meist am Ende abgeschrägt, St1 zugespitzt und St5 und 6 in der Spitzenhälfte etwas nach außen gebogen. Nur St1 hat an beiden Fahnen breite hellbräunliche Außensäume bis zur Spitze. St5 hat in der Innenfahne einen weißen Spitzenfleck, der sich keilförmig abnehmend in die Fahne hineinzieht, aber weit vor der Fahnenhälfte zugespitzt endet. Bei St6 ist dieses weiße Feld ausgedehnter und erreicht die Hälfte der Fahnenlänge. Hier ist auch die sonst dunkle Außenfahne breiter gelblich gesäumt. Die beiden Außensteuerfedern bilden damit die weiße Schwanzkante des fliegenden Vogels. Die Unterschwanzdecken sind gelb bis graugelb mit einem verwaschenen bräunlichen Schaftstrich. Die Decken des Hinterrückens und die Oberschwanzdecken sind rotbraun. Sie tragen im frischen Zustand breite beigefarbene Säume und beim Weibchen einen dunklen Schaftstrich. Bei Jungvögeln sind die Steuerfedern in der Regel deutlich zugespitzt, bei Altvögeln eher abgerundet. Weiße Schwanzkanten sind für viele Ammern typisch, mit Ausnahme der Grauammer. Sie finden sich aber auch bei Stelzen, Piepern und anderen Arten, unter den echten Meisen nur bei der Kohlmeise.

Die Federn der Goldammer sind etwas größer als die des Ortolans. Die Steuerfedern St5 und 6 der Goldammer sind leicht nach außen gebogen. Die Oberschwanzdecken OSD bei der Goldammer sind rotbraun, beim Ortolan sind sie graubraun und gestrichelt. Auch die Zippammer hat rotbraune Decken am Hinterrücken und Oberschwanz. Beide Arten sind nicht in diesem Buch dargestellt.

Der Flügel ist nicht sonderlich spitz geschnitten. Die Goldammer ist im Allgemeinen bei uns Jahresvogel oder Teilzieher mit Tendenz zur Winterflucht und Vertikalwanderung.

Rohrammer

Emberiza schoeniclus

Rohrammern sind als früh in den Brutgebieten ankommende Sommervögel typische Bewohner von Schilfbeständen an Flüssen, Seen, Teichen und Gräben. Doch überwintern im Süden und Westen Mitteleuropas viele Brutvögel der Region und Zuzügler aus dem Norden. – Die **Handschwingen** (4) 5 bis 8 weisen an der Spitze der Außenfahne eine Verengung auf. Bei den Innenfahnen trifft dies auf H(6)7 bis H9 zu. H10 ist ein winziges Rudiment von etwa 7 mm Länge; man wird sie selbst in einer sonst vollständigen Rupfung kaum je auffinden, es sei denn, der Handflügel oder wenigstens das Spitzenstück davon wäre noch erhalten. Die längste Handschwinge misst 60 bis 78 mm, im Mittel 69 mm (n = 82). Die Handschwingen 1 bis 9 haben am Rand ihrer Innenfahne einen hellen Saum. Die **Armschwingen** 1 bis 6 weisen wie die Handschwingen ein helles Innenfahnenfeld auf. Zusätzlich verfügen sie über einen hellbraunen Saum an der Außenfahne, der sich im Armflügel nach innen hin verbreitert und sich besonders bei den drei Schirmfedern deutlich um das Federende herumzieht. Zugleich sind alle Schirmfedern im Spitzenbereich sehr dunkel kontrastiert. Ihre Innenfahnenbasis ist grau, ebenso wie bei A6. Die Großen und Mittleren Oberen Armdecken weisen an den Außenfahnen und Spitzen warm braune Säume auf, die besonders bei den Kleidern des ersten Winters zu Flügelsäumen führen; bei Männchen im Prachtkleid sind sie kaum sichtbar. Bei den **Steuerfedern** sind diejenigen dies- und vorjähriger Vögel bis zur ersten Vollmauser auffallend zugespitzt und neigen verstärkt zur Abnutzung. Wie bei den meisten anderen Ammernarten fallen auch bei der Rohrammer die weißen Außenkanten des Schwanzes auf, die durch ruckartiges Schwanzspreizen des beunruhigten Vogels sowie im Flug und beim Landen sichtbar werden. St1 ist die kürzeste und als Schirmfeder graubraun gefärbt, mit lichtem Saum an der Außen- und der Innenfahne. St2 bis 4 sind schwarz. Bei den St5 und 6 ist die Grundfärbung die gleiche, doch kontrastiert damit ein bei St5 schwacher, bei St6 ein stark entwickelter weißer Keilfleck. Bei St5 beschränkt er sich auf die Innenfahne, bei St6 erfasst er größere Teile der Außenfahne und hinterlässt nur die schwarze Färbung des Schafts, die sich am Federende etwas aufweitet und zu Grau tendiert. Die längsten Steuerfedern messen 64 bis 85 mm, im Mittel 72 mm (n = 433). Die Oberschwanzdecken sind graubraun, bei den Männchen eher grau, bei den Weibchen eher braun, was auch für die Jungvögel des ersten Winters gilt. Die Unterschwanzdecken sind weiß mit Ausnahme der dunkel pigmentierten Dunenbasis. Die ausgeprägten Geschlechterunterschiede in den Kleidern beziehen sich nur auf das Kleingefieder, besonders an Kopf und Kehle. – Am Schilfrand findet man auf festem Untergrund gerade im frühen Frühjahr recht häufig Rupfungen von Rohrammern. Die äußeren Steuerfedern können mit denjenigen von Buchfinken verwechselt werden (s. dort).

Bei vielen Singvögeln wie auch hier wäre die 10. Handschwinge H10 winzig, weswegen H9 abgebildet wird. Artkennzeichnend sind bräunliche Außensäume in den Armschwingen. Die beiden mittleren Steuerfedern S1 sind tarnfarbig und decken den geschlossenen Schwanz nach oben ab, sodass dann auch von den weißen Keilflecken bei den beiden äußeren Schwanzfedern nichts zu sehen ist.

Die Rohrammer als Teilzieher fliegt nur bis ins Mittelmeergebiet oder ist Standvogel und hat eher gerundete Flügel. Die längste Handschwinge ist H6/7. Trotzdem ist H10 winzig wie bei allen Ammern.

Register der deutschen und wissenschaftlichen Vogelnamen

Bildnachweis

Bergmann, H.-H.: 12, 14, 16, 18, 20, 22, 26, 30, 32, 34, 36, 38, 40, 50, 54, 62, 66, 68, 70, 72, 82, 102, 148, 172, 174, 184, 186, 196, 200, 206, 208, 212, 214, 220, 222, 228, 232
Ferdinand, J.: 146
Fünfstück, H.-J.: 24, 42, 44, 56, 64, 88, 92, 94, 96, 100, 104, 106, 114, 116, 118, 120, 122, 124, 130, 136, 144, 150, 154, 156, 158, 160, 162, 164, 170, 180, 182, 190, 192, 194, 198, 202, 204, 230
Kenntner, N.: 46
Mayer, R.: 128
Moning, C.: 126
Probst, V.: 48, 188, 218, 224, 226
Römhild, M.: 98
Schäf, M.: 58
Schneider, J.: 152
Weiss, J.: 86
Wikimedia Commons: Andreas Trepte (www.avi-faube.info) (CC BY SA): 60, 78, 138, 140, 168; Arnstein Rønning (CC BY-SA 3.0): 166; C. Robiller/www.naturlichter.de (CC BY-SA 3.0 DE): 134; chapmankj75 (CC BY SA): 216; Chris Romeiks/vogelart.info (gemeinfrei): 176, 178; diginatur (CC BY-SA 3.0): 112; jim.gifford (CC VY-SA 2.0): 76; Kaeptn chemnitz (CC BY-SA 4.0): 108); Luc Viatour (CC BY-SA 3.0): 110; Malene Thyssen (CC BY-SA 3.0): 132; Marek Szczepanek (CC BY-SA 3.0): 210; Martin Mecnarowski (www.photomecan.eu) (CC BY-SA 3.0): 84; Perhols (CC BY-SA 3.0): 28; Stefan Hage, birds.se (CC BY-SA 3.0): 142; StevieB (CC BY SA): 80; SławomirStaszczuk (CC BY-SA 3.0): 90; Tristan Ferne (CC BY 2.0): 74; Walter Siegmund (CC BY SA): 52

Sämtliche Flügelfotos auf den Tafeln sind von R.-G. Lösekrug hergestellt worden. Die Federtafeln gehen auf frühere Bearbeitungen des Buches zurück.

Meldung seltener Vogelfunde

Deutsche Avifaunistische Kommission
c/o Dachverband Deutscher Avifaunisten e. V.
An den Speichern 6 • 48157 Münster
E-Mail: dak@dda-web.de • Internet: www.dda-web.de/dak

Eine Liste der Avifaunistischen Landeskommissionen sowie eine Liste der meldepflichtigen Arten findet sich in:
Deutsche Avifaunistische Kommission (Hrsg., 2014): Seltene Vögel in Deutschland 2013. Dachverband Deutscher Avifaunisten, Münster.

Der Bericht über seltene Vogelarten in Deutschland erscheint jährlich im Magazin „Seltene Vögel in Deutschland“ (Bezugsadresse siehe oben).

Internetadressen zur Federbestimmung

Zusammengestellt und kommentiert von Martin Spiess, Schweizerische Vogelwarte Sempach, fortgeführt von Gabriel Hartmann (geprüft 2023)

Federbestimmung

www.featherbase.info

Die von A. Haase bearbeitete Webseite wird weiter ausgebaut und zeigt demnächst Federn von mehr als 1800 Vogelarten. Sie basiert auf der Sammlung des verstorbenen W.-D. Busching, die sich jetzt im Naumann-Museum in Köthen befindet.

Vogelfedern

www.vogelfedern.de

Umfangreiche Sammlung von Vogelfedern zahlreicher zumeist europäischer Vogelarten, ergänzt mit einem ‚Bestimmungsführer'. Eine ‚Kleine Federkunde' bietet zusätzlich theoretische Informationen zum Thema Vogelfedern. Autor Stephan Schubert.

Federführer.org

www.federfuehrer.org

Die Webseite enthält nur noch einen allgemeinen Hinweis auf eine bestehende Arbeitsgruppe. An die Stelle der Federtafeln tritt der in Vorbereitung befindliche Atlas of Feathers for Western Palearctic Birds (Autor bzw. Herausgeber G. Hartmann) in zwei Bänden. Darin werden das annähernd komplette Großgefieder sowie Kleingefiederproben der westpaläarktischen Vögel gezeigt. Mehr als 150.000 Federn liegen gescannt vor.

Gefiederkunde

www.gefiederkunde.de

Abbildungen zu Federn von mehr als 200 Vogelarten. Autor E. Tyll.

Federn.org

www.federn.org

Fotos von Einzelfedern zu ca. 200 Vogelarten aus der Sammlung von Philip Frei und Agatha Müller (Bern).

Bayerische Sammlung

www.otus-bayern.de/federn/federn.php

Sorgfältig bearbeitete komplette Federsätze europäischer Vögel. Autor Hermann Rank.

Holländische Sammlung

www.michelklemann.nl/verensite/start/index.html

von Michel Klemann.

Bestimmungsbücher und andere Literatur

Barthel, P. H. & T. Krüger (2018): Artenliste der Vögel Deutschlands. Vogelwarte 56: 171-203.

Bergmann, H.-H. (2022): Das will ich wissen – Wie funktioniert ein Vogel? Quelle & Meyer, Wiebelsheim.

Bergmann, H.-H. & S. Klaus (2016): Spuren und Zeichen der Vögel Mitteleuropas. Aula, Wiebelsheim.

Blasco-Zumeta, J. & G.-M. Heinze (2023): Identification Atlas of the Continental Birds of Southwestern Europe. 2nd ed., Tundra, Castellón.

Deutsche Ornithologen-Gesellschaft (DO-G, Hrsg., o. J.): Measuring birds – Vögel vermessen. Christ Media Natur, Minden.

Fiedler, W., H.-J. Fünfstück & W. Nachtigall (2018): Die Vögel Mitteleuropas im Flug bestimmen. Quelle & Meyer, Wiebelsheim.

Fiedler, W. & H.-J. Fünfstück (2021): Die Vögel Mitteleuropas. Das große Fotobestimmungsbuch. Quelle & Meyer, Wiebelsheim.

Fraigneau, C. (2017): Identifier les plumes des oiseaux d'Europe occidentale. Delachaux & Niestlé, Paris.

Glutz von Blotzheim, U. N. & K. M. Bauer (Hrsg., 1987 bis 1995): Handbuch der Vögel Mitteleuropas, Bd. 10 bis 14. Aula, Wiesbaden.

Hansen, W. & J. Synnatzschke (2015): Die Steuerfedern der Vögel Mitteleuropas. Neuauflage, bearbeitet von G. Hartmann. Verlagsgruppe Federführer Publ., Gütersloh.

Jenni, L. & R. Winkler (2020): The Biology of Moult in Birds. Helm, London.

Khil, L. (2021): Handbuch – Vögel beobachten. Franckh-Kosmos, Stuttgart.

Moning, C., T. Griesohn-Pflieger & M. Horn (2022): Grundwissen Vogelbestimmung. 3. Aufl., Quelle & Meyer, Wiebelsheim.

Nottmeyer, K. (2021): Die siehst du – im Wald. Franckh-Kosmos, Stuttgart.

Reichholf, J. H. (2013): Der Ursprung der Schönheit. Darwins größtes Dilemma. Deutscher Taschenbuch-Verlag, München.

Singer, D. (2019): Was fliegt denn da? Der Fotoband. Mit Filmen von W. Engländer & H.-H. Bergmann. Franckh-Kosmos, Stuttgart.

Svensson, L. (1992): Identification Guide to European Passerines. 5. Aufl., Lullula-Förlag, Stockholm 2023

Svensson, L., K. Mullarney & D. Zetterström (2018): Der Kosmos – Vogelführer. 2. Aufl., Franckh-Kosmos, Stuttgart.

Westheide, W. & G. Rieger (Hrsg., 2015): Spezielle Zoologie. 3. Aufl. , Springer Spektrum, Berlin..

Wink, M. (2014): Ornithologie für Einsteiger. Springer Spektrum, Berlin.

Zedler, A. (2019): Eine aktuelle Übersicht über Farbabweichungen bei freilebenden Vögeln. Ber. z. Vogelschutz 56: 76–92.

Abkürzungen

♂	Männchen
♀	Weibchen
ad.	Adult, Altvogel
juv.	juvenil, Jungvogel
A	Armschwinge
AD	Armdecke
BK/Bk	Blutkiel
GOAD	Große Obere Armdecke
HD	Handdecke
H	Handschwinge
K	Karpaldecke
KlOAD	Kleine Obere Armdecke
MOAD	Mittlere Obere Armdecke
OAD	Obere Armdecke
OSD	Oberschwanzdecke
PK	Prachtkleid
pull.	Pullus
Sch	Schirmfeder
SK	Schlichtkleid
St	Steuerfeder, Schwanzfeder
UAD	Untere Armdecke
UHD	Untere Handdecke
USD	Unterschwanzdecke

Die Autoren

Prof. Dr. Hans-Heiner Bergmann (geb. 1939) hat sich schon in seiner Jugend mit Vogelkunde befasst und war später als Hochschullehrer für Verhaltensbiologie und Biologiedidaktik an den Universitäten Marburg/L. und Osnabrück tätig. Seit seiner Schülerzeit hat er eine Sammlung von Vogelfedern angelegt und diese im Ruhestand vervollständigt. Er verfügt jetzt über mehr als 4000 Belege von mehr als 400 europäischen Vogelarten. Er hat mehrere Bücher und etliche wissenschaftliche Arbeiten zur Vogelkunde und über Vogelfedern veröffentlicht. Als Autor hat er sich immer um eine flüssige und klare Sprache bemüht.

Ralph-Günther Lösekrug (geb. 1956) hat nach Abschluss seines Studiums der Forstwissenschaften und dem Durchlaufen verschiedenster forstlicher Funktionen bis zu seiner Pensionierung im Jahre 2016 in enger Zusammenarbeit mit der Staatlichen Vogelschutzwarte in Hessen beim Hessischen Landesamt für Naturschutz, Umwelt und Geologie bei der Grunddatenerhebung in EU-Vogelschutzgebieten mitgewirkt. Seit seiner Jugend gilt sein Interesse der Ornithologie und hier insbesondere der Federbestimmung. Seine umfangreiche genehmigte wissenschaftliche Federsammlung europäischer Vogelarten bildet die Grundlage für seine Federkunde-Seminare im Naturschutzzentrum Hessen, bei Naturschutzverbänden, sonstigen Fortbildungsveranstaltungen, Veröffentlichungen sowie für die praktische Naturschutzarbeit.